Felix L. Edelmann

Struktur von Festkörpern der Mikroelektronik

Felix L. Edelmann

Struktur von Festkörpern der Mikroelektronik

Werkstoffe von LSI-Schaltkreisen

In deutscher Sprache herausgegeben
von

Klaus Hübner

Mit 80 Abbildungen und 17 Tabellen

AKADEMIE-VERLAG BERLIN
1985

Felix Leonidovič Edelmann
Феликс Леонидович Эдельман
Akademie der Wissenschaften der UdSSR
Sibirische Abteilung, Institut für Halbleiterphysik

Стриктура Компонентов БИС

Сибирское отделение, Новосибирск

Übersetzung aus dem Russischen:
Prof. Dr. sc. nat. Klaus Hübner, Rostock
Dr. rer. nat. Claudia-Veronika Meister, Potsdam

Bearbeitung der deutschsprachigen Ausgabe:
Dr. sc. nat. Klaus Hübner
Ordentlicher Professor für Experimentalphysik
Sektion Physik der Wilhelm-Pieck-Universität Rostock
Wissenschaftsbereich Isolatorphysik

Erschienen im Akademie-Verlag Berlin, DDR-1086 Berlin, Leipziger Straße 3–4

Lizenznummer: 202 · 100/430/85
Printed in the German Democratic Republic
Gesamtherstellung: VEB Druckhaus „Maxim Gorki", 7400 Altenburg
Lektor: Renate Trautmann
Hersteller: Per Leonhardt
LSV 1185
Bestellnummer: 763 379 6 (6839)
03800

Inhaltsverzeichnis

Vorwort des Autors für die deutsche Ausgabe

Es erscheinen laufend Bücher, die Ergebnisse der Materialforschung enthalten. Der Forschungsgegenstand ist unerschöpflich. Die vorliegende Monographie stellt einen ersten Versuch dar, die Struktur von Festkörpern der Mikroelektronik zu beschreiben. Halbleiter nehmen dabei keinen großen Raum ein, da es bereits sehr viele gute Bücher über Silicium und andere Halbleiter der modernen Elektronik gibt. Aber selbst beim Silicium existieren noch äußerst wichtige Aufgaben für die Forschung, so z. B. die Untersuchung der Struktur und der Eigenschaften von amorphem oder polykristallinem Silicium.

Hauptgegenstand dieses Buches sind Isolatorschichten und Schichten aus polykristallinem Silicium. Obwohl gerade auf diesem Gebiet das Entwicklungstempo zur Zeit enorm hoch ist, hoffe ich, daß einige der hier dargestellten Resultate Allgemeingültigkeit besitzen. Das betrifft vor allem die Kristallisation von SiO_2- und Si_3N_4-Schichten, die Struktur von Oxynitriden, einige Besonderheiten des poly-Siliciums sowie technologische Defekte in Isolatorschichten und poly-Silicium. Zu dieser Hoffnung veranlaßt auch der Umstand, daß die Materialwissenschaft nicht nur eines der wichtigsten, sondern auch eines der stabilsten Teilgebiete der Mikroelektronik ist.

Einer der führenden Isolatorphysiker hat freundlicherweise die Aufgabe übernommen, das Buch in deutscher Sprache herauszugeben. Durch seine sorgfältige und kritische Bearbeitung hat es sehr gewonnen, und vieles dürfte jetzt klarer sein. Ich danke Professor Hübner für seine außerordentliche Mühe auf das allerherzlichste. Es ist geplant, eine möglichst vollständige „Strukturkunde" von Werkstoffen der Mikroelektronik, die natürlich auch alle entsprechenden Halbleiter einschließen soll, herauszugeben. Die Zusammenarbeit mit Kollegen aus der DDR wird dabei wiederum sehr nützlich sein. Der Autor bittet darum, Vorschläge für dieses zukünftige Vorhaben und Hinweise zum vorliegenden Buch an ihn zu richten.

Nowosibirsk, 1983 F. Edelmann

Vorwort des Herausgebers der deutschen Ausgabe

Ohne eine intensive Materialforschung gäbe es keine Mikroelektronik, und in der Mikroelektronik werden die Ergebnisse der Untersuchung von Struktur und Eigenschaften von Werkstoffen so gründlich ausgenutzt wie auf kaum einem anderen Gebiet. Erhebliche Reserven existieren jedoch noch bei der Erforschung und Anwendung von Isolatorschichten. Die schwerpunktmäßige Behandlung der Struktur (und einiger Beziehungen zwischen Herstellung, Struktur und Eigenschaften) gerade dieser Substanzklasse in einer Monographie trägt dem Rechnung. Eine Herausgabe der „Struktur von Komponenten hochintegrierter Schaltkreise“, wie der Originaltitel dieses in der Sowjetunion sehr erfolgreichen Buches wörtlich übersetzt lauten würde, in deutscher Sprache erschien also angebracht. Auch wenn vieles noch „in Fluß“ ist und manches bereits durch neuere Erkenntnisse ersetzt werden muß, stellt dieses Werk eine wichtige Zwischenbilanz dar, die uns insbesondere mit Ergebnissen sowjetischer Autoren bekannt macht. Ihr Vorzug ist, daß gerade solche Materialien im Vordergrund stehen, denen manchmal keine genügende Beachtung geschenkt wird. Kleine Ergänzungen und Änderungen durch den Herausgeber sind in Absprache mit dem Autor erfolgt. Die gute Zusammenarbeit mit dem Institut für Halbleiterphysik der Sibirischen Abteilung der Akademie der Wissenschaften der UdSSR war auch dabei sehr nützlich.

Auf Vorschlag des Akademie-Verlages sind in der deutschen Ausgabe zur Erhöhung der Geschlossenheit das 4. Kapitel des Originals, in dem Defekte in Halbleitern behandelt werden, sowie das 6. Kapitel, das zeitgebundene Interviews enthält, nicht berücksichtigt worden.

Rostock, 1985 K. Hübner

Vorwort

Ein hochintegrierter Schaltkreis ist eine monolithische Struktur, d. h. ein Chip von einigen Quadratmillimetern, auf dessen Oberfläche tausende Bauelemente — Widerstände, Dioden, Transistoren, Kondensatoren usw. — untergebracht sind. Ein hochintegrierter Schaltkreis arbeitet sehr schnell, weil seine Elemente klein sind (von der Ordnung einiger Mikrometer) und der Abstand zwischen ihnen gering (von derselben Größenordnung) ist; ein Signal wird im Schaltkreis innerhalb kurzer Zeit umgewandelt und übertragen. Ein hochintegrierter Schaltkreis ist wesentlich zuverlässiger als eine Schaltung, die aus derselben Anzahl einzelner Elemente zusammengesetzt ist, weil er keine inneren Lötstellen besitzt und viele Herstellungsprozesse (z. B. die Bildung bestimmter Flächenkontakte zu einem Halbleiter) gleichzeitig und innerhalb eines Verfahrensschrittes ablaufen. Deshalb ist ein hochintegrierter Schaltkreis außerordentlich ökonomisch, vor allem, wenn in ihm viele Elemente enthalten sind (die Kosten eines Elementes betragen weniger als eine Kopeke). Aus diesen Gründen sind hochintegrierte Schaltkreise gegenwärtig weit verbreitet. Sie werden in Radios, Photoempfängern, Wärmereglern usw. angewendet. Die Hauptanwendung finden hochintegrierte Schaltkreise jedoch in der Rechentechnik (Operationskreise, Kommutatoren). Seit einiger Zeit werden Magnetspeicher elektronischer Rechenmaschinen erfolgreich durch hochintegrierte Schaltkreise ersetzt.

Die hochintegrierten Schaltkreise werden auf Siliciumscheiben gefertigt. Das heißt jedoch nicht, daß der gesamte Schaltkreis aus Silicium besteht. Im Silicium, d. h. in den obersten Schichten seiner Oberfläche, befinden sich Transistoren und andere Schaltkreiselemente, für die insbesondere MIS (Metall-Isolator-Halbleiter)-Anordnungen eine große Rolle spielen. Bei diesen Anordnungen befinden sich in den Metall- und Isolatorschichten, die auf den Halbleiter aufgebracht sind, elektrische Ladungen mit Steuerwirkung. Zur Kategorie Metall gehört praktisch auch das polykristalline Silicium, durch dessen Anwendung die Packungsdichte und Operationsgeschwindigkeit von MIS-Schaltkreisen stark erhöht werden konnte.

Etwa eintausend Technologieschritte sind erforderlich, um aus einem Siliciumbarren hochintegrierte Schaltkreise zu erhalten. In der Mikroelektroniktechnologie wechseln oft ganze Gruppen von Prozeßschritten einander ab: die chemische Bearbeitung des Substrates, das Auftragen von Schichten, die photolithographische Bearbeitung dieser Schichten, die Diffusion oder das Abscheiden der nächsten Schicht usw. Jeder dieser Schritte (z. B. die Photolithographie) besteht seinerseits aus mehreren Operationen. In diesem Zusammenhang sei daran erinnert, daß die Ausmaße der einzelnen Bestandteile eines Schaltkreises im Mikrometerbereich liegen müssen. Die Genauigkeit dieser Abmessungen wird durch ein unikales technologisches Regime bezüglich der Temperatur, der Bearbeitungszeit und der Zusammensetzung der Reagenzien gewährleistet. In der mikroelektronischen Technologie ist die Zahl der Staubkörnchen zu berücksichtigen, die auf ein Chip fallen und beim Betrieb des Schaltkreises einen dielektrischen Durchbruch verursachen können. Deshalb führt die Mikroelektroniktechnologie in gewissem Sinne zu einer neuen Arbeitspsychologie, die mit äußersten Anforderungen an die Zusammensetzung der technologischen Produkte und Reagenzien, an die Reinheit der Produktionsräume und an die Qualität der Hilfsmittel und -materialien verknüpft ist.

In integrierten Schaltkreisen kommen prinzipiell drei Materialtypen vor: Metalle, Dielektrika (Isolatoren) und Halbleiter. Es werden weniger als zehn verschiedene Metalle, zwei bis drei Dielektrika und im wesentlichen ein Halbleiter, nämlich Silicium, verwendet. Dabei ist es beinahe paradox, daß das „jüngste" Material, der Halbleiter, das bestuntersuchte ist. Bezüglich des Verständnisses der Struktur sowie der optischen und elektrischen Eigenschaften dünner Metall- oder Isolatorschichten stehen wir erst am Anfang. Zum Teil ist das damit verbunden, daß sich die Eigenschaften dünner Schichten, deren innere Struktur durch die Art ihrer Herstellung bestimmt wird, wesentlich von den bekannten Eigenschaften entsprechender Volumenproben unterscheiden können.

Andererseits nimmt das Interesse an den Erscheinungen in sehr kleinen Bereichen eines Materials, an die nur mit Hilfe besonderer Apparaturen heranzukommen ist, ständig zu. So beträgt z. B. die Dicke der Übergangsschicht an der Grenze zwischen Halbleiter und Dielektrikum, die die Eigenschaften eines MIS-Transistors bestimmt, nicht mehr als 10 nm. Außerdem ist auch darauf hinzuweisen, daß die Halbleiterelektronik, deren grundlegende Erfolge bereits seit fast dreißig Jahren mit der Erweiterung der Kenntnisse über den Halbleiter selbst verbunden sind, zu einer Ansammlung zahlreicher Daten über die Struktur, das elektronische Energiespektrum und die Streuprozesse der Ladungsträger geführt hat (eine Ausnahme stellt wahrscheinlich nur die

Physik der Halbleiteroberfläche dar, was wiederum ein Paradoxon ist; es besteht darin, daß der Gegenstand der Betrachtung zwar auf der Oberfläche liegt, die Oberfläche des Halbleiters jedoch der am schwierigsten zu untersuchende Teil des Halbleiters ist). Auf dem Gebiet der Elektronik hochintegrierter Schaltkreise werden die Materialien jedoch erst seit weniger als zehn Jahren untersucht.

Aus diesem Grund enthält das vorliegende Buch verhältnismäßig wenige Angaben über die Halbleiterstruktur, aber relativ viele über die Struktur von Dielektrika und von polykristallinem Silicium, das für die Metallisierung integrierter Schaltkreise verwendet wird.

In letzter Zeit ist eine Reihe von Monographien erschienen, die den Materialien der integrierten Halbleiterelektronik gewidmet sind.*) Fragen der Struktur der Materialbestandteile integrierter Schaltkreise, die eng mit der Technologie und der Qualität der Schaltkreise verbunden sind, werden in ihnen jedoch nur unvollständig behandelt. Somit stellt dieses Buch eine gewisse Ergänzung der genannten Literatur dar.

Im Zeitraum vieler Jahre arbeitete der Autor eng mit einem großen Kreis von Spezialisten zusammen. Besonders nützlich war der Gedankenaustausch mit L. N. ALEXANDROV, B. M. AJUPOV, V. V. VOSKOBOJNIKOV, A. S. GINOVKER, JU. N. GOLOBOKOV, Ė. E. DAGMAN, M. I. ZOTOV, V. V. KALINIKOV, S. A. KAMBALIN, N. G. KOL'COVA, A. F. KRAVČENKO, F. A. KUZNECOV, I. G. MEL'NIKOV, R. S. NACHMANSON, S. P. PAVLOV, S. P. SINICA, L. A. SPIVAK, S. I. STENIN, B. G. TEPMAN, A. A. FRANCUZOV, A. A. CHOROMENKO, JU. D. ČISTJAKOV und JU. G. ŠELJUCHIN.

Der Autor dankt seinen Mitarbeitern B. N. ZAJCEV, V. Z. LATUTE, N. A. MILLER und A. E. PLOTNIKOV, deren aufopferungsvolle Arbeit zu vielen der hier beschriebenen Resultate geführt hat.

Besonders zu erwähnen ist die Rolle von A. V. RŽANOV, der im Grunde genommen vor zehn Jahren unsere Aufmerksamkeit auf Probleme des Isolators in MIS-Systemen lenkte, was ein Stimulus für die Durchführung vieler Arbeiten war. Abschließend sei auch dem wissenschaftlichen Redakteur K. K. SVITAŠEV gedankt; in ständigem Kontakt mit ihm entstand dieses Buch.

Da das Ziel des Autors ist, eine vollständige strukturelle Materialkunde

---

*) КУРНОСОВ, А. И.: Материалы для производства приборов и интегральных схем. Москва, Высшая школа, 1975; Дашевский, М. Я., Горелик, С. С., Материаловедение полупроводников и металловедение. Москва, Металлургия, 1973; Корзо, В. Ф., Черняев, В. Н., Диэлектрические пленки в микроэлектронике. Москва, Энергия, 1977. Мазель, Е. З., Пресс, Ф. П., Планарная технология кремниевых приборов. Москва, Энергия, 1974; und andere

hochintegrierter Schaltkreise (und nicht nur ihrer siliciumhaltigen Bestandteile) zu schaffen, die auch die Strukturanalyse der Halbleiter umfaßt, werden alle Bemerkungen und Wünsche bezüglich des vorliegenden Buches mit Dankbarkeit entgegengenommen. Es wird darum gebeten, diese an folgende Adresse zu senden: 630090, Nowosibirsk, 90, Prospekt Nauki, 13, Institut für Halbleiterphysik der Sibirischen Abteilung der Akademie der Wissenschaften der UdSSR.

1. SiO_2-Schichten auf Silicium

1.1. Anwendung von SiO_2

Der grundlegende Vorteil des Siliciums gegenüber allen anderen Halbleitern, der dieses Material für hochintegrierte Schaltkreise auf absehbare Zeit unersetzlich macht, besteht in seiner Fähigkeit, sich bei Oxydation in SiO_2, d. h. in eine homogene, amorphe und hinreichend perfekte Schicht umzuwandeln, die die Oberfläche des Siliciums zuverlässig vor Verunreinigungen schützt. Siliciumdioxid (SiO_2) wird in integrierten Schaltkreisen sowohl als zeitweilige Deckschicht, die technologischen Zwecken dient, als auch als funktionelles Dielektrikum angewandt. Mit Hilfe von SiO_2 erhält man:

1. Maskierungsschichten aus thermischem Oxid, durch dessen speziell geformte Fenster Dotierungselemente ins Silicium diffundieren (nach Erfüllung dieser technologischen Funktion kann die Schicht zum Schutze des *p-n*-Überganges und anderer Teile der Oberfläche auf dem Silicium verbleiben).

2. Mit Beimischungen versehene SiO_2-Schichten, die als Quelle für die Diffusion von Dotierungselementen ins Silicium dienen. Diese Schichten werden mit speziellen Methoden hergestellt. In ihnen sind einige Prozente der jeweiligen Beimischung in Form ihres Oxids enthalten. Die SiO_2-Schicht mit den Diffusanten wird auf die Maskierungsschicht aufgetragen.

3. Dielektrika in MOS (Metall-Oxid-Halbleiter)- oder MNOS (Metall-Nitrid-Oxid-Halbleiter)-Transistoren, in denen das SiO_2 seine wichtigste Funktion in der passivierenden Wirkung hat. Hier wirkt SiO_2 unter den Bedingungen starker elektrischer Felder, mitunter auch bei Temperaturbelastung oder bei Partikelbestrahlung. Bei den oben genannten Anwendungen kann man ohne SiO_2 auskommen (z. B. kann anstelle der SiO_2-Maskierungsschicht Si_3N_4 verwendet werden), nicht jedoch im vorliegenden Fall; die $Si{-}SiO_2$-Grenze (Interface) ist die perfekteste aller bekannten Halbleiter-Isolator-Grenzen. So kann die Ladungsdichte auf ihr von der Größenordnung 10^{10} cm^{-2}, d. h. sehr gering, sein. (Das ist das Hauptkriterium für die Anwendbarkeit eines Dielektrikums in einem MIS-Transistor.) Man nimmt an, daß die geringe

Ladungsdichte im Kontaktgebiet zwischen Silicium und SiO_2 darauf beruht, daß SiO_2 das sich bei der Oxydation von Silicium bildende „eigene“ Oxid ist. Derartige Oxide auf anderen Halbleitern führen jedoch zu keiner analogen Interfacequalität.

4. Schichten zwischen Leitbahnen, die durch diese Schichten gegeneinander isoliert sind. Angesichts des Potentialunterschiedes zwischen benachbarten Leitbahnen (1 bis 10 Volt) und der geringen Dicke des Isolators (die Oxidschicht ist gewöhnlich dünner als 1 μm) sind auch hier hohe elektrische Felder zu berücksichtigen.

5. Eine allgemeine Oberflächenisolation des endgültig fertiggestellten Schaltkreises. Da die Metallisierung der Schaltkreise in der Regel unter Benutzung von Aluminium (Schmelztemperatur $T_{\text{Schm}} = 660\,°\text{C}$) erfolgt, wird das den Schaltkreis bedeckende SiO_2 durch Pyrolyse von organischen Siliciumverbindungen oder Niedertemperaturoxydation von Silan aufgebracht. Die einzige Funktion dieser Deckschicht mit einer Dicke von ungefähr 1 μm besteht im Schutz gegen Feuchtigkeit und Verunreinigungen. Wie die Zuverlässigkeitsdaten von Schaltkreisen jedoch zeigen, ist es nicht einfach, ein pyrolytisches Oxid hoher Qualität zu erhalten, und seine Wechselwirkung mit den metallischen Bestandteilen eines Schaltkreises kann während des Pyrolyseprozesses nicht völlig ausgeschlossen werden. Eventuell ist eine vollständige Isolation eines Schaltkreises zweckmäßiger mit Hilfe eines Dielektrikums zu erreichen, das nicht mit Aluminium (bzw. Al_2O_3) wechselwirkt, zumal organische Aluminiumverbindungen bekannt sind, die bereits bei niedrigen Temperaturen zerfallen.

6. Dünnschichtlichtleiter oder sogar Dünnschichtlaser mit einer aktiven Komponente (z. B. Neodym), was eine neuartige Anwendung darstellt. Da optoelektronische Systeme auf der Grundlage von Silicium bisher nicht in großem Umfang produziert werden, ist es zur Zeit noch schwierig, alle Einsatzmöglichkeiten des SiO_2 abzusehen.

Betrachten wir die Besonderheiten der Struktur von SiO_2-Schichten. Der Aufbau des kristallinen Siliciumdioxids ist seit langem gut bekannt. Die Nahordnung im amorphen SiO_2 wird zwar bis zum heutigen Tag untersucht, im allgemeinen jedoch ausreichend gut verstanden.[1]) Trotzdem existieren z. B. zur Frage der Umwandlung des amorphen Siliciumdioxids in kristallines viele veraltete und widersprüchliche Ansichten. Es sei bemerkt, daß kristalline Gebiete im amorphen SiO_2 Strukturdefekte darstellen, weil sie die Geschlossen-

---

[1]) Nach Angaben für das Jahr 1977 wurden allein über SiO_2-Schichten 560 Arbeiten publiziert, wobei der größte Teil der Arbeiten SiO_2-Schichten auf Silicium, d. h. mikroelektronischen Strukturen, gewidmet war. [4] Ein Teil der Arbeiten erschien in bekannten Journalen, ein anderer Teil in Form von Monographien.

heit des Isolators verletzen, ihn für Beimischungen, Verunreinigungen und Feuchtigkeit durchdringlich machen; außerdem erschweren sie die chemische Bearbeitung des Siliciumdioxids, da sie sich in den chemischen Eigenschaften von der amorphen Matrix unterscheiden (so beträgt z. B. die Lösungsgeschwindigkeit von SiO_2-Kristalliten in Flußsäure, die ein verbreitetes technologisches Mittel darstellt, den zehn- bis einhundertsten Teil der vom amorphen SiO_2).

„Ein auf einer rauhen, verschmutzten Oberfläche gewachsenes oder abgeschiedenes Oxid enthält Einschlüsse von Cristobaliten ..." „Als Zentren der Kristallisation zu Cristobaliten können auch in die Oberfläche austretende Versetzungen und andere Oberflächenstörungen dienen." Beide Zitate stammen aus der Arbeit [1]. Die dem Wesen nach inhaltsreiche Monographie [1] desorientiert in diesem Fall den Leser. „Cristobalit" ist zum ersten ein Begriff, der nicht in der Mehrzahl zu gebrauchen ist. Cristobalit stellt wie Tridymit, Quarz und andere kristalline Formen eine der polymorphen Modifikationen des Siliciumdioxids dar. Es ist bekannt, daß SiO_2-Kristallite praktisch jede beliebige Modifikation des SiO_2, darunter auch Cristobalit, enthalten können. Zum andern besteht keinerlei Zusammenhang zwischen der Versetzungsdichte und der Fähigkeit des Oxids zu kristallisieren. Wenn es eine solche Beziehung gäbe, würden auf dem Silicium, das immer eine gewisse Anzahl von Versetzungen enthält, ständig SiO_2-Kristallite entstehen, und mehr oder weniger rauhes polykristallines Silicium, das ebenfalls in starkem Maße in Schaltkreisen verwendet wird, würde sogar in kristalliner Form oxydieren. Vielmehr bedecken sich Siliciumscheiben und Schichten aus polykristallinem Silicium im Verlaufe der Oxydation bei 1100 bis 1200 °C mit einer homogenen amorphen SiO_2-Schicht. Die Autoren haben jedoch recht, wenn sie die Kristallisation mit der Verunreinigung der Oberfläche in Verbindung bringen.

In der Monographie [2] finden wir eine Bestätigung dafür, daß SiO_2-Schichten infolge hoher Temperaturen und langer Oxydationszeiten kristallisieren können. Auch die Autoren von [3] verknüpfen die Kristallisationsfähigkeit mit den Oxydationsbedingungen (sie nehmen allerdings auch an, daß die Kristallisation des SiO_2 nur auf Cristobalit führt).

Bevor wir den Prozeß der Kristallisation von Schichten betrachten, diskutieren wir Literaturdaten über den Aufbau von kristallinem und amorphem Siliciumdioxid.

1.2. Kristallines SiO_2

Kristallines SiO_2 besitzt viele Modifikationen [6—9]. So sind es sogar unter Normaldruck nicht weniger als sechs: die Hoch- und die Tieftemperaturformen von Cristobalit, Tridymit und Quarz. Die Hochtemperaturformen werden gewöhnlich mit β, die Tieftemperaturformen mit α bezeichnet. Der Übergang von den Modifikationen des α- und β-Quarzes zum Tridymit soll sich bei gleichmäßiger Erwärmung bei 870 °C vollziehen. Tridymit soll bis 1470 °C stabil sein und oberhalb 1470 °C bis hin zum Schmelzpunkt soll Cristobalit stabil sein.

Tatsächlich laufen jedoch die Phasenübergänge im Siliciumdioxid in außerordentlich breiten Temperaturintervallen und mit unterschiedlichen Geschwindigkeiten ab, so daß in SiO_2-Schichten sogar bei Zimmertemperatur vor allem die Cristobalit- und am seltensten die Tridymitmodifikation angetroffen wird, obwohl eigentlich alles umgekehrt sein sollte.

Ebenso unbestimmt sind auch die Daten über den Schmelzpunkt von Siliciumdioxid: 1625 °C [6] und 1720 °C [10]. In [11] werden sogar verschiedene Schmelztemperaturen für verschiedene Modifikationen angeführt: für β-Quarz 1600 °C, für β-Tridymit 1670 °C und für β-Cristobalit 1713 °C. Und all das ungeachtet dessen, daß sich die zahlreichen Modifikationen des Siliciumdioxids aus stabilen Struktureinheiten, nämlich SiO_4-Tetraedern, zusammensetzen, die miteinander die Raumstrukturen bilden, die charakteristisch für die aufgezählten polymorphen Modifikationen sind.

Betrachten wir noch die Daten über die Veränderung des spezifischen Volumens von Siliciumdioxid bei polymorphen Umwandlungen [11]:

Modifikation	spezifisches Volumen (cm^3/g)	Veränderung des spezifischen Volumens (%)
α-Quarz	0,3766	4,940
β-Quarz	0,3952	9,944
α-Tridymit	0,4345	1,956
β-Tridymit	0,4430	3,023
α-Cristobalit	0,4300	4,186
β-Cristobalit	0,4480	1,004
geschmolzener Quarz	0,4525	—

Wie ersichtlich ist, können die im Siliciumdioxid infolge von Volumenänderungen verbleibenden Deformationen einige Prozent erreichen, und die entsprechenden Spannungen (der Elastizitätsmodul ist von der Größenordnung 10^{11} N/m^2) sind von der Größenordnung 10^9 bis 10^{10} N/m^2, was höher als die Belastungsgrenze dieses Materials bei Dehnung ist (die Belastbarkeit von Quarz durch Druck beträgt nach [6] $2{,}5 \cdot 10^9$ N/m^2). Deshalb laufen Phasenumwandlungen bei der Kristallisation amorpher SiO_2-Schichten gewöhnlich mit einer Zerstörung sowohl der Mikrokristalle selbst als auch der amorphen Matrix in der Nähe der Mikrokristalle ab.

Die Temperaturen der inneren α-β-Übergänge[2]) für verschiedene SiO_2-Modifikationen betragen für Cristobalit, Tridymit und Quarz 273 °C, 180 °C und 573 °C.

Wir kommen jetzt zur Beschreibung der Struktur der einzelnen Modifikationen des kristallinen Siliciumdioxids [5, 6, 12].

Tieftemperatur-(α)-Quarz: Trigonale Struktur, in der bei 25 °C die Parameter der Elementarzelle $a_0 = 0{,}4913$ nm und $c_0 = 0{,}5405$ nm betragen (im folgenden beschränken wir uns bei Berechnungen von Netzebenenabständen und Parametern der Elementarzelle auf eine Genauigkeit von 10^{-3} nm, da unsere Analysenmethode — die Elektronenbeugung — auch keine höhere Genauigkeit besitzt). In der Elementarzelle befinden sich drei SiO_2-Moleküle. Die die Elementarzelle bildenden SiO_4-Tetraeder weisen eine Streuung in der Länge der Si—O-Bindung auf, die nach verschiedenen Angaben 0,1597 bis 0,1617 nm beträgt. Der Si—Si-Abstand nimmt Werte von 0,260 bis 0,267 nm an. Das letztere bedeutet, daß der Bindungswinkel im Tetraeder auch stark variiert, nämlich von 108,8° bis 110,3° (im idealen Tetraeder beträgt dieser Winkel 109° 28′). Die SiO_4-Tetraeder sind miteinander verbunden und spiralförmig verdreht. Der Si—O—Si-Winkel beträgt 143° bis 147°.

Das elektronische Energiespektrum im α-Quarz und β-Cristobalit (s. u.), für dessen Berechnungen oben angeführte Strukturdaten notwendig sind, wird in der Arbeit [16] angegeben.

Hochtemperatur-(β)-Quarz: Bei Temperaturerhöhung wandelt sich der trigonale Quarz in den höhersymmetrischen hexagonalen Quarz, der etwas weicher ist, um. Dabei ergeben sich Si—O—Si-Winkel von 146° bis 155°; $a_0 = 0{,}501$ nm und $c_0 = 0{,}547$ nm (bei 600 °C). Der Si—O-Abstand beträgt 0,162 nm, der Si—Si-Abstand 0,260 nm. Es existiert die Auffassung, daß Tieftemperatur-Quarz im wesentlichen ein quer zur c-Achse deformierter (in Mikrovolumina verdoppelter) Hochtemperatur-Quarz ist. Bei Erwärmung verringert sich der Anteil des Tieftemperatur-Quarzes, bei 300 °C bis 400 °C bis um 20 bis 30%; oberhalb von 573 °C verschwindet er völlig. Die Elementarzelle des β-Quarzes enthält ebenfalls drei SiO_2-Moleküle.

Bezüglich der Struktur der verschiedenen Tridymitmodifikationen (es existieren Meinungen, die besagen, daß es nicht zwei Modifikationen gibt,

---

[2]) In der Literatur (z. B. in [6]) werden durch den Buchstaben α manchmal die Hochtemperaturmodifikationen des Siliciumdioxids bezeichnet. Hier ist mit α stets die Tieftemperaturphase gemeint.

wie oben angeführt, sondern drei oder sogar nur eine Modifikation) begegnet man in der Literatur widersprüchlichen Auffassungen. Am wahrscheinlichsten ist die Existenz des Hochtemperatur-Tridymits.

β-Tridymit: Die Struktur ist hexagonal mit $a_0 = 0{,}504$ nm und $c_0 = 0{,}824$ nm (es existieren auch andere Daten, die sich von den hier angegebenen um $\pm 0{,}002$ nm unterscheiden). Die Elementarzelle enthält vier SiO_2-Moleküle. Die SiO_4-Tetraeder sind in zwei Schichten angeordnet. So wie auch im β-Cristobalit befindet sich das Sauerstoffatom in der Mitte der die Siliciumatome verbindenden Achse.

α-Cristobalit: Tetragonale Struktur, die als aus Hochtemperatur-Cristobalit abgeleitet angenommen wird, mit $a_0 = 0{,}497$ nm und $c_0 = 0{,}693$ nm (bei Zimmertemperatur). Der Si—O-Abstand beträgt 0,159 nm und der Si—O—Si-Winkel 150° (im β-Cristobalit hat die Si—O-Länge einen Wert von 0,154 nm). Die Diagonale des Prismas, das die Elementarzelle des α-Cristobalits darstellt, ist gleich der Kante des Würfels, der die Elementarzelle des β-Cristobalits bildet.

β-Cristobalit: Höchstsymmetrische, d. h. kubische, SiO_2-Modifikation mit $a_0 = 0{,}712$ bis 0,714 nm. Der Si—O—Si-Winkel beträgt wie im β-Tridymit

Tabelle 1.1. Berechnete Netzebenenabstände in Siliciumdioxidmodifikationen (nach [14]) in nm

α-Quarz, trigonal $a = 0{,}491$ nm, $c = 0{,}540$ nm		β-Quarz, hexagonal, $a = 0{,}500$ nm, $c = 0{,}546$ nm		β-Tridymit hexagonal, $a = 0{,}505$ nm, $c = 0{,}826$ nm		α-Cristobalit, tetragonal, $a = 0{,}497$ nm, $c = 0{,}692$ nm		β-Cristobalit, kubisch $a = 0{,}714$ nm	
hkl	*d*	*hkl*	*d*	*hkl*	*d*	*hkl*	*d*	*hkl*	*d*
001	0,540	001	0,546	001	0,826	001	0,692	100	0,714
100	0,425	100	0,433	100	0,437	100	0,497	110	0,504
101	0,335	101	0,338	002	0,413	101	0,403	111	0,413
002	0,270	002	0,273	101	0,386	110	0,351	200	0,357
110	0,245	110	0,250	102	0,301	002	0,346	210	0,312
102	0,229	102	0,231	110	0,253	111	0,313	211	0,291
111	0,223	111	0,227	111	0,241	102	0,284	220	0,252
200	0,212	200	0,217	200	0,219	200	0,249	300	0,238
201	0,197	201	0,201	112	0,215	112	0,247	310	0,226
112	0,182	112	0,183	201	0,212	003	0,231	311	0,216
202	0,166	202	0,169	202	0,193	210	0,222	222	0,207

Tabelle 1.2. Experimentelle Angaben über Netzebenenabstände in kristallinem Siliciumdioxid

α-Quarz (ASTM 5-0,490)			β-Cristobalit (ASTM 4-0,359)		
hkl	*d*, nm	I/I_0(%)	*hkl*	*d*, nm	I/I_0(%)
100	0,4260	35	111	0,415	100
101	0,3343	100	211	0,292	5
110	0,2458	12	220	0,253	80
102	0,2282	12	311	0,217	10
111	0,2237	6	222	0,207	30
200	0,2128	9	320	0,199	5
201	0,1980	6	400	0,1795	5
112	0,1817	17	411	0,169	5
003	0,1801	1	331	0,1641	60
202	0,1672	7	422	0,1460	50
211	0,1541	15	—	—	—

α-Tridymit (ASTM 2-0,242)			α-Quarz [13]			α-Cristobalit[13]		
hkl	*d*, nm	I/I_0(%)	*hkl*	*d*, nm	I/I_0(%)	*hkl*	*d*, nm	I/I_0(%)
040	0,439	100	100	0,425	25	101	0,404	100
004	0,412	100	101	0,335	100	111	0,313	16
222	0,373	90	110	0,245	15	102	0,285	20
240	0,323	50	102	0,229	10	200	0,248	32
224	0,294	50	111	0,223	6	211	0,211	5
440	0,249	70	200	0,212	9	202	0,202	5
155	0,228	50	201	0,197	8	113	0,193	12
—	0,211	20	112	0,182	25	212	0,187	12
—	0,207	20	202	0,166	8	203	0,169	5
—	0,195	50	211	0,154	20	301	0,161	12
—	0,188	20	113	0,1450	2	310	0,157	1

180°.[3]) Der Unterschied zum Aufbau der Elementarzelle des Siliciums besteht darin, daß die beiden Si-Atome einer Elementarzelle über ein Sauerstoffatom verknüpft sind.

In der Arbeit [9] werden aus einer großen Anzahl von SiO_4-Tetraedern aufgebaute kristallographische Modelle im Detail betrachtet, die die direkten Übergänge von Tief- zu Hochtemperatur- und von Hoch- zu Tieftemperatur-

[3]) Tatsächlich ist der Sauerstoffbrückenwinkel im β-Cristobalit kleiner als 180°; die hypothetische Form mit 180° wird als „idealisierte“ β-Cristobalitstruktur bezeichnet [226]. (Anmerkung des Herausgebers)

Cristobalit mit einer minimalen Anzahl von Transformationen innerhalb des Modells (bestimmten gegenseitigen Drehungen der Tetraeder) illustrieren.

In den Tabellen 1.1 und 1.2 sind Netzebenenabstände verschiedener Siliciumdioxidmodifikationen aufgeführt. Genaue Koordinaten aller Atome in den Elementarzellen des Siliciumdioxids, die mitunter für die Berechnung der Winkelabhängigkeit der Intensität gestreuter Elektronen oder Röntgenstrahlen (z. B. für die Konstruktion der Streufunktion zwecks Bestimmung des Nahordnungscharakters amorpher SiO_2-Schichten) notwendig sind, können der Arbeit [5] entnommen werden und werden hier nicht angegeben.

In der Praxis der Strukturanalyse besteht oft die Notwendigkeit, den strukturellen Zustand eines Materials ohne seine Zerstörung zu bestimmen. Die Infrarotspektroskopie in Transmission erweist sich dafür als besonders geeignet. Für kristalline SiO_2-Schichten sind die Besonderheiten der IR-Transmission in Abhängigkeit von ihrem Phasenzustand bekannt. Wir führen insbesondere die Daten aus [15] an. Die IR-Absorptionsbanden (Wellenzahl in cm^{-1}) sind:

α-Quarz

1200	s. schw.*	915	s. schw.	668	s. schw.
1170—1172	s. schw.*	796—805	m.	503—522	m.*
1150	s. schw.*	775—785	m.	479	m.
1076—1090	s. st.	692—697	schw.	450—462	st.

Tridymit

1175	schw.*	508	schw.*
1105—1109	s. st.	478	s. st., b.
487—794	m.	385—392	m.
568—570	schw.		

α-Cristobalit

1200—1210	m.*	617—623	m.
1160	schw.	515—520	schw.*
1090—1100	s. schw.	482—490	st., b.
792—800	m.	372	m.
725	schw.*	295—300	m.

Anmerkung: Die durch einen Stern gekennzeichneten Banden im IR-Spektrum treten gewöhnlich in Form eines Peaks einer stärkeren Bande oder des Untergrundes auf. Absorption: s. schw. — sehr schwach, schw. — schwach, m. — mittelstark, st. — stark, s. st. — sehr stark; b. — breites Band.

1.3. Amorphe SiO_2-Schichten. Nahordnung

Oxidschichten auf Silicium müssen amorph sein, da — wie schon gesagt — ihre Kristallisation zur Bildung völlig unzulässiger Risse führen könnte. (Es ist interessant, daß eine rißlose Verwachsung dünner Siliciumschichten mit einem monokristallinen α-Quarzsubstrat möglich ist, während der umgekehrte Vorgang nicht beobachtet wurde, was noch an anderer Stelle diskutiert wird.)

Ein amorpher Aufbau bedeutet keine chaotische Struktur. Die Nahordnung im amorphen Siliciumdioxid ist mit den Methoden der Röntgenstrukturanalyse und der Neutronenbeugung hinreichend gründlich untersucht worden, und wir streifen nur die für uns wichtigsten Ergebnisse [6, 17—20]. Dabei ist zu bemerken, daß sich diese Resultate hauptsächlich auf Volumenproben schnell abgekühlter Glasschmelzen beziehen und nicht unmittelbar auf Schichten übertragen werden können, weil der Prozeß der Schichtbildung auf Siliciumoberflächen hinreichend spezifisch ist.

Das elektronische Energiespektrum im amorphen Siliciumdioxid wird in dem bereits erwähnten Übersichtsartikel [16], in der Arbeit [17] und in einer Reihe weiterer Mitteilungen diskutiert.

Bisher gibt es keine einheitliche Auffassung über das Modell des glasartigen amorphen Siliciumdioxids, d. h. darüber, ob es sich bei ihm um ein ungeordnetes Netzwerk (praktisch ohne einen Abriß chemischer Bindungen) aus SiO_4-Tetraedern mit veränderlichem Si—O—Si-Winkel handelt oder um ein Gemisch von Mikrokristallen mit ungeordneten Grenzgebieten zwischen ihnen und vielen abgerissenen Bindungen. Für den ersten Gesichtspunkt (s. [16]) spricht die Stabilität von reinem Glas (und, wie unsere Erfahrungen zeigen, von amorphen Oxidschichten auf Silicium) gegenüber einem Übergang in einen polykristallinen Zustand bei höchsten Temperaturen. Für die zweite, d. h. die Mikrokristallithypothese (s. [6]), sprechen viele Daten über die Nahordnung im Glas, die die Existenz stabiler geordneter Mikrogebiete mit Ausmaßen von 1 bis 2 nm bestätigen. Solche z. T. sehr überzeugenden Daten stammen von Warren und seinen Mitarbeitern ([18, 19] u. a.).

In [18] ist die Nahordnung in Glasscheiben der Größe 40 mm · 40 mm · 0,3 mm (die durch Schmelzen in einer Flamme hergestellt wurden) untersucht worden. In einem Bereich bis 0,7 nm wurde eine atomare (elektronische) radiale Verteilungskurve erhalten, die Maxima bei folgenden Abständen besitzt: 0,162 nm (Si—O-Bindung); 0,265 nm (O—O); 0,312 nm (Si—Si); 0,415 nm (Si—O II); 0,51 nm (O—O II, Si—Si II); 0,64 nm (Si—O III).

Der Abstand 0,162 nm vom Zentrum eines Silicium-Sauerstoff-Tetraeders bis zu einem nächsten Sauerstoffatom, das sich in einer Ecke des Tetraeders befindet, ist etwas geringer als die Summe der PAULINGschen Ionenradien von Silicium und Sauerstoff (0,041 bzw. 0,140 nm) [20]. Eine diesbezügliche Diskussion wird in [6] geführt. Man nimmt gegenwärtig an, daß die Si—O-Bindung in SiO_2 vorwiegend kovalent ist und sowohl Hybrid- als auch Donator-Akzeptor-Beiträge enthält. In der Arbeit [21] werden die in der Literatur existierenden Ergebnisse über die Länge der Si—O-Bindung im SiO_4-Tetraeder zusammengefaßt. Es zeigt sich, daß bei einer allgemeinen Streuung der Bindungslänge von 0,158 bis 0,166 nm 90% der Arbeiten einen Wert zwischen 0,160 und 0,164 nm angeben und der mittlere Wert, der von MOZZI und WARREN bestimmt wurde, 0,162 nm beträgt.

Aus dem Si—Si- und dem Si—O-Abstand kann man den Si—O—Si-Winkel α bestimmen:

$$\sin \alpha/2 = r_{\mathrm{Si-Si}}/2r_{\mathrm{Si-O}}. \tag{1.1}$$

Wie in [18] gezeigt, existiert eine gewisse Verteilungsfunktion $V(\alpha)$ mit einem Maximum bei 144° und einem starken Abfall bei 120° und 180° (dieses Winkelverhalten entspricht mehr dem des α-Quarzes als dem des α-Cristobalits und noch weniger dem des β-Cristobalits).

In der Arbeit [22] ist der Si—O—Si-Winkel mit dem Grad der Ionizität der Si—O-Bindung verknüpft; man nimmt an, daß sie für α-Cristobalit ein Maximum besitzt.

Interessante Aussagen über die radiale Verteilung in glasigem Siliciumdioxid sind in [23] bis zum Schmelzpunkt (20 bis 1600 °C) erhalten worden. Es konnte gezeigt werden, daß für alle Temperaturen mindestens sechs Koordinationsabstände (0,160; 0,30 nm und andere) unveränderlich bleiben und der mittlere Wert des Si—O—Si-Winkels zwischen 126° und 160° liegt.

Kommen wir jetzt zu den Resultaten der Elektronenbeugungsanalyse von SiO_2-Schichten, die in integrierten Schaltkreisen angewendet werden (ihre Dicke beträgt gewöhnlich weniger als 0,2 µm, und sie sind deshalb für die Röntgenstrukturanalyse ungeeignet). Einige Daten sind in der Übersichtsarbeit [24] enthalten; wir benutzen jedoch die Originalresultate.

Die Strukturen von Schichten mit einer Dicke bis zu 50 nm, die durch HF-Entladung aus einem Gemisch aus Silan und Stickstoffoxid im Verhältnis von 2:1 bis 1:10 bei 300 °C auf Kochsalzsubstraten abgeschieden wurden, sind in der Arbeit [25] untersucht worden. Es zeigt sich eine ziemlich „verschmierte" radiale Verteilungsfunktion (RDF; bezüglich der Methode zur Bestimmung der RDF vgl. Kapitel 2, wo die Methode von COLEMAN und THOMAS, die in [25] und später bei der Analyse des amorphen Siliciumnitrids angewandt wurde, einer Kritik unterzogen wird). Im wesentlichen trat nur ein ausgeprägtes RDF-Maximum auf, nämlich bei 0,162 ± 0,002 nm. Die Maxima bei 0,265 und 0,305 nm und folglich auch der Si—O—Si-Winkel, der 145° ± 10° beträgt, wurden durch eine Zerlegung der Strukturen entsprechender RDF-Teile in Gauss-Peaks willkürlicher Breite und willkürlichen statistischen Gewichtes konstruiert. Die Autoren nahmen an, daß eine Ähnlichkeit im Nahordnungscharakter zwischen thermischem Oxid und ihrem Siliciumdioxid besteht. In den RDF von Schichten, die bei erhöhtem Silananteil im Gemisch erhalten worden waren, traten Besonderheiten auf, für die im SiO_2 eingeschlossene Siliciumcluster verantwortlich gemacht wurden.

Bis zum Jahre 1970 ist praktisch keine einzige Arbeit über eine Analyse der Nahordnung in Oxidschichten auf Silicium veröffentlicht worden. Einzelne Angaben darüber, daß thermisches Oxid amorph ist und Mikrokristallite mit Cristobalitstruktur enthält, erwiesen sich als widersprüchlich, und in der bereits zitierten Arbeit [25] wurde kein thermisches, sondern ein recht unübliches Oxid benutzt.

Wahrscheinlich war die Arbeit von Nagasima [26] eine der ersten Publikationen über die Nahordnung im amorphen thermischen Oxid auf Silicium, das bei 1100 °C in trockenem und in feuchtem Sauerstoff hergestellt worden ist. Wir gehen auf sie ausführlicher ein.

Wie gesagt, sind die Dichten von amorphem thermischem Oxid, das in getrocknetem oder angefeuchtetem Sauerstoff erhalten wurde, fast gleich und betragen 2,22 g/cm^3 (was einem spezifischen Volumen von 0,451 cm^3/g entspricht, das charakteristisch für geschmolzenen Quarz und näherungsweise auch für β-Cristobalit ist). Es wurden RDF für Oxidschichten mit Dicken von 61 bis 102 nm erhalten. Bei der Konstruktion eines mittleren Verlaufs der experimentellen Intensitätskurve ist die einfachste Methode verwendet worden, die im folgenden von Ja. I. Steciv und Mitarbeitern vervollkommnet wurde (siehe Kapitel 2; wir benutzen ebenfalls die Methode von Steciv-Vajnštejn). Trotzdem ermöglichte bereits die Mittelung per Hand die Bestimmung des Integranden der RDF, die eine Reihe von Besonderheiten besitzt, nämlich einen Peak bei 0,162 ± 0,002 nm und Strukturen bei anderen Abständen. Eine Konstruktion der übrigen Teile der RDF aus Gauss-Kurven ermöglichte die Bestimmung der Lage der anderen Koordinationsmaxima: Si—O 0,162 ± 0,002 nm; O—O 0,260 ± 0,005 nm; Si—Si 0,310 ± 0,005 nm; Si—2O II 0,40 ± 0,01 nm; Si—Si II 0,50 ± 0,01 nm; der Wert des Si—O—Si-Winkels der auf die oben beschriebene Weise bestimmt wurde, beträgt 147° ± 10°.

Nagasima zog auch experimentelle IR-Absorptionsdaten heran und verglich sie mit bis dahin bekannten Resultaten. Die Wellenzahlen in den Absorptionsbanden besitzen folgende Werte (in cm^{-1}):

α-Quarz	α-Cristobalit	geschmolzener Quarz	thermisches Oxid	Art der Schwingung[4])
450	482	458	458	Si—O—Si-
510	511			rocking
696	620			Si—Si-
776	790	809	805	bending
1085	1095	1095	1096	Si—O-
1168	1160	1190	1190	stretching

Bezüglich der IR-Absorption sind thermisches Oxid und geschmolzener Quarz ununterscheidbar.[5])

Die interatomaren Abstände (Tab. 1.3) weisen ebenfalls die Ähnlichkeit des Aufbaus von geschmolzenem Quarz und thermischem Oxid aus. Eine Erörterung der Ähnlichkeit des thermischen Oxids mit irgendeiner Modifikation des kristallinen Siliciumdioxids vermied der Autor von [26], er hob jedoch die mögliche Ähnlichkeit der Schichten mit α-Cristobalit hervor. Der Bereich der Nahordnung, der in [26] aus der Beziehung

$$L = \frac{0{,}89\lambda}{\beta \cos \theta} \tag{1.2}$$

ermittelt worden ist, beträgt für $\lambda = 0{,}0054$ nm weniger als 1,0 nm (β ist eine dimensionslose Konstante, θ der Bragg-Winkel).

Etwas eher als [26] erschien die Arbeit [28] über die Elektronenbeugungsanalyse von Siliciumdioxid auf Silicium, das durch thermische Oxydation (bei 1200 °C), HF-Plasmapyrolyse (von Tetramethoxysilan) oder Oxydation in Wasserdampf ($2{,}5 \cdot 10^6$ Pa, 650 °C) erhalten wurde. Die Autoren von [28] erhielten einheitliche RDF für alle drei Schichten bis zu Koordinationssphären hoher Ordnung (6 Maxima, wobei jedoch tatsächlich nur das erste deutlich ausgeprägt ist): 0,160; 0,265; 0,310; 0,388; 0,436 und 0,530 nm. Es ist interessant, daß die RDF des pyrolytischen Oxids am deutlichsten ausgeprägt war. Die Schrittweite bezüglich R betrug 0,02 nm. Die Autoren glauben, daß die Nahordnung in allen von ihnen untersuchten Schichten vergleichbar mit der von β-Cristobalit ist (basierend auf der Ähnlichkeit größerer Koordinations-

[4]) Eine detailliertere Identifizierung wird in [227] durchgeführt. (Anmerkung des Herausgebers)

[5]) Diese Auffassung ist als überholt anzusehen, vgl. [227] und [228]. (Anmerkung des Herausgebers)

Tabelle 1.3. Atomabstände (in nm) und Si—O—Si-Winkel (in Grad) von geschmolzenem Quarz und thermischem Oxid (Bibliographie der zitierten Daten siehe [26])

Autor	Si—O	O—O	Si—Si	Si—O II	O—O II Si—Si II	Si—O—Si (grad)	Methode
WARREN, 1937	0,162	0,265	0,320	0,42	0,52	162	Röntgenbeugung
SIMON, 1956	0,161	0,230	0,303	0,419	0,54	142	Röntgenbeugung
ZARZYCKI, 1957	0,160	—	0,300	0,40	0,50	143 ± 17	Röntgenbeugung
HENNINGER, 1967	0,156	0,254	0,3065	0,394	—	135	Röntgenbeugung
MCCLURG, 1952	0,13	0,22	0,30	0,40	—	—	Elektronenbeugung
COLEMAN, 1967	0,162	0,265	0,30	0,38	0,45	145 ± 10	Elektronenbeugung
BREEN, 1957	0,16	0,26	0,33	0,39	0,51	—	Neutronenstreuung
HENNINGER, 1957	0,159	0,262	0,322	0,409	0,503	—	Neutronenstreuung
[26]	0,162	0,260	0,310	0,40	0,50	147 ± 10	Elektronenbeugung

radien und der Daten über die Diffusion durch das Oxid). Im Gegensatz zu [28] betrug nach der Arbeit [29] über die Röntgenstrukturanalyse pyrolytischer SiO_2-Schichten einer Dicke von 10 µm die Nahordnung im Oxid weniger als 0,3 nm, während sich SiO_2, das durch Sputtern erhalten wurde, davon durch einen großen Ordnungsgrad unterschied und mit geschmolzenem Quarz verglichen wurde.

Der Nahordnung in pyrolytischen Siliciumdioxidschichten, die durch eine Oxydationsreaktion von Silan bei 340 °C erhalten wurden, ist ein anderer Artikel NAGASIMAS gewidmet [27]. Pyrolytisches SiO_2 wird in Siliciumschaltkreisen nicht zur Sekundärpassivierung von MIS-Bauelementen verwendet, sondern dient in erster Linie der äußeren Isolation der Schaltkreise.

Wie in [27] gezeigt, nimmt die Dichte des pyrolytischen Oxids mit der Sättigung bei Erhöhung der Pyrolysetemperatur von 2,03 g/cm³ bei 350 °C bis 2,25 g/cm³ bei 1000 °C zu. Die Dichte erhöht sich auch bei einer Temperung der Schichten (der Mechanismus der Verdichtung ist jedoch unbekannt). Wir stellen also fest, daß ein pyrolytischer Oxidfilm nach dem Verdichtungsprozeß eine Dichte besitzt, die vergleichbar mit der des geschmolzenen Quarzes, d. h. der SiO_2-Modifikation mit der geringsten Dichte, ist. Die Daten über diese Verdichtung stimmen mit entsprechenden Resultaten der IR-Absorption überein. Peaks bei 1100 und 450 cm^{-1}, die für geschmolzenen Quarz und thermisches Oxid charakteristisch sind, waren zunächst zu kleineren Frequenzen hin verschoben, kehrten jedoch nach der Temperung zu ihrer Standardlage zurück

Tabelle 1.4. Atomabstände (in nm) und Koordinationszahlen (nächster atomarer Nach-Siliciumdioxids bei Zimmertemperatur und für pyrolytisches Oxid [27]

α-Quarz			α-Cristobalit		
$i-j$	R_{ij}	n_{ij}	$i-j$	R_{ij}	n_{ij}
Si–O I	0,161	4	Si–O I	0,159	4
O–O I	0,261–0,265	6	O–O I	0,258–0,264	6
Si–Si I	0,306–0,307	4	Si–Si I	0,307	4
O–O II	0,333–0,340	3	Si–O II	0,353–0,376	6
Si–O II	0,353–0,361	6	O–O II	0,373–0,401	6
O–O II	0,357–0,360	3	Si–O III	0,437	2
Si–O III	0,390–0,397	4	O–O III	0,435–0,441	4
O–O III	0,409–0,422	4	Si–Si II	0,446	2
Si–O IV	0,412–0,422	8	Si–O IV	0,458–0,462	4
Si–Si II	0,435–0,438	6	O–O IV	0,462–0,472	2
Si–O V	0,440–0,463	6	Si–O V	0,487–0,495	4
O–O IV	0,456–0,476	6	O–O V	0,488–0,497	8
Si–Si III	0,490–0,493	8	Si–Si III	0,497–0,499	8
O–O V	0,491–0,501	9	Si–O VI	0,501	2
O–O V	0,513–0,521	6	O–O VI	0,507–0,510	4

und wurden schärfer. Die Abnahme der IR-Absorptionsfrequenz in einem bestimmten Band resultiert bekanntlich aus einer Verkleinerung der Kraftkonstante der chemischen Bindung, d. h. aus einer Vergrößerung der Bindungslänge bzw. einer Auflockerung der Oxidstruktur.

Die Nahordnung der Schichten war unmittelbar nach der Abscheidung weniger ausgeprägt als nach ihrer Temperung. In den bei 340 °C abgeschiedenen pyrolytischen Schichten wurden Koordinationsmaxima bei 0,162, 0,260 und 0,305 nm gefunden, was den bekannten interatomaren Abständen entspricht (wobei jedoch nur der erste Peak scharf war). Die verdichtend wirkende thermische Behandlung beeinflußte die RDF nur wenig.

Nagasima [27] hat versucht, die Daten über die Nahordnung im Oxid mit berechneten zu vergleichen (Tabelle 1.4); aber wegen des Fehlens der für kristalline SiO_2-Modifikationen charakteristischen RDF-Maxima bei 0,33 bis 0,38 nm und 0,43 bis 0,48 nm hat er auf quantitative Aussagen verzichtet.

Die Nahordnung in Siliciummonoxid ist in den Arbeiten [30, 51] analysiert. Dort werden auch IR-Absorptionsspektren von Monoxid sowie von Gemischen mit diesem Material herangezogen.[6])

[6]) Vgl. auch [229]. (Anmerkung des Herausgebers)

barn, die zu den Koordinationsradien R gehören) für kristalline Modifikationen des

β-Cristobalit			β-Tridymit			pyrolytisches Oxid	
$i-j$	R_{ij}	n_{ij}	$i-j$	R_{ij}	n_{ij}	R_{ij}	n_{ij}
Si–O I	0,165–0,166	4	Si–O I	0,154	4	0,162	4
O–O I	0,245–0,274	6	O–O I	0,234–0,252	6	0,26	—
Si–Si I	0,305–0,326	4	Si–Si I	0,307–0,308	4	0,31	—
Si–O II	0,340–0,389	6	Si–O II	0,377–0,388	12	—	—
O–O II	0,403	3	O–O II	0,411–0,436	9	—	—
Si–O III	0,412–0,424	6	O–O II	0,472–0,482	9	—	—
O–O III	0,439	6	Si–O III	0,485	3	—	—
O–O III	0,473–0,479	6	Si–Si II	0,502–0,503	9	—	—
Si–O IV	0,483–0,489	6	O–O III	0,503	6	—	—
Si–Si II	0,498–0,515	12	Si–Si III	0,503–0,515	3	—	—
O–O IV	0,510–0,515	9	Si–O IV	0,518–0,527	18	—	—
—	—	—	—	—	—	—	—
—	—	—	—	—	—	—	—
—	—	—	—	—	—	—	—
—	—	—	—	—	—	—	—

1.4. Oxydation des Siliciums. Die Silicium-Oxid-Grenze

Es ist evident, daß der Prozeß der Umwandlung von Silicium in sein Oxid sowohl die Struktur des Oxids als auch die der Grenze bestimmt, die das Oxid von der Siliciumunterlage und den entsprechenden Übergangsgebieten nach beiden Seiten trennt. Es existieren drei Möglichkeiten für die chemische Wechselwirkung von Silicium und Sauerstoff: auf der Oberfläche des Oxids, wenn der Diffusionskoeffizient von Silicium durch das Oxid sehr viel größer als der Diffusionskoeffizient von Sauerstoff ist; an der Grenze zwischen Oxid und Substrat, wenn das Verhältnis gerade umgekehrt ist; im Innern des Oxids, wenn diese Koeffizienten annähernd gleich sind.

Die Daten von Untersuchungen mit radioaktiven Isotopen, der Markierungsmethode und anderer Untersuchungen zeigen, daß im Verlauf der Siliciumoxydation Sauerstoff durch das Oxid diffundiert (siehe [2]). Der mikroskopische Mechanismus der Sauerstoffdiffusion konnte bisher nicht völlig aufgeklärt werden. Nach den Angaben von [2] läuft sie innerhalb des Siliciumdioxids in ionischer Form, nach anderen Angaben ([3]) jedoch in molekularem Zustand ab. In der Monographie [3] ist eine Berechnung der Oxydationsgeschwindigkeit von Silicium angegeben. Nach dieser hängt die Dicke des Oxids auf folgende Weise von der Zeit ab,

$$\frac{x_{SiO_2}}{A/2} = \left(1 + \frac{t + \tau}{A^2/4B}\right)^{1/2} - 1, \tag{1.3}$$

wobei x_{SiO_2} die Oxiddicke ist und A und B thermodynamische Konstanten darstellen, die von der Konzentration und den Massetransportkoeffizienten abhängen. Sowohl A als auch B sind proportional zum Diffusionskoeffizienten D des Oxydationsmittels im Oxid, der seinerseits mit der Temperatur exponentiell zunimmt; t ist die Zeit und τ eine Konstante mit der Dimension einer Zeit.

Für kurze Oxydationszeiten gilt $(t + \tau) \ll A^2/4B$ und

$$x_{SiO_2} = \frac{B}{A}(t + \tau); \quad \frac{B}{A} \sim e^{-Q/kT}. \tag{1.4}$$

Wie sich zeigt, ist die Größe B proportional zum Sauerstoffpartialdruck der entsprechenden Atmosphäre. Gerade aus diesem Fakt folgt, daß Sauerstoff in molekularer Form im Oxid diffundieren kann.

Nach hinreichend langen Oxydationszeiten gilt

$$x_{SiO_2}^2 = Bt = K \cdot p^m \cdot t \cdot e^{-Q/kT}, \tag{1.5}$$

wobei K eine Konstante ist, p der Druck, der Exponent m vom Wassergehalt im Sauerstoff abhängt und Q eine Aktivierungsenergie darstellt, die ebenfalls vom Oxydationsmittel abhängt ($Q = 1{,}24$ eV bei Oxydation in Sauerstoff und $Q = 0{,}71$ eV bei Oxydation in Wasserdampf, sowohl für (1.4) als auch für (1.5)). Analoge Diffusionsparameter des Siliciumdioxids werden auch in der Arbeit [35] angegeben.

Kinetische Verläufe der Siliciumoxydation in trockenem und feuchtem Sauerstoff bei 600 bis 1400 °C werden in [1, 3] diskutiert. Da die realen Oxydationszeiten stets länger als 1 bis 10 min sind (unter diesen Bedingungen beträgt die Dicke des Siliciumdioxids bei 600 bis 1400 °C mehr als 0,1 bis 100 nm), macht sich das Gebiet der linearen Abhängigkeit $x(t)$ in den kinetischen Kurven kaum bemerkbar, und das gesamte Schichtwachstum erfolgt nach dem parabolischen Gesetz.

Zur Information geben wir einige molekulare Diffusionskoeffizienten für Quarzglas [1] an (in cm^2/s):

Wasserstoff (verschiedene Autoren)	$D = 9{,}5 \cdot 10^{-4} \exp(-0{,}685 \text{ eV}/kT)$
	$D = 5{,}6 \cdot 10^{-4} \exp(-0{,}450 \text{ eV}/kT)$

Sauerstoff (verschiedene Autoren)	$D = 1{,}5 \cdot 10^{-2} \exp(-3{,}09\ \mathrm{eV}/kT)$
	$D = 2 \cdot 10^{-9} \exp(-1{,}26\ \mathrm{eV}/kT)$
Wasser	$D = 1{,}0 \cdot 10^{-6} \exp(-0{,}794\ \mathrm{eV}/kT)$

Bezüglich der Aktivierungsenergie sind sich Glas und thermisches Oxid in ihrem Diffusionsverhalten ähnlich. Es kann also festgestellt werden, daß die Silicium-Sauerstoff-Reaktion auf der Oberfläche des Siliciums unterhalb der Oxidschicht abläuft.

Worum handelt es sich bei dem Gebiet im Oxid, dessen chemischer Zustand sich zwischen dem von Silicium und SiO_2 befindet? Diese Frage wird in der Übersichtsarbeit [31] behandelt. Wie Daten der RUTHERFORD-Streuung zeigen, stellt sich in dem an die Siliciumunterlage angrenzenden Teil des Oxids ein Sauerstoffmangel (jedoch kein Siliciumüberschuß) ein, so daß auf der (111)-Oberfläche von Silicium die Übergangsschicht von $SiO_{1,15}$ (unmittelbar auf der Oberfläche des Siliciums) bis hin zum SiO_2 eine Dicke von 1,5 nm besitzt (es existieren auch Angaben über 0,4 bis 0,7 nm [43]), während auf der (100)-Oberfläche die Schichtdicke zwischen $SiO_{1,35}$ und SiO_2 einen Wert von 1,2 nm haben soll. Dabei beträgt die entsprechende Konzentration abgerissener Siliciumbindungen unter dem Oxid $1{,}6 \cdot 10^{15}$ bzw. $0{,}9 \cdot 10^{15}\ \mathrm{cm}^{-2}$. Es existieren auch mit Hilfe der ESCA-Methode erhaltene Resultate darüber, daß sich der Zustand des Oxids in der Übergangsregion folgendermaßen ändert: $Si—SiO_{0,5}—SiO—SiO_{1,5}—SiO_2$ [33, 34].[7])

Diskutieren wir die Befunde über die Übergangsschicht, die sich bei der Oxydation herausbildet, so zeigt sich: Es gibt sehr viele relevante Daten; sie sind jedoch z. T. widersprüchlich, da sie auf sehr ungenauen Bestimmungen der absoluten Konzentration mit spektroskopischen Methoden basieren. Deshalb wurde der Versuch einer statistischen Behandlung dieser Daten unternommen, und zwar durch Befragung von ungefähr 100 führenden Wissenschaftlern, die Spezialisten auf dem Gebiet der $Si—SiO_2$-Interface sind [32]. (Es existiert ein solches Wissenschaftsgebiet, und diese überaus wichtige Grundlagenforschung hat bereits zu Fortschritten in der Technologie, in der Bearbeitung von integrierten Schaltkreisen und sogar zur Entwicklung neuer Schaltkreisprinzipien, z. B. des Festwertspeichers, geführt.) Die Ergebnisse der Befragung sind für unsere Thematik so wesentlich, daß wir auf einige von ihnen genauer eingehen:

1. Frage des Fragebogens: „Existiert zwischen Silicium und SiO_2 ein graduelles Übergangsgebiet?"
Ja — 53, nein — 2.

[7]) Neuere Angaben über die $Si—SiO_2$-Interregion sind in [230, 231] zusammengestellt. (Anmerkung des Herausgebers)

2. „Wie groß ist die Dicke der Übergangsregion?"
1 bis 5 nm — 33, 10 bis 20 nm — 17.

3. „Welche analytische Methode ist für die Ermittlung der Natur des Übergangsgebietes am geeignetsten?"
AUGER-Spektroskopie — 19, ESCA — 16, RUTHERFORD-Streuung — 8, *C-V*-Methode — 2, EPR — 3, SIMS — 4, Photoemission — 4, sonstige — 9.

4. „Welche Ladungstypen im Si—SiO_2-System hängen vom Oxydationsprozeß ab?"
Die feste Oxidladung (Q_{SS}) — 55, die Ladung beweglicher Ionen (Q_O) — 40, die Grenzflächenladung (N_{St}) — 52, Traps im Oxid, die durch Bestrahlung gebildet werden (N_{Ot}) — 31.

5. „Von welcher physikalischen Natur ist die feste Oxidladung?" (Entsprechend dem Modell von DEAL [32] befindet sich diese Ladung in der Nähe der Halbleiter-Isolator-Grenze in der Übergangsschicht des Isolators.)
Ionisierte Si-Atome — 24 Antworten[8]), Sauerstoffvakanzen — 18, nichtstöchiometrisches Oxid — 12.[9])

6. „Mit Hilfe welcher Methode kann die physikalische Natur der festen Oxidladung am besten aufgeklärt werden?"
ESCA — 9, AUGER-Spektroskopie — 8, EPR — 5, *C-V*-Methode — 5, RUTHERFORD-Streuung — 3, SIMS — 2, sonstige — 2.

7. „Stellt sich die feste Oxidladung als Folge der Bedingungen der Oxydation in ihrem Anfangsstadium ein?"

---

[8]) Der Autor von [32] begründete zusammen mit seinen Mitarbeitern bereits mehr als zehn Jahre vor der Publikation der dargestellten statistischen Befragung die Existenz von überschüssigem Silicium in der Übergangsschicht auf folgende Weise [36]: 1. Die Größe der Festladung hängt nicht von der Verunreinigungskonzentration des Substrates ab; 2. die Oxidladung hängt auch nicht von der Oxiddicke ab; 3. sie hängt stark von den Oxydationsbedingungen, d. h. der Temperatur und der Oxydationsgeschwindigkeit, ab; 4. das ihr entsprechende Energieniveau von 0,7 eV liegt tief in der verbotenen Zone des Siliciums. Zu derselben Auffassung kamen später die Autoren von [37, 38]. Tatsächlich waren Versuche, Siliciumeinschlüsse mit der direkten Methode der Transmissionselektronenmikroskopie festzustellen, ohne Erfolg [39].

[9]) Nach neuesten Erkenntnissen sind überkoordinierte, positiv geladene Sauerstoffatome Hauptursache für die positive Isolatorladung [232]. Das entsprechende Valenzalternationspaarmodell, das von der paarweisen Existenz überkoordinierter, positiv geladener und unterkoordinierter, negativ geladener Sauerstoffatome ausgeht, erklärt die Natur und Eigenschaften von Grenzflächenzuständen, festen Oxidladungen und Strahlenschäden der Si—SiO_2-Interface sowie die Rolle ihrer wichtigsten Verunreinigungen, nämlich Wasserstoff und Natrium [232]. (Anmerkung des Herausgebers)

Ja — 40, nein — 11. (Wir merken an, daß die Hauptmethode zur Reduzierung dieser Ladung das Tempern in trockenem Stickstoff oder Argon ist.)

8. „Welcher Bauelementparameter wird durch die feste Oxidladung am stärksten beeinflußt?" Die Schwellspannung — 33.

9. „Von welcher physikalischen Natur ist die Ladung an der Si—SiO_2-Interface?"
Abgerissene Bindungen — 31, Strukturdefekte — 16, Verunreinigungen — 11, Sauerstoffvakanzen — 2, Siliciumüberschuß — 2, induzierte Ladung — 2.

10. „Worin besteht (gemessen an der Charakteristik bipolarer oder MIS-Bauelemente) die wichtigste Auswirkung der Ladung an der Si—SiO_2-Interface?"
Änderung der Schwellspannung — 17, geringe Ladungsträgerbeweglichkeit, niedriger Wirkungsgrad — 17, niedriger Emitterstrom — 15, Verluste im *p-n*-Übergang — 14, Rauschen — 12, niedrige Durchschlagsspannung — 2.

11. „Welche der Ladungen hängt von der kristallographischen Orientierung des Siliciums während der Oxydation ab?"

Q_{SS} — 54, Q_0 — 2, N_{St} — 55, N_{Ot} — 15.

Wie aus den Antworten ersichtlich ist, spielen für die Ausbildung eines passivierenden Dielektrikums hoher Güte in MIS-Schaltkreisen die Bedingungen an der Si—SiO_2-Grenze die wichtigste Rolle, da praktisch alle charakteristischen Merkmale eines entsprechenden Transistors und schließlich auch die Stabilität und Lebensdauer eines integrierten Schaltkreises mit der Größe und der Stabilität der Ladung zusammenhängen. Bezüglich der Breite der Übergangsschicht ist sich die Mehrheit der Forscher darin einig, daß sie nicht groß ist. Wir haben jedoch bisher die Übergangsregion nur auf der Seite des Oxids, d. h. als im Oxid liegend, betrachtet. Wie ist aber diese Region innerhalb des Siliciumsubstrates geartet? Welches Ausmaß (welche Tiefe usw.) besitzen die Störungen des Siliciums durch die thermische Oxydation?

Es existieren unterschiedliche Modelle für die Struktur der äußersten Oberfläche des Siliciums und über den Aufbau des Siliciums unter dem Oxid. So ist nach [40] die Siliciumoberfläche von einer epitaxieartigen Monoschicht aus Sauerstoff bedeckt, die eine erhöhte Konzentration an Vakanzen enthält. An einem „Epitaxiemodell" halten auch die Autoren der Arbeiten [41, 42] fest. Der Standpunkt von [41] ähnelt unserem und wird durch einige unserer experimentellen Ergebnisse bestätigt.

Die Arbeiten, in denen das Ausmaß der Störung von Siliciumoberflächen durch die thermische Oxydation untersucht wird, können unter Vorbehalt in zwei Gruppen eingeteilt werden.

Die erste Gruppe bilden Arbeiten, die eine starke Störung des Siliciums ausweisen. In ihnen vertreten die Autoren die Auffassung, daß die Oberfläche des Siliciums unter der Wirkung sich lokal entwickelnder Oxydationskeime mehr oder weniger stark zerstört wird. Die stark gestörte Schicht erstreckt sich nach Vermutung der Autoren [44—46] bis zu 5 nm tief ins Silicium hinein.

Das Interesse des Autors dieses Buches an dem genannten Problem wurde durch die Veröffentlichung [47] geweckt, in der über eine außerordentlich starke Störung des Siliciums bei nur unbeträchtlich von der Standardoxydation abweichenden Bedingungen berichtet wird; die Tiefe der gestörten, sich polykristallin ausbildenden Schicht in der Siliciumoberfläche beträgt nach den Angaben von [47] 10 bis 30 nm. Wir haben nach der Oxydation eine Strukturanalyse der Siliciumoberfläche mit Hilfe der Streuung langsamer Elektronen durchgeführt [48].

In Übereinstimmung mit Befunden über die Reflexion schneller Elektronen in einer Si—SiO_2-Struktur nehmen die Autoren von [47] an, daß die Siliciumoberfläche bis in eine Tiefe von der Größenordnung der Dicke der Inversionsschicht, d. h. der Schicht, innerhalb der sich der Ladungstransport in einem MIS-Transistor vollzieht, gestört ist.

Unterdessen sind Angaben über die Konzentration der Oberflächenladung an der Si—SiO_2-Grenze bekannt geworden, die mit dem Modell der ungeordneten Oberfläche nicht übereinstimmen, da die Ladungsdichte eine beachtliche Anisotropie aufweist, nämlich $N_{St}(100) < N_{St}(110) < N_{St}(111)$. Diese Besonderheit wird bereits bei der Fertigung der Transistoren mit niedrigen Schwellspannungen durch Verwendung von Siliciumscheiben mit (100)-Orientierung ausgenutzt.

Mit der Methode der Beugung langsamer Elektronen [48] wurde in der Hauptsache (100)-orientiertes n-Silicium (7,5 Ωcm) untersucht. Einzelne vergleichbare Daten wurden auch für (111)-Silicium und (100)-Germanium erhalten. Die Vorbehandlung der Siliciumproben bestand im Polieren mit ZrO_2, anschließendem chemischen Polieren mit CP-4 und einer Standardreinigung der Oberfläche. Ein Teil der gereinigten Proben wurde 30 min lang bei 1100 °C in trockenem Sauerstoff oxydiert (analog zu bekannten Verfahren zur Herstellung von Gateoxidschichten in der MIS-Technologie). Die ellipsometrisch bestimmte Dicke des Oxides betrug ungefähr 100 nm. Das Oxid wurde innerhalb von 10 bis 15 s mit Hilfe 48%iger Flußsäure abgeätzt. Es wurde ein vorläufiger Wert der Lösungsgeschwindigkeit des Siliciums in Flußsäure bestimmt. Für mono- und polykristallines Silicium beträgt sie weniger als 10^{-3} nm/s. Auf diese Weise konnte also bei der Entfernung der Oxidschicht vor der Einführung der Probe in das Elektronenbeugungsgerät nicht mehr als eine Si-Monolage abgetragen worden sein. Im Zeitraum zwischen der Abätzung des

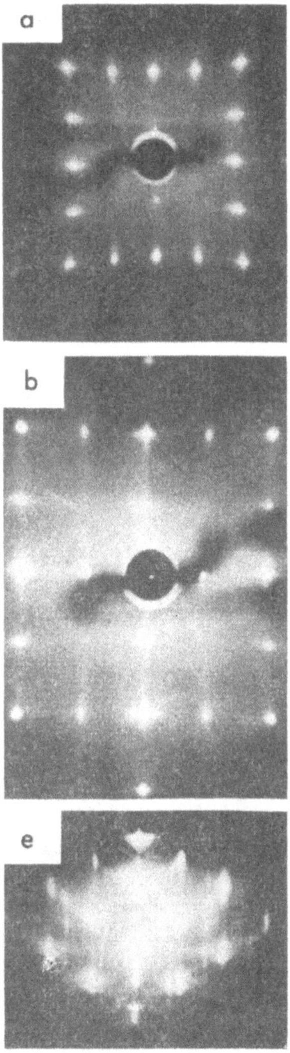

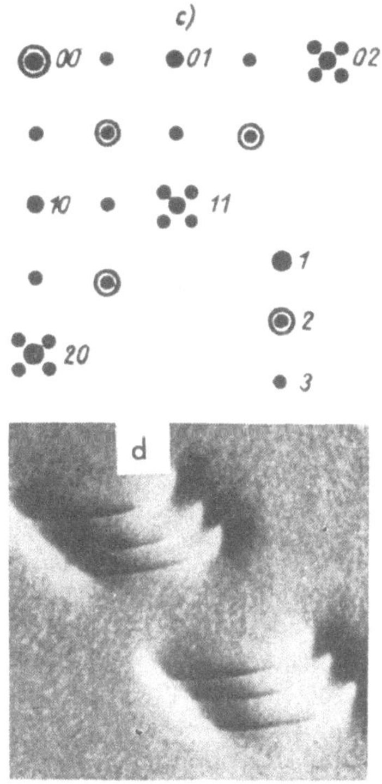

Abb. 1.1. Struktur einer Silicium-(100)-Oberfläche, die in trockenem Sauerstoff oxydiert worden ist, nach dem Abätzen des Oxids ($U = 56$ V); a) reine Oberfläche; b) Oberfläche, die Elemente eines Reliefs enthält; c) Indizierungsschema der Beugungsbilder a) und b) (1 – ganzzahlige Ordnung der Reflexe; 2, 3 – nichtganzzahlige Ordnung der Reflexe); d) Relief einer Siliciumoberfläche mit Kratzer nach der Oxydation (REM, Ätzmittel nach SIRTL), 1000fach vergrößert; e) Beugungsbild einer gestörten Oberfläche

Oxids und der Belüftung bis zur Ausbildung des Vakuums in der Probenkammer des Elektronenbeugungsgerätes wächst wiederum nicht mehr als eine Monoschicht des Oxids auf.

Ein mit Hilfe niederenergetischer Elektronen erhaltenes Beugungsbild von einer Silicium-(100)-Oberfläche ist in Abb. 1.1 dargestellt. Die geringe Dicke der Bedeckung ließ die Beobachtung von Beugungsreflexen ganzzahliger Ordnung bereits bei einer Energie von ungefähr 20 eV zu. Ein kurzzeitiges Tempern der Probe für einige Minuten bei einer Temperatur von 800 °C führte zum Auftreten von Beugungsreflexen nichtganzzahliger Ordnung, die für eine 1 × 2-Überstruktur auf der (100)-Oberfläche von Silicium charakteristisch sind. Folglich rekonstruiert sich die Siliciumoberfläche nach der thermischen Oxydation im wesentlichen nicht.[10]) Wenn vor der Oxydation auf der Oberfläche mechanische Beschädigungen vorhanden sind, so entstehen im Gebiet dieser Störungen, z. B. entlang von Kratzern neben den Gräben, Stapelfehler, die Ursache der charakteristischen Aufspaltung von Hauptreflexen der [111]-Richtung sowohl für schnelle als auch für langsame Elektronen sein können (s. Abb. 1.1, b) bis e)).

Im Zusammenhang mit den Besonderheiten der chemischen Prozesse auf der Siliciumoberfläche bei hohen Temperaturen ist auch die Struktur des Siliciums bei Temperaturen oberhalb von 800 bis 900 °C interessant (was den Synthese- und Oxydationsregimen beim Abscheiden dielektrischer Schichten entspricht). Es sind Fakten über eine Rekonstruktion der (111)-Oberfläche von Silicium und Germanium mit Verlust der Überstruktur bei Temperaturen, die höher als das ungefähr 0,7fache der absoluten Schmelztemperatur liegen, bekannt. Für die (100)-Oberfläche existieren keine entsprechenden Daten.

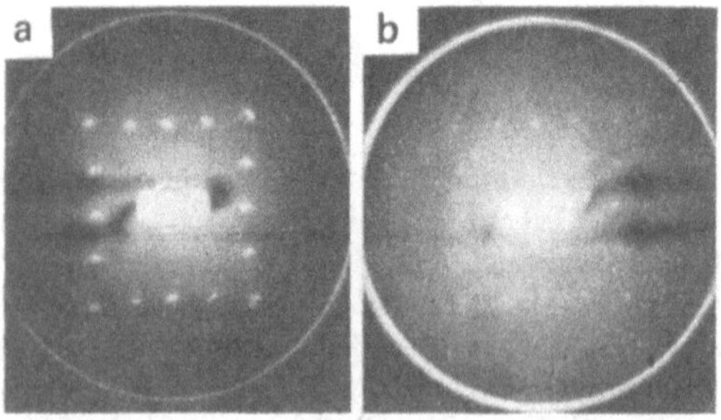

Abb. 1.2. Elektronenbeugungsaufnahmen der (100)-Oberfläche von Silicium bei verschiedenen Temperaturen (a) 910 °C, b) 1100 °C)

Die nach dem oben beschriebenen Verfahren gereinigten Proben wurden in der Probenkammer der Beugungsapparatur erhitzt. Gleichzeitig wurde die Beugung registriert. Die Ergebnisse sind in Abb. 1.2 dargestellt. Die 1 × 2-Überstrukturen von (100)-Si sind bei allen Temperaturen sichtbar, von Zimmertemperatur bis 1160 °C (oberhalb 1160 °C wird eine photographische Aufzeichnung schwierig, aber die Überstruktur bleibt auflösbar). Analoge Er-

[10]) Die Genauigkeit unserer Untersuchungen ist von der Ordnung einer Monolage, d. h. der Austrittstiefe von Elektronen mit einer Energie von 20 eV.

gebnisse wurden für unvollständig oxydiertes (100)-Silicium mit einer geätzten Oxidschicht sowie für (100)-Germanium erhalten, bei dem die Überstruktur auf der Oberfläche selbst bei hohen Temperaturen (bei mehr als dem 0,9fachen der absoluten Schmelztemperatur) stabil ist.

Auf diese Weise ist die (100)-Oberfläche der Elementhalbleiter durch eine stabile Ordnung charakterisiert. Die Ursachen einer solch hohen Stabilität und ihre möglichen Folgen für Hochtemperaturprozesse auf der (100)-Oberfläche sind bisher nicht völlig klar.

Nach den Daten über die Streuung langsamer Elektronen beträgt also die Tiefe der Störung des Siliciums durch die Oxydation nicht mehr als einige zehntel Nanometer. Es kann sein, daß die Autoren von [47] die Reinigung oder das Polieren der Siliciumoberfläche vor der Oxydation nur unvollständig durchgeführt haben, jedenfalls ist die Ursache für das Entstehen solch starker Störungen unklar.

Neben den bereits erwähnten und praktisch genutzten Erkenntnissen über die Anisotropie der Ladung (infolge der kleinen Ladung an der Si(100)—SiO_2-Grenze überwiegen für MIS-Schaltkreise (100)-Orientierungen der Scheiben) sind in letzter Zeit auch direkte Hinweise auf nur geringe Störungen des Siliciums durch die Oxydation bekannt geworden; sie resultieren aus der Transmissionselektronenmikroskopie (TEM) mit einer mikroskopischen Auflösung atomarer Ebenen an der Siliciumoberfläche zum nichtabgetragenen Oxid hin [49, 50]. Es zeigte sich, daß auf der Siliciumoberfläche eine Schicht mit einer Dicke von weniger als 1 nm (nach [49] weniger als 0,3 bis 0,4 nm) entstehen kann, die sich im elektronenmikroskopischen Kontrast vom übrigen Silicium unterscheidet und atomar rauh ist. Folglich bleibt eine sorgfältig vorbehandelte und thermisch oxydierte Siliciumoberfläche atomar eben.

1.5. Störungen im Silicium, die bei der Oxydation entstehen — Stapelfehler

Anscheinend schenkte bis zu den Jahren 1970/1972, d. h. bis zum Beginn einer umfangreichen Bearbeitung integrierter Schaltkreise, kaum jemand dem Umstand Beachtung, daß sich während der thermischen Siliciumoxydation eine gewaltige Anzahl von Strukturdefekten (um einige Größenordnungen mehr als im Ausgangsmaterial enthalten sind) vom Grenzgebiet zum Oxid ausgehend ins Silicium hinein bilden kann. Hierbei handelt es sich um Stapelfehler. Das Aussehen eines Stapelfehlers nach Ätzung mit dem Ätzmittel nach Sirtl [52] (ein Gemisch aus HF und einer Lösung von 50 g CrO_3 in 100 g H_2O im Verhältnis 1:1; Ätzdauer 5 min) ist in den Abbildungen 1.1 und 1.3 dargestellt.

Stapelfehler (oder Mikrozwillinge) können auf der Oberfläche von Silicium oder von anderen Halbleitern infolge verschiedener Ursachen entstehen. Eine von ihnen besteht in der lokalen Konzentration von Spannungen, die bei entsprechenden Temperaturen mit einem gewöhnlichen plastischen Materialkriechen über vollständige Versetzungen zur Ausbildung plastischer Deformationen führt (mit der Geometrie des Modells unvollständiger Versetzungen

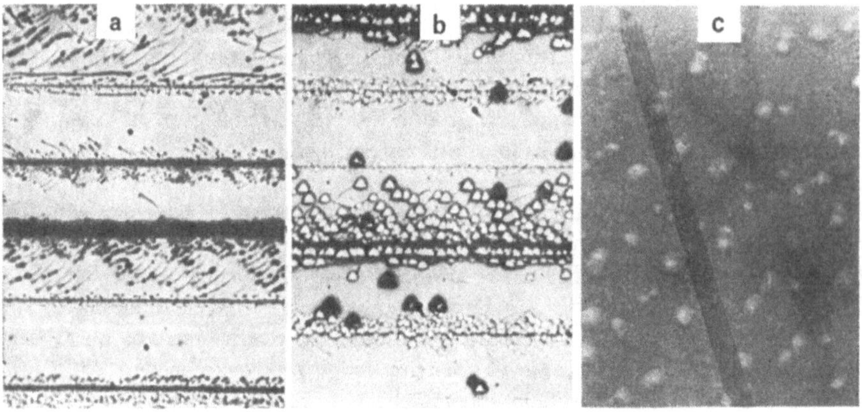

Abb. 1.3. Stapelfehler, die nach einer Hochtemperaturoxydation künstlich durch eine mechanische Störung in Form des Zerkratzens der Siliciumoberfläche mit Hilfe einer Diamantpyramide erzeugt wurden; a) lichtmikroskopische Aufnahme der angeätzten Oberfläche; b) dasselbe in einer Tiefe von 100 μm; c) TEM-Aufnahme (a), b) 200fache Vergrößerung, c) 10000fache Vergrößerung)

in diamantartigen Strukturen kann man sich in den Arbeiten [53—55] vertraut machen, mit der Methode zur Bestimmung des Typs des Stapelfehlers in [56], mit experimentellen Angaben über die Stimulation der Zwillingsbildung durch Injektion in [57—59]). Die Bildungsenergie der Stapelfehler im Silicium beträgt $5 \cdot 10^{-6}$ J/cm², berechnet wurden $6 \cdot 10^{-6}$ J/cm² [55].[11])

Es erwies sich als schwierig, auf den Fall der oxydationsinduzierten Stapelfehler (OISF) die bereits bekannten Daten über die Hochtemperaturdeformation von Halbleitern anzuwenden. Die Ausbildung von OISF ist nicht nur

---

11) Die Angaben von AMELINCKX wurden aus einer Abschätzung über die Auflösung von Versetzungsbündeln in Gleichgewichtsnetzwerken erhalten. Eine quantenmechanische Berechnung [60] ergab einen Energiewert von $5{,}5 \cdot 10^{-6}$ J/cm².

mit solchen Besonderheiten der Prozeßführung wie der Aufheizrate oder der Zeitdauer verbunden (die Entstehung von OISF kann durch unbekannte Oberflächenspannungen mit technologischen Ursachen hervorgerufen werden, das Wachstum der OISF jedoch durch zeitabhängige Kriechprozesse), sondern auch mit der Zusammensetzung der Atmosphäre während des Oxydations- oder des anschließenden Formierungsprozesses. So gesehen, befinden sich die praktischen Methoden zur Beseitigung bereits früh entstehender OISF durch eine spezielle Bearbeitung oder sogar durch ein Oxydationsregime mit veränderter Gasatmosphäre eigentlich im Widerspruch zum Kriechmodell.

Besonders ist hervorzuheben, worin sich die negativen Auswirkungen von OISF auf die entsprechenden Bauelemente bemerkbar machen. In der Arbeit [61] ist gezeigt, daß die Effektivität einer MIS-Kapazität für die Speicherung eines optischen Signals höher ist, wenn sich keine OISF bilden. In derselben Arbeit ist eine Methode zur Herabsetzung der Zahl der OISF bei der Oxydation von Siliciumsubstraten vorgeschlagen, nämlich eine technologische Oxydation mit Hilfe eines Gemisches aus Sauerstoff und Trichlorethylen. Es erwies sich als möglich, die Dichte der OISF von 10^3 auf 10 cm^{-2} herabzusetzen und die Relaxationszeit der Nichtgleichgewichtsanteile der Kapazität um das Hundertfache zu erhöhen. Dabei war die Oxidladungsdichte außerordentlich klein, d. h. von der Größenordnung 10^{10} cm^{-2}.

Analoge Daten wurden in [62] aus dem Beitrag von OISF zu Rekombinationsströmen eines Emitter-Basis-Überganges erhalten. Mit Hilfe der TEM-Methode gelang es, Stapelfehler zu identifizieren, die von unvollständigen Frank-Versetzungen mit einem Burgers-Vektor $\boldsymbol{b} = 1/3 \langle 111 \rangle$, der senkrecht zur Defektebene $\{111\}$ gerichtet ist, umgeben waren. In der Nähe der OISF wurden keine Ausscheidungen von Präzipitaten entdeckt. Der Verluststrom pro OISF betrug 10^{-5} bis 10^{-7} μA, im Übergang jedoch 10 μA/cm^2.

Es ist die Frage zu stellen, was bei der Oxydation mit der Oberfläche des Siliciums geschieht. Allgemein gesagt, könnte die Umwandlung von Silicium in sein Oxid zwei atomare Prozesse hervorrufen: eine Erzeugung von Vakanzen in der Übergangsschicht von der Siliciumseite her und eine Erzeugung von Zwischengitterplätzen für Si-Atome. Der erste könnte mit einer natürlichen reaktiven Diffusion von Si-Atomen aus dem Substrat in die Oxidschicht verknüpft sein, wie das in Metallen beobachtet wird [68], der zweite mit dem zweistufigen Vorgang der Übersättigung des Oxids mit neutralem, sich im Oxid jedoch positiv aufladendem, Silicium (d. h. Bildung eines Übergangsgebietes bereits im Innern des Oxids wie im ersten Modell) und umgekehrter Diffusion von überschüssigen Si-Atomen aus dem Oxid in ungestörte Gebiete der Siliciumunterlage, wo sie nur Zwischengitterplätze besetzen können. Dieses zweite Modell entspricht der Auffassung der Autoren von [63—67].[12]) Angesichts dieses Modells sollte sich die Möglichkeit ergeben, durch einen Zusatz von Chlor zum Oxydationsgas die OISF-Konzentration zu vermindern, da die im Oxid negativ geladenen Chlorionen[13]) positive Siliciumatome am Eindringen in die Siliciumunterlage (und folglich auch an der Bildung von OISF in ihr) hindern. Die Einführung von Chlor in das Oxid führt aber auch zu einigen nicht restlos verstandenen Strukturdefekten [75], die erst noch genauer untersucht werden müssen.

Es existiert noch ein weiteres Modell für die Entstehung von OISF im Silicium: Diffusion von Sauerstoff in das Siliciumsubstrat; Entstehung von Silicium-Sauerstoff-Clustern im Silicium; ihr Wachstum zu einem Präzipitat und plastische Deformation des Siliciums in dessen Umgebung unter Bildung eines Mikrozwillings, da Silicium und Siliciumdioxid verschiedene spezifische Volumina besitzen [69—74]. Die Präzipitate weisen häufig eine ebene Geometrie auf (sie liegen in {111}-Ebenen; möglich sind auch epitaktische Verwachsungen mit der Siliciummatrix).

Als wahrscheinlichstes und einfachstes Modell erweist sich schließlich das einer Konzentration von Spannungen auf der Siliciumoberfläche im Oxydationsprozeß, die durch technologisch bedingte Verunreinigungen und ihre Ansiedlung im Gebiet der Zwillingsbildung hervorgerufen wird. Eine experimentelle Bestätigung dafür wird in [65] geliefert.

Die Anzahl von möglichen Ursachen für die Entstehung von OISF ist groß, die Zahl der Varianten ihrer Verhinderung ist jedoch noch größer. Wir haben z. B. solche Möglichkeiten der Verringerung der Anzahl von Si-Zwischengitteratomen außer acht gelassen, wie den einfachen Übergang zu sehr hohen Oxydationstemperaturen, d. h. zu mehr als 1200 °C (als bekanntes Verfahren). Dabei wird die Eigenschaft des Siliciums ausgenutzt, daß sich beim Erwärmen

---

[12]) Die überzeugendsten Argumente für eine Erzeugung von überschüssigem Silicium auf der Oxidseite ergeben sich aus den Arbeiten über die Zwischenschicht (s. Abschn. 1.4.), die eine direkte Bestimmung des überschüssigen Siliciums im Oxid an der Grenze zum Silicium enthalten. (Eine solche Bestimmung ist nur möglich, wenn dieses überschüssige Silicium nicht während des Oxydationsprozesses stückweise von der Oberfläche „abreißt“ und ins Oxid hineingezogen wird. In diesem Fall müßte das Oxid jedoch verstreute Siliciumteilchen enthalten, da im Verlauf der Oxydation das Produkt der chemischen Reaktion ständig seinen Platz in Richtung der äußeren Oberfläche des Oxids wechselt, denn im Oxid diffundiert lediglich Sauerstoff.)

[13]) Kürzlich ist mit Hilfe des Laser-Flugzeit-Massenspektrometers LAMMA-500 eine Analyse des Massenspektrums des Oxids durchgeführt worden, die eine negative Ladung von elementarem Chlor ergab.

infolge der im Vergleich zur Vakanzenbildung hohen Bildungsenergie eines Frenkel-Paares vorzugsweise Vakanzen bilden. Mit ihnen werden auch „parasitäre“ Zwischengitteratome in der Übergangsschicht beseitigt, und es entstehen keine OISF.

Die geringe Migrationsenergie von Punktdefekten im Silicium eröffnete noch einen — wahrscheinlich sehr effektiven — Weg zur Beseitigung von überschüssigen Vakanzen und Zwischengitteratomen aus der Übergangsschicht des Substrates, nämlich ihre Getterung durch Defekte an der nichtplanaren Scheibenseite, die durch Schleifmittel, Poliermittel oder Ionenimplantation ins Silicium gezielt eingeführt werden.

Betrachten wir die erste dieser Methoden etwas genauer [74]. Wir haben den Einfluß von oxydationsinduzierten Defekten und die Dichte von OISF in Siliciumscheiben untersucht, die von der nichtplanaren Seite her angeschliffen wurden. Dazu ist eine MOS-Struktur auf P-dotiertem Silicium (4,5 Ωcm) mit (100)-Orientierung benutzt worden. Die Oxidschicht mit einer Dicke von 110 nm wurde durch thermische Oxydation hergestellt.

Die Versetzungsdichte des Si-Ausgangsmaterials war nicht größer als $10\,cm^{-2}$. Es zeigte sich sofort, daß die Dichte von OISF auf der Hälfte der Arbeitsseite der Scheibe, deren Rückseite angeschliffen worden war, den 100. bis 1000. Teil davon betrug (die Arbeitsseite selber wurde nicht angeschliffen, um auf ihr den Einfluß der Getterung der Punktdefekte beobachten zu können).

Das Migrationsvermögen der Defekte wurde aus Abklingmessungen freier Biegeschwingungen von Siliciumplättchen einer Abmessung von 50 mm × 5 mm × 0,4 mm, die nach dem oben beschriebenen Verfahren bearbeitet worden sind, ermittelt.

Nach [76] besitzen die Bildungs (B)- und Migrationsenergien (M) von Siliciumdefekten (Z — Zwischengitteratom, V — Vakanz) folgende Werte: $E_{BZ} = 1{,}1$ eV (theoretisch 1,6 eV), $E_{BV} = 2{,}1$ bis 2,4 eV (theoretisch 2 bis 5 eV), $E_{MZ} = 0$ bis 0,51 eV, $E_{MV} = 1{,}1$ eV.

Die Abhängigkeit des Dämpfungsverhaltens von Schwingungen einer Frequenz von 1130 bis 1520 Hz von der Temperatur wies ein Peak bei 140 °C für solche Proben auf, die nicht angeschliffen waren, während in geschliffenen Proben kein derartiges Peak auftrat, was offensichtlich mit der kleinen Anzahl von Defekten, die das Abklingen hervorrufen, zusammenhängt. Die dem Peak entsprechende Aktivierungsenergie beträgt 0,8 eV. Der aus der Relaxationszeit ermittelte Diffusionskoeffizient eines Defektes war bei 140 °C von der Ordnung 10^{-13} bis $10^{-14}\,cm^2/s$, und die Migrationsgeschwindigkeit betrug 10^{-6} bis 10^{-7} cm/s bei 140 °C und 10^{-3} bis 10^{-4} cm/s bei der Oxydationstemperatur (1100 °C), was völlig dazu ausreicht, den Defekt von einer Seite der

Scheibe auf die andere zu verlagern und ihn dort an der Oberfläche, an Versetzungen oder an Defekten entgegengesetzten Vorzeichens zu vernichten.[14])

Eine Abschätzung des Einflusses von OISF auf das Durchbruchsverhalten einer MOS-Struktur wurde nach [77] durchgeführt, wobei gezeigt werden konnte, daß eine Korrelation zwischen der Zahl der Mikrodurchbrüche und der Dichte der OISF besteht: Ohne Getterung von Punktdefekten betrug die Konzentration der Durchbrüche etwa 10^3 cm^{-2}; mit Getterung ungefähr 10^2 cm^{-2}. Der Effekt ist zwar merklich, aber nicht groß. Auf die Spannung des ersten Durchbruchs wirkte sich jedoch die Getterung stark aus; die Spannung betrug mit Getterung 40 bis 45 V, ohne nur 10 bis 20 V. Auch die Ermüdungsgeschwindigkeit (Veränderung der Charakteristik einer MOS-Struktur im Betrieb) war für ungeschliffene Proben höher.

1.6. Kristallisation von SiO_2-Schichten auf Silicium

Der Kristallisationsprozeß von amorphem SiO_2 ist gut bekannt. Kristalline Gebilde sind häufig anzutreffende Defekte in allen Arten von industriellen Gläsern, da an den Kontaktstellen von kristallinen und amorphen Bestandteilen der Gläser Spannungen und Risse entstehen, die ihre Qualität vermindern. Kristalleinschlüsse senken stark die Durchsichtigkeit von Gläsern.

Es ist bekannt, daß als Hauptfaktoren des technologischen Prozesses, die die Kristallisation des amorphen Siliciumdioxids stimulieren, vor allem Verunreinigungen, die den Kristallisationspunkt des SiO_2 herabsetzen (besonders Metalle und ihre Oxide), Feuchtigkeit, äußere Kristallisationszentren (z. B. Pulver aus kristallinem Quarz) oder Materialbestandteile mit einer geringen Tendenz zur Amorphisierung auftreten. Das Kristallisationsprodukt ist eine der kristallinen Modifikationen des SiO_2 (Tridymit, Cristobalit, Quarz), allerdings nicht immer die Tieftemperaturmodifikation. Am häufigsten wird Cristobalit beobachtet, am seltensten Tridymit. In Siliciumdioxidschichten der planaren Struktur integrierter Siliciumschaltkreise sind Rekristallisationen vor allem während des Diffusionsprozesses und seltener bei der Oxydation beobachtet worden [1, 2].

Knopp und Stickler [78] benutzten die für die Untersuchung lokaler Strukturdefekte geeignetste Methode, die Elektronenmikroskopie (wobei sie zwar keine Mikrodiffraktion durchgeführt, aber qualitative Aussagen über den Phasenzustand aus der Elektronenbeugung in Reflexion erhalten haben; 50 kV). Sie haben eine große Anzahl von technologischen Varianten der Oxydation von Siliciumscheiben, die mit Hilfe eines alkalischen Mittels chemisch vorpoliert waren, untersucht.

---

[14]) An diesen Untersuchungen nahmen M. I. Zotov und B. I. Surin teil.

Tab. 1.5 enthält eine Darstellung der jeweiligen thermischen Behandlung, die dem Polieren folgt. Alle Varianten der Oberflächenbearbeitung sind nur mit der Diffusion von Phosphor ins Silicium verknüpft. Außerdem ist die chemische Behandlung der Siliciumscheiben etwas unüblich; für den letzten Schritt wurde eine Lauge verwendet, die, wie [79] und andere Arbeiten zeigen, die Rekristallisationsneigung stark erhöht. Aus den Angaben von [78] folgt, daß sich bei der Oxydation und dem Abscheiden des Phosphorsilikatglases hauptsächlich α- und β-Cristobalit und eine geringe Menge an kristallinem Phosphorsilikat $2SiO_2 \cdot P_2O_5$ bilden und nur bei der Oxydation allein α-Cristobalit entsteht. Zur größten Homogenität der amorphen Schicht führte die Benutzung von trockenem Sauerstoff im zweiten Stadium der Oxydation (Tab. 1.5, D). Im Verfahren E wurde kristallines Siliciumnitrid beobachtet und in F (gestörte Oberfläche) eine Erhöhung der Cristobalitanteile.

Die Autoren von [78] betonen, daß für eine Rekristallisation von Phosphorsilikatschichten Temperaturen von mehr als 1200 °C über einen längeren Zeitraum nötig sind. Die entstandenen kristallinen Inseln sind anders gefärbt als die amorphe SiO_2-Schicht und enthalten zahlreiche Risse, was die elektrischen Qualitätsparameter der Bauelemente verschlechtert (die Autoren machen aber keine quantitativen Angaben). Im Intervall von 980 bis 1200 °C bei der Oxydation und bis 1150 °C bei der Diffusion bleibt die SiO_2-Schicht amorph.

Die Arbeit [79] zeigt, daß das Einbringen von Natrium in die Oxidschicht die Kristallisation fördert (bis zur Oxydation erreichen etwa 10^{15} Natriumatome pro cm^2 die Oberfläche); je größer die Na-Konzentration war, desto höher war die Dichte kristalliner Defekte. Darüber hinaus erweist sich — wie die Autoren glauben — die Anwesenheit von Natrium als Hauptfaktor für die Stimulation der Kristallisation; die Neigung zur Rekristallisation ist bis zu Temperaturen von 1200 °C höher.[15]) Die Nieder- und Hochtemperaturform des Cristobalits sind die dominierenden Strukturen in den Kristalliten. Die Form der kristallinen Einschlüsse ist sphärisch mit radialen Korngrenzen. Die Autoren sind der Auffassung, daß die Ionen metastabile Gruppierungen der Art

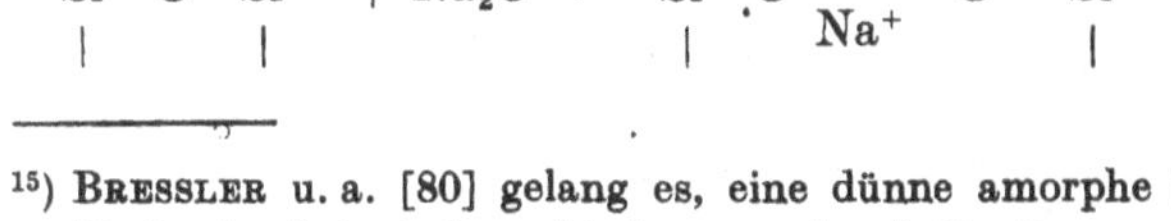

15) Bressler u. a. [80] gelang es, eine dünne amorphe SiO_2-Schicht, die auf einem Kochsalzsubstrat abgeschieden war, durch Erwärmung auf 400 °C zu kristallisieren. In der Arbeit [85] wird die Bildung von β-Cristobalit in SiO_2-Schichten auf NaCl, die durch Sputtern erhalten wurden, für Temperaturen oberhalb von 650 °C geschildert.

Tabelle 1.5. Thermische Behandlung von Siliciumscheiben [78]

Serie	Diffusion					SiO_2-Herstellung		
	Atmosphäre	Temperatur, °C	Zeit, h	Leitungstyp	Oberfläche*)	Atmosphäre	Temperatur, °C	Zeit, h
A	Vakuum	1235	40	p	1; 2	feuchter Sauerstoff	1200	2
B	Vakuum	1235	40	p	1; 2	feuchter Sauerstoff	1200	2
C	Sauerstoff	1235	8	n	1	—	—	—
D	Vakuum	1235	40	p	2	feuchter und trockener Sauerstoff	990	4
E	Argon, Stickstoff	1235	40	p	2; 3	feuchter Sauerstoff	1200	2
F	Argon	1215	40	p	1	feuchter Sauerstoff	1200	2

*) 1 — keinerlei Veränderung gegenüber dem Zustand nach dem chemischen Polieren,
3 — Bildung von Siliciumnitrid auf der Oberfläche

bilden, die eine Rekonstruktion des Silikates und damit seine Kristallisation in der Cristobalitstruktur erleichtern. Dabei wird bei einer schnellen Abkühlung der Struktur auf Zimmertemperatur die β-Cristobalitstruktur aufrechterhalten, während bei langsamer Abkühlung (bei 200 bis 270 °C) eine Strukturumwandlung in α-Cristobalit beobachtet wird. Auch in diesem Fall bilden sich Risse, die durch Volumendeformationen von einigen Prozent hervorgerufen werden. Darüber hinaus vermuten die Autoren, daß die starken Deformationen, die mit der Kristallisation in der Nähe der Substratoberfläche verbunden sind, die äußersten Oberflächengebiete in polykristallines Silicium umwandeln (s. Abschn. 1.4.). Es ist klar, daß alle erwähnten Prozesse zu einem vollständigen Verlust der Schutzfunktionen einer Siliciumdioxidschicht führen. Als kristallisationsfördernden Fakt sehen die Autoren die Oberflächenrauhigkeit an.

Im folgenden werden auch Resultate anderer Arbeiten über die Rekristallisation von SiO_2-Schichten kurz dargelegt.

Siliciumdioxidpulver, das durch Silanpyrolyse bei 600 °C an Luft erhalten

Abscheidung von Phosphorsilikatglas			Thermische Bearbeitung			Leitungstyp nach der thermischen Bearbeitung und Oxydation
Atmosphäre	Temperatur, °C	Zeit, h	Atmosphäre	Temperatur, °C	Zeit, h	
Sauerstoff, Stickstoff	1150	1	—	—	—	*p*
Sauerstoff, Stickstoff	1150	1	Vakuum	1235	1	*p*- und *n*-Gebiete
—	—	—	—	—	—	*n*
Sauerstoff, Stickstoff	1150	1	—	—	—	*p*
Sauerstoff, Stickstoff	1150	1	—	—	—	*p*
Sauerstoff, Stickstoff	1150	1	Argon, Sauerstoff	1235	1	*p*- und *n*-Gebiete

2 — thermisches Ätzen der Oberfläche,

worden ist, weist eine hohe Beständigkeit gegenüber Rekristallisation auf. Das Pulver blieb bei einer fünfstündigen Erhitzung bis auf 1300 °C amorph. Erst nach einer zweistündigen Behandlung bei 1400 °C kristallisierte es in der Cristobalitstruktur [81].

Stark gefördert wurde die Kristallisation von Gläsern durch ihren Beschuß mit Inertgasionen [82]. So wurden in der Untersuchung [83], bei der amorphes SiO_2 auf NaCl-Spaltflächen[16]) durch eine Plasmazersetzung von Tetramethoxysilan abgeschieden worden ist, zur Bestrahlung Argonionen mit einer Energie von 50 keV sowie Phosphor- und Borionen benutzt. Nach dem Ionenbeschuß wurden die Schichten bei 500 bis 1000 °C getempert. Unbestrahlte Vergleichsproben, die eine Stunde lang bei 1200 °C getempert wurden (die Dicke der

[16]) Der Umstand, daß als Substrat ein solch aktiver Stimulator der Kristallisation wie NaCl (siehe [80]) benutzt wurde, mindert ein wenig die Zuverlässigkeit der Ergebnisse.

Schichten betrug 80 bis 100 nm), wiesen eine amorphe Struktur mit charakteristischen diffusen Beugungsringen auf, die Atomabständen im Siliciumdioxid von 0,162 und 0,414 nm entsprechen. Das Tempern der bestrahlten Schichten führte zu ihrer Kristallisation, und zwar um so vollständiger, je höher die Bestrahlungsdosis war (10^{-6} bis 10^{-2} C/cm²). Die Kristallisation setzte bei Temperaturen von 500 bis 750 °C ein (in Abhängigkeit von der Ionenart und der Dosis), und bei 700 bis 950 °C wiesen die kristallinen Schichten eine Textur auf. Die röntgenographischen Daten über α-Cristobalit und die Elektronenbeugungsresultate der Autoren von [83] stimmen praktisch überein, was auf eine Ähnlichkeit der Strukturen von geschmolzenem Quarz und Cristobalit schließen läßt.

In unserer Arbeit [84] werden teilkristalline Schichten beschrieben, und es ist ein Versuch unternommen worden, unter Benutzung verschiedener Strukturuntersuchungsmethoden die Natur der Kristalle zu bestimmen, die im Siliciumdioxid bei der Eindiffusion sowohl von Phosphor als auch von Bor entstehen.

Die Rekristallisation des amorphen Siliciumdioxids zeigte sich in der Bildung von — bereits bei kleinen Vergrößerungen sichtbaren — blütenförmigen und gegenüber der amorphen Matrix anders gefärbten Gebieten mit dunklen Punkten im Zentrum. Die Ähnlichkeit mit einer Blume wurde in einer Reihe von Fällen durch eine radiale Schraffierung des Strukturdefektes erzeugt.

Die Probenbehandlung, in deren Verlauf sich „Blumen" bildeten, bestand in einer zweistufigen Diffusion von Phosphor oder Bor in niederohmiges p- oder n-Silicium mit einem spezifischen Widerstand von weniger als 0,1 Ωcm. Die Scheiben sind einer Voroxydation bis zu einer Oxidschichtdicke von 0,5 μm unterzogen worden; außerdem wurden im Oxid Diffusionsfenster und Gräben für die anschließende Spaltung der Scheiben geätzt. In beiden Stadien des Diffusionsprozesses (Einbringen der Diffusanten in das Fenster, Eindringen der Diffusanten bis in die geforderte Tiefe des p-n-Überganges) wurde eine schwachoxydierende Atmosphäre aufrechterhalten, um eine Erosion der Siliciumoberfläche und einen Wiederaustritt der Diffusanten zu verhüten. Dadurch hatte das SiO_2 in den zu Beginn der Diffusion freien Oberflächengebieten am Ende des Prozesses eine Dicke von 0,2 bis 0,3 μm erreicht. Im Siliciumdioxid bildeten sich solche Defekte aus, von denen hier die Rede ist. Die Diffusionstemperatur betrug etwa 1200 bis 1250 °C, und die Diffusion dauerte einige Stunden. Temperatur und Zeitdauer des Einbringens der Diffusanten in das Fenster jedoch waren viel kleiner, so daß für die Defektbildung das zweite Stadium der Diffusion entscheidend war. Für die Rekristallisation von Siliciumdioxid ist daher ein ausgedehnter Hochtemperaturprozeß charakteristisch.

In Abb. 1.4 sind blütenförmige Defekte dargestellt. Einige Besonderheiten der Defektbildung sind festzustellen:

1. Es zeigt sich, daß ein großer Teil der Defekte in den Fenstern und Ritzgräben auf der Scheibe angeordnet ist (s. Abb. 1.4 a), b)). Letzteres weist darauf hin, daß die Defekte auf der Siliciumoberfläche wachsen.

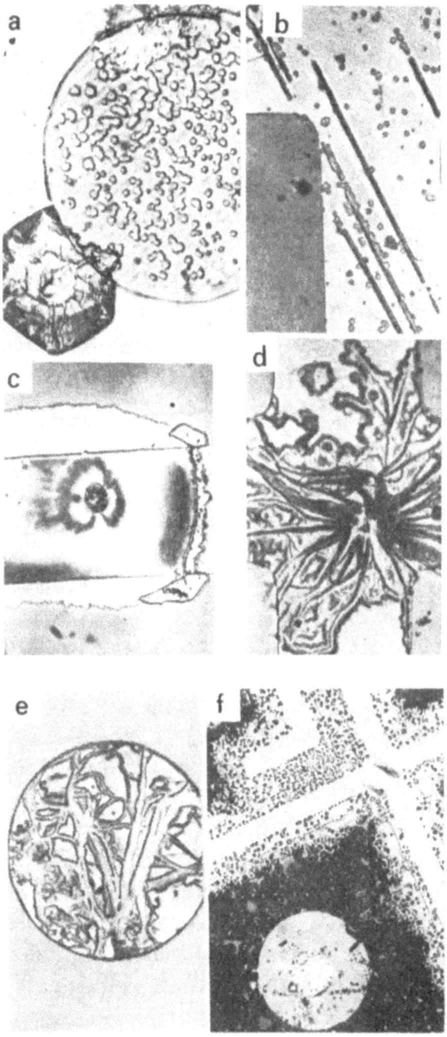

Abb. 1.4. Blütenförmige Defekte auf der (111)-Oberfläche von Silicium nach Diffusion von Bor; a) Kristallite im Diffusionsfenster, ein sehr großer, abgegrenzter Kristall ist sichtbar, 90fach vergrößert; b) Kristallite, die im Oxid entstanden und entlang von Kratzern auf dem Substrat angeordnet sind, 45fach vergrößert; c) Deformationseffekt infolge eines Kristalls im amorphen Oxid, 180fach vergrößert; d), e) Deformationsrelief im Oxid, 60fach vergrößert; f) übliches Aussehen einer defekten Diodenmatrix, 60fach vergrößert

2. In der Nähe des dunklen Punktes, d. h. des Zentrums der „Blüte", ist mitunter ein für eine verspannte Schicht charakteristischer Interferenzkontrast zu sehen (siehe Abb. 1.4c)).

3. In dicken Oxidschichten sind manchmal sehr große Kristallite eingelagert (s. Abb. 1.4a)), deren Ausmaße das Hundertfache der üblichen betragen. Auf ihnen ist eine kreuzförmige oder sechsstrahlige Schraffierung sichtbar.

4. An den Konturen der Kristallite, in den Gebieten zwischen ihnen und auch zwischen den einzelnen Körnern, die den Kristallit bilden, kann man Risse beobachten.

5. Im Kristallisationsgebiet ist auf dem Oxid ein Deformationsrelief feststellbar (s. Abb. 1.4d), e)). Eine Diodenmatrix mit kristallisiertem Oxid ist in Abb. 1.4f) dargestellt.

Die Kristallite und die blütenartigen Bereiche, in deren Zentrum sie sich befinden, besitzen einheitliche Ausmaße: Die Kristallite sind ungefährt 1 bis 1,5 μm groß, die „Blüten" sind 6- bis 7mal größer (eine statistische Auswertung von 100 „Blüten" und 100 Kristalliten ist in Abb. 1.5 dargestellt). Die Unterschiede in den Ausmaßen und der Form der Defekte für die Bor- und die Phosphordiffusion sind unwesentlich. Der Anteil der Oxidoberfläche, der durch Defekte besetzt ist, kann 80 bis 90% erreichen, beträgt aber meistens ungefähr 1%, was jedoch für die notwendige Aussonderung einer solchen Struktur völlig ausreicht.

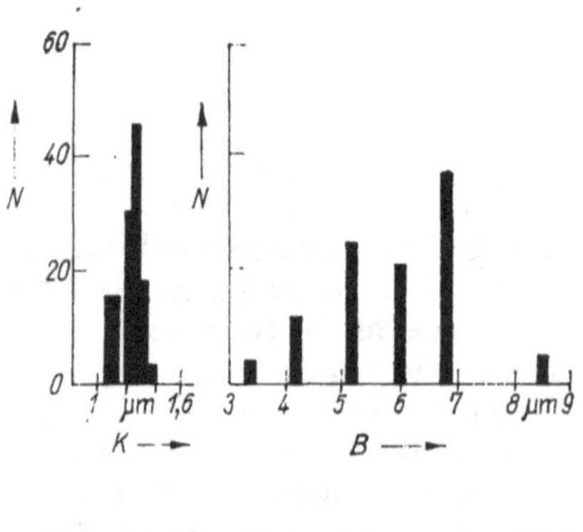

Abb. 1.5. Statistische Verteilung der mit Hilfe der optischen Mikrophotographie erhaltenen Ausmaße der „Blüten" (B) und der Kristallite (K)

Als negative Auswirkung der Rekristallisation treten nicht nur Risse auf, sondern es entstehen zwischen amorphen und kristallinen Gebieten der Schicht auch starke Unterschiede der Ätzgeschwindigkeit in Flußsäure bei dem der Diffusion folgenden Ätzen einer Öffnung für einen metallischen Kontakt, wobei um den Kontakt herum ein isolierender Oxidrand erhalten bleiben muß. Die Kristallite werden mit einer Geschwindigkeit geätzt, die um eine Größenordnung geringer ist als die, mit der die amorphe Schicht geätzt wird, und bis zum völligen Ausätzen des Kontaktfensters kann der Schutzrand weggeätzt werden, und das Metall überbrückt entweder den p-n-Übergang oder gerät in unzulässige Nähe von ihm, was die Durchbruchspannung merklich herabsetzt (Abb. 1.6).

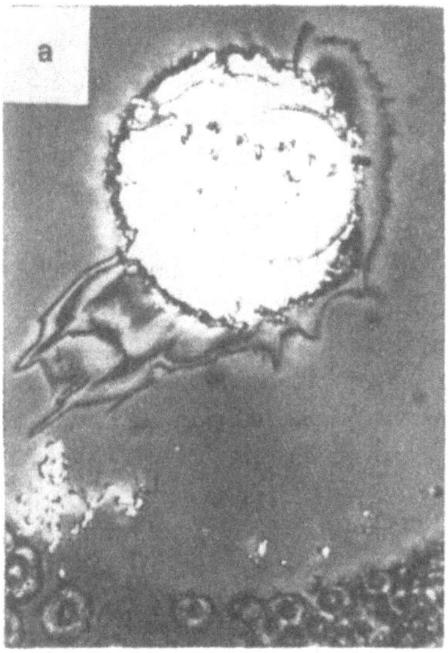

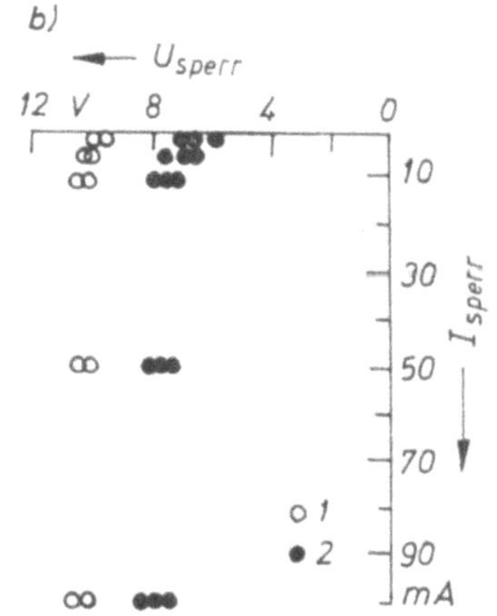

Abb. 1.6. Einfluß von Kristalliten auf die Qualität der Struktur; a) Diffusionsfenster einer Diodenmatrix nach dem Ätzen des Oxids, das Kristallite enthält, Bordiffusion, 90fach vergrößert; b) Strom-Spannungs-Charakteristik eines p-n-Übergangs ohne (1) und mit (2) Kristalliten in der Oxidschutzschicht (auf der Oberfläche)

Der blütenförmige Defekt besteht aus zwei Teilen, dem Kristallit, dessen Natur von uns in [84] aufgeklärt wurde, und einer farbigen Aureole um ihn herum. Wir haben versucht, die Annahme, daß die farbige Aureole kein Kristallit ist, durch Ätzen zu bestätigen. Tatsächlich verschwindet der Teil mit der Aureole allmählich durch eine Auflösung in Flußsäure die der von amorphem Siliciumdioxid in Flußsäure ähnlich ist, so daß die Kristallite ohne Aureole zurückbleiben. Einen anderen Beleg über die Identität des amorphen Oxids und der farbigen Teile der „Blüte" liefert die Untersuchung der Defekte mit Hilfe der Transmissionselektronenmikroskopie; die Aureole unterscheidet sich überhaupt nicht von der amorphen Matrix, während die Kristallite eine klar umrissene Grenze aufweisen. Es ist anzunehmen, daß die Färbung um einen Kristallit herum durch eine Deformation der amorphen Schicht und damit durch einen Interferenzeffekt hervorgerufen wird.

Die Ergebnisse der IR-Absorption von Oxidschichten, die zur Beseitigung von Silicium in Chlordampf hergestellt worden sind, bestätigen unserer Auffassung nach ebenfalls eine beträchtliche Restspannung in den Schichten. So treten in den IR-Absorptionsspektren Peaks bei 460 bis 465, 800 bis 820, 1090 bis 1100 cm^{-1} und eine Struktur bei 1230 cm^{-1} auf, die vom geschmolzenen Quarz her bekannt sind. Das langwellige IR-Spektrum ist für die Identifizierung einer subkristallinen Phase kaum geeignet, selbst wenn ihr Anteil sehr groß ist. Aber die charakteristische, starke Verbreiterung der Peaks, die bei 800, 1100 und 1230 cm^{-1} beobachtet wird, muß wahrscheinlich Deformationen der Si—O-Bindungen infolge struktureller und thermischer Spannungen in partiellkristallinen Schichten zugeordnet werden. Das für die B—O-Bindung charakteristische Band bei 1380 cm^{-1} tritt im Spektrum nicht auf.

Für die Bestimmung der Phasen eines kristallinen Gebietes der Schicht wurde die einfachste Methode benutzt, die Röntgenbeugung. Die Kristalle erweisen sich, wie gesagt, als Gemisch einiger SiO_2-Modifikationen mit einem beträchtlichen Übergewicht an α-Quarz. Trotzdem erschwert die ungenügende Intensität der Großwinkelbeugung eine genaue Analyse. Deshalb wurde als Ergänzung der Röntgenbeugung auch die Transmissionselektronenbeugung eingesetzt. Dazu ist durch eine Ätzbehandlung des Siliciums in Chlordämpfen bei Temperaturen von 600 bis 700 °C ein für den Elektronenstrahl durchsichtiges Oxidfenster hergestellt worden. In Übereinstimmung mit den Ergebnissen der Röntgenbeugung zeigte sich, daß in den Kristallen die Niedertemperaturform des Quarzes als Hauptphase auftritt.

Die Struktur einzelner Kristalle wurde mit der Methode der Mikrodiffraktion untersucht. Die elektronenmikroskopischen Präparate sind durch eine Spülätzung in einem Gemisch aus Flußsäure und Salpetersäure abgedünnt worden. In Abb. 1.7 sind Strukturen der Kristallite und Mikrodiffraktionsaufnahmen dargestellt. Die wichtigsten Aussagen können wie folgt zusammengefaßt werden (vgl. Tab. 1.6):

1. In der kristallinen Phase der Oxidschichten, die bei der Diffusion von Bor ins Silicium vorhanden waren, überwiegen die Tieftemperatur (α)-Modifikationen von Quarz und Cristobalit; auch β-Cristobalit wird angetroffen. Borverbindungen in kristalliner Form wurden nicht gefunden.

2. Auch bei der Diffusion von Phosphor treten in rekristallisierten Schichten α- und β-Cristobalit sowie α-Quarz als strukturelle Hauptbestandteile auf. Kristallines Phosphorsilikat wurde ebenso wie Tridymit nicht gefunden.

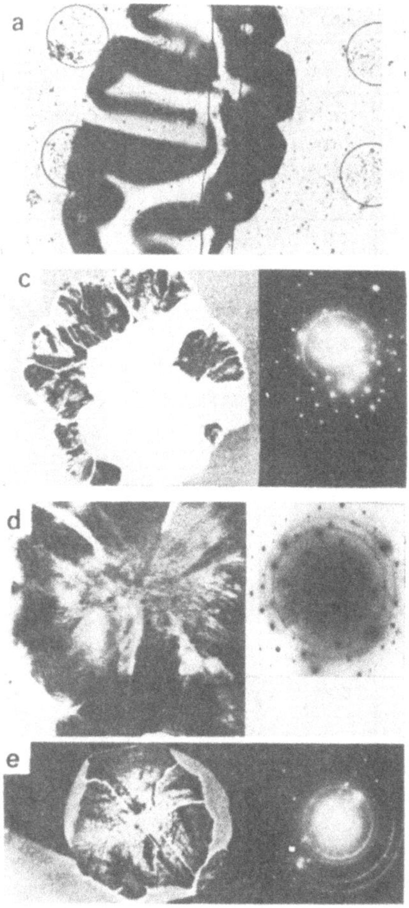

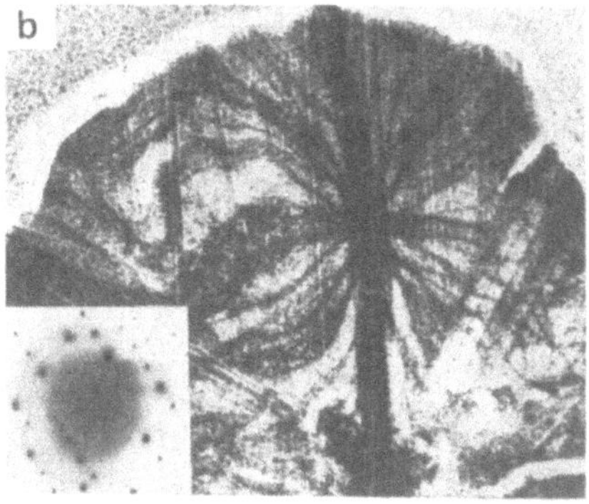

Abb. 1.7. Elektronenbeugung und Elektronenmikroskopie bei einer Diodenmatrix mit partiellkristallinem Siliciumdioxid; a) Übersichtsaufnahme einer Probe nach Ablösung des Siliciums unterhalb des Oxids (im dunklen Teil), 40fach vergrößert; b) α-Quarz (Diffusion von Bor); c) α-Quarz und α-Cristobalit (Diffusion von Bor); d) α-Quarz (Diffusion von Phosphor); e) α-Cristobalit (Diffusion von Phosphor). Die Ringe auf dem Mikrodiffraktionsbild stammen von einer Vergleichsschicht aus polykristallinem Gold, die auf den Isolator aufgetragen worden ist. Der erste Ring (mit dem kleinsten Durchmesser) entspricht einem (111)-Reflex von Gold (0,235 nm)

3. Charakteristisch sind Orientierungen des Siliciumdioxids auf der (111)-Oberfläche von Silicium mit niedrigen Indizes.

4. Auf den Elektronenbeugungsbildern sind Doppelreflexe zu erkennen. Selbst diese Doppelreflexe sind für verschiedene Kristalle unterschiedlich. Stark ausgeprägt sind Extinktionskonturen von Deformationen.

Die Genauigkeit, mit der Netzebenenabstände aus elektronischen Mikrodiffraktionsaufnahmen bestimmt werden können, ist nicht besonders hoch. Der Fehler der d_{hkl}-Bestimmung beträgt mindestens 1 bis 2%, d. h. $\pm 0{,}005$ nm

Tabelle 1.6. Netzebenenabstände in partiellkristallinen Schichten (in nm)

Oxidschicht auf Si, Röntgenbeugung	Oxidschicht auf Si, Elektronenbeugung	Quarzpulver, Röntgenbeugung	Mikrodiffraktion			
			Bordiffusion in Probe 2–12	Bordiffusion in Probe 2–14	Phosphordiffusion in Probe 0–23	Phosphordiffusion in Probe 2–07
0,545	–	–	–	–	–	–
0,5025	–	–	–	–	–	0,508
0,426	–	0,417	0,421	0,425	0,424	–
0,347	0,332	0,322	0,309	0,398	–	–
0,254	0,248	0,288	0,246	0,318	0,252	0,276
0,246	0,222	0,251	0,210	–	0,212	0,210
0,229	0,213	0,203	–	–	–	–
0,224	0,183	0,170	–	–	–	–
0,221	0,167	0,159	–	–	–	–
0,213	0,153	–	–	–	–	–
0,211	0,137	–	–	–	–	0,156
0,159	0,117	–	0,120	–	–	–
0,155	0,103	–	–	–	–	–
0,1525	–	–	–	–	–	–
0,147	–	–	–	–	–	–
0,141	–	–	–	–	–	–
0,133	–	–	–	–	–	–
0,131	–	–	–	–	–	–
0,1204	–	–	–	–	–	–
0,117	–	–	–	–	–	–
0,114	–	–	–	–	–	–
0,108	–	–	–	–	–	–

für Ebenen mit kleinen Indizes und etwa $\pm 0{,}001$ nm für Ebenen mit $d_{hkl} \leq 0{,}1$ nm.

Die Ursachen der Rekristallisation und die konkreten Kristallisationsmechanismen, die in [84] auftreten, sind nicht vollständig klar. Anscheinend gehören jedoch die Besonderheiten des Öffnens von Fenstern und Ritzgräben nicht zu den Ursachen (auch die Kontrollscheiben ohne Fenster, die die Planarstrukturen im zweiten Diffusionsstadium begleiteten, wiesen Defekte auf). Offensichtlich wird der Kristallisationsprozeß auch nicht durch die individuellen Merkmale der Diffusanten beeinflußt. Die Oberfläche kann sich sogar ohne Anwesenheit eines Diffusanten bei der Oxydation in sehr feuchtem

Sauerstoff mit „Blüten“ bedecken. Es kann sein, daß — wie vermutet wird — in diesem Falle die stimulierende Wirkung von Verunreinigungen ausgeht, die durch Wasser auf der Oberfläche abgelagert werden (z. B. Alkalimetalle).

Einer der Faktoren, die das Wachstum oder die Anwesenheit von Kristallen im amorphen Siliciumdioxid fördern, könnte der parallel ablaufende Rekristallisationsprozeß in den Röhren der Diffusionsreaktoren sein, wenn Partikel von den Quarzröhren auf die Planarstruktur gelangen. Die außerordentliche Einheitlichkeit in den Ausmaßen der kristallinen Phasen steht allerdings im Widerspruch zu dieser Auffassung, da die Partikel aus (bezüglich Zustand und Temperatur) verschiedenen Bereichen einer Quarzröhre natürlich unterschiedliche Größen aufweisen (sie könnten die großen Teilchen sein, die in Abb. 1.4a) auftreten).

Einige spezifische Besonderheiten der thermischen Siliciumoxydation wurden erst später bekannt. So gelang es den Autoren der Arbeiten [86, 87] insbesondere den Einbau von Siliciumclustern in die Oxidschicht und die Anfangsstadien der Siliciumdioxidkristallisation mit Hilfe direkter Methoden zu beobachten. In [88] wird gezeigt, daß Hydroxylgruppen die Rekristallisationsgeschwindigkeit von Siliciumdioxid wesentlich beeinflussen.

Aus den aufgeführten Arbeiten geht jedoch noch nicht klar hervor, wie ein technologischer Prozeß zu gestalten ist, damit eine Kristallisation von thermischem Oxid auf Silicium und von dotierten Siliciumdioxidschichten mit hoher Wahrscheinlichkeit ausgeschlossen werden kann.

Wie aus zahlreichen Beobachtungen folgt, hängt die Ursache der Kristallisation nicht mit der hohen Oxydationstemperatur (Glas kristallisiert nicht spontan [89]) oder einer bisher unbekannten Fähigkeit einer Verunreinigung, eine lokale Rekonstruktion des Glases zu stimulieren, zusammen; häufig blieben dotierte Gläser selbst bis zu den höchsten Temperaturen (bis 1300 °C in unseren Versuchen) amorph. Folglich ist der Stimulator für den Beginn einer Kristallisation des Siliciumdioxids unter den technologischen Verunreinigungen und insbesondere bei Alkalimetallen zu suchen.

Über die Diffusion von Natriumionen im Siliciumdioxid existieren zahlreiche Arbeiten ([90—100] u. a.). Aus diesen Untersuchungen geht hervor, daß die Aktivierungsenergie der Natriumdiffusion im Siliciumdioxid ungefähr 0,6 bis 0,9 eV beträgt und die Migrationsgeschwindigkeit bei 800 °C von der Ordnung 0,1 bis 1 μm/s ist (für Kaliumionen beträgt die Aktivierungsenergie 1,1 eV). Die Beweglichkeit von Natriumionen im Siliciumdioxid ist bei 200 °C von der Ordnung 10^{-10} bis 10^{-11} cm^2/V · s.

Natrium führt zu dem wohlbekannten Effekt der Ladungsinstabilität (und folglich der Schwellspannung) einer MIS-Struktur und mitunter zu einem dielektrischen Durchbruch des Isolators. Das Hauptverfahren zum äußeren

Schutz des thermischen Oxids gegenüber Natrium[17]) besteht in seiner Bedeckung durch eine Phosphor- oder (seltener) Bleisilikatglasschicht oder in der Verhinderung einer Drift durch Chlorzusätze. Wie kann jedoch eine MIS-Struktur vor Natrium geschützt werden, das im Silicium bis zu einer Konzentration von 10^{16} bis 10^{17} cm^{-3} enthalten ist?

Folgender Weg zur Verhinderung einer Kristallisation von thermischem Oxid und dotierten Glasschichten scheint naheliegend. Als erstes muß in einem großen Temperatur- und Zeitintervall die Stabilität dieser Materialien bei künstlicher Verunreinigung ermittelt werden. Zweitens sind jene technologischen Regime auszuwählen, für die eine Kristallisation bei beliebigem Verunreinigungsgrad keine negativen Auswirkungen besitzt. Der effektivste Weg zur Vermeidung kristalliner Defekte im Siliciumdioxid besteht schließlich in der absoluten Sauberkeit aller Prozesse (Röhren, Gase, Geräte, Probenhalter, flüssiger und gasförmiger Chemikalien, Instrumente) und aller funktionellen Materialien (vor allem Silicium). Dabei kann natürlich keine Vollständigkeit erreicht werden; aber selbst eine partielle Sauberkeit ist, wie noch gezeigt wird, recht nützlich.

Als einzige Arbeit über eine künstliche Kristallisation von Siliciumdioxid unter Einwirkung von speziell eingeführtem Natrium erschien bis zum Jahre 1975 die Veröffentlichung [78].

Wir haben die künstliche Verunreinigung von Isolatorschichten untersucht [100, 101], die in integrierten Schaltkreisen mit *p*-*n*-Übergängen Strukturdefekte aufweisen. Die Stabilität der Form eines eingelagerten Gebietes, z. B. eines n^+-Gebietes in *p*-Silicium, in nachfolgenden Hochtemperaturschritten wird dadurch gewährleistet, daß für seine Erzeugung Dotierungselemente mit schwacher Diffusion, d. h. Antimon und Arsen, verwendet werden. Die Diffusion dieser Dotanten aus dotierten Gläsern zeichnet sich durch Einfachheit und leichte Kontrolle aus [102]. Bei der Anwendung von Glasschichten, die mit Antimon und Arsen dotiert sind, bleibt allerdings die Frage nach ihrer chemischen und strukturellen Homogenität bei den für die Diffusion charakteristischen Temperaturen und Zeitdauern offen.

Das Ziel der Arbeiten [100, 101] bestand deshalb in der Untersuchung der Homogenität von dotierten Gläsern, die auf einer thermischen SiO_2-Schicht der Dicke 0,3 bis 0,5 μm abgeschieden waren. Die dotierten Glasschichten

---

17) Einen wirksamen Schutz der Struktur vor dem Eindringen von Natrium in den Reaktor, in dem die Oxydation oder Diffusion abläuft, bietet die Verwendung von Quarzröhren hoher Festigkeit und Reinheit, die mit Phosphorsilikatglas oder Silicium beschichtet sind, oder sogar die Anwendung von Siliciumröhren (was natürlich eine Sondermaßnahme darstellt und nicht immer durchführbar ist).

bildeten sich im Anfangsstadium der Diffusion beim Erhitzen einer darauf befindlichen Wasser-Alkohol-Lösung von Antimon und Arsen in Tetraethoxysilan (der Gehalt an Arsen- und Antimonverbindungen in der schichtbildenden Lösung betrug einige Prozente; die verwendete Methode zur Herstellung dotierter Schichten und ihrer Glasbildung ist insgesamt ähnlich zu der in [102] beschriebenen). Die eigentliche Diffusion nachahmend, wurden die Antimongläser 10 min bis 4 h lang bei einer Temperatur von 700 bis 1250 °C in trockenem Sauerstoff getempert und die Arsengläser 30 min lang in trockenem und 1 h in feuchtem Sauerstoff bei 1200 °C.

Bei den oben aufgeführten Bearbeitungsgängen war die Kristallbildung in den dotierten Gläsern unsymmetrisch; deshalb wurden die Siliciumscheiben

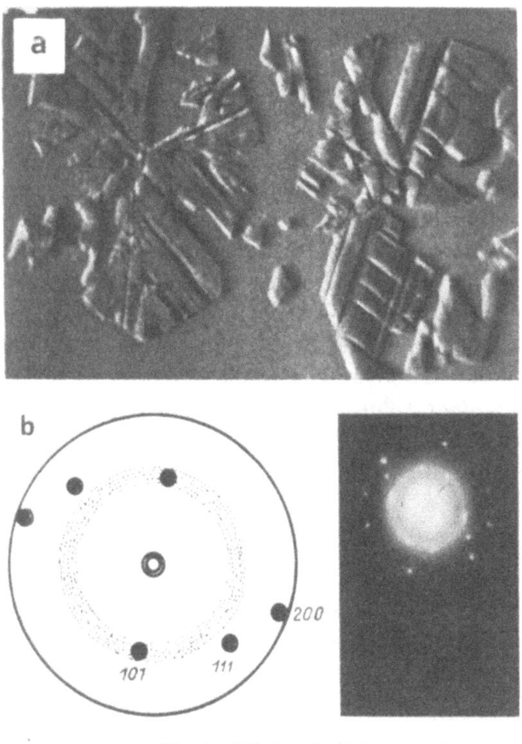

Abb. 1.8. Kristallite in Siliciumdioxid; a) in Einzelteile zerfallene, abgegrenzte Kristalle nach dem Ätzen der amorphen Matrix, 1000 °C, 180 min, REM, 13000fach vergrößert; b) Mikrodiffraktionsaufnahme von einem Kristallit und ihr Reflexschema, α-Cristobalit, (111)-Ring von Gold

zur Überprüfung der stimulierenden Rolle von Fremdatomen für die Kristallisation bis zur Oxydation und Temperung in ungereinigtem Wasser gekocht. Die Struktur der Gläser ist mit Hilfe der Transmissionselektronenmikroskopie (TEM), der Rasterelektronenmikroskopie (REM) und auch mit Hilfe der Röntgenspektralanalyse untersucht worden. Bereits nach einer 480minütigen Temperung bei 700 °C wurden kristalline Einschlüsse in den Schichten beobachtet. Beim Einsetzen der thermischen Behandlung bei 1000 °C wurden die kristallinen Einschlüsse metallographisch sichtbar. Durch schichtweises Abätzen des Oxids in Flußsäure gelang der Nachweis, daß die Kristallisation an der Grenze Silicium-Oxid beginnt und sich zur äußeren Oberfläche fortsetzt (Abb. 1.8). Die Hauptphasen, die das kristalline Siliciumdioxid bilden (α- und β-Cristobalit, in geringem Umfang α-Quarz), treten für alle Temperzeiten auf, die benutzt worden sind, beginnend bei einer Temperatur von 1100 °C und darüber (s. Abb. 1.8). Die Cristobalitstruktur kommt am häufigsten vor.

Die Dynamik des Überganges der Glasstruktur in einen kristallinen Zustand zeigt sich auf folgende Weise. In den Anfangsstadien des Temperns bilden sich im Glas Inhomogenitäten aus, die sich als REM-Kontrast und im optischen Mikroskop als schwach gefärbte Gebiete bemerkbar machen und deren Anzahl sich bei der Kristallisation verringert. Mit der Methode der lokalen Röntgenspektralanalyse wurde festgestellt, daß die Inhomogenitätsgebiete, die charakteristisch für Temperregime mit niedrigen Temperaturen sind, eine Antimongehalt aufweisen, der ungefähr die Hälfte von dem mittleren der Schicht beträgt. Die kristallinen Gebiete enthielten ebenfalls wenig Antimon.

Nach der Rekristallisation ist im Entstehungsgebiet der Kristalle ein im Vergleich zum Schichtmittel ungefähr zehnfaches Anwachsen des Gehaltes an Alkalimetallen (Na, K) festzustellen.

Es kann also folgender Ablauf der strukturellen Rekonstruktion beim Tempern angenommen werden:

— Bildung von Segregationsgebieten, Austreten von Dotanten aus einzelnen Teilen der Schicht in benachbarte;

— Herausbildung von Segregationsinseln als geschlossene Gebiete mit Kontrastgrenzen, die jedoch im Innern eine amorphe Struktur besitzen („Prekristallisation");

— Bildung kristalliner SiO_2-Modifikationen in Verarmungsgebieten, die keine Dotierungselemente enthalten, und Anreicherung von Dotanten in den amorphen Gebieten zwischen den Kristallen (Abb. 1.9).

In Anbetracht dessen, daß der Unterschied zwischen den größten und kleinsten Kristallen der rekristallisierten Schichten bei jedem Behandlungs-

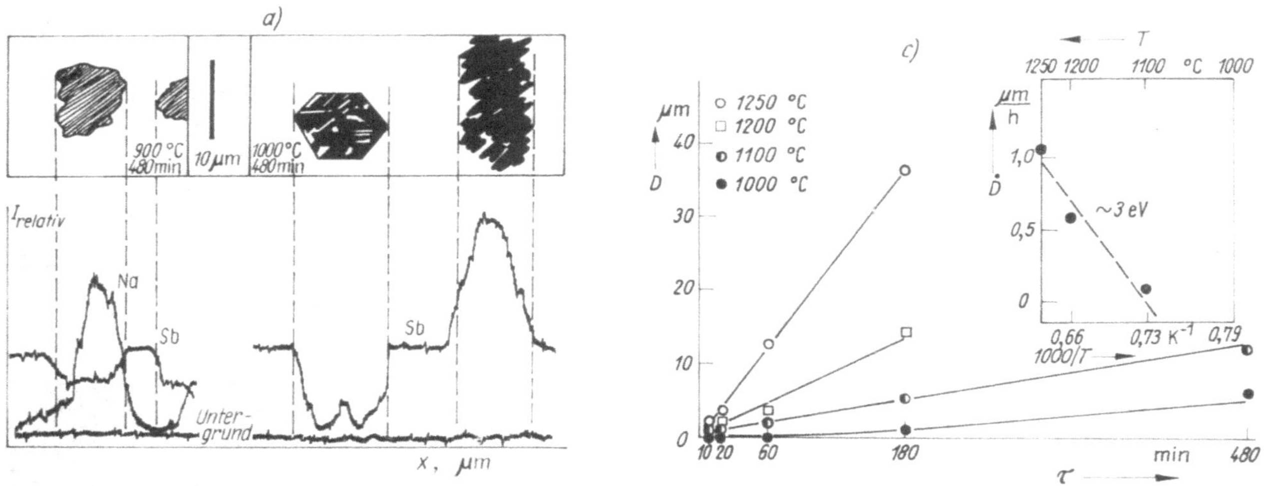

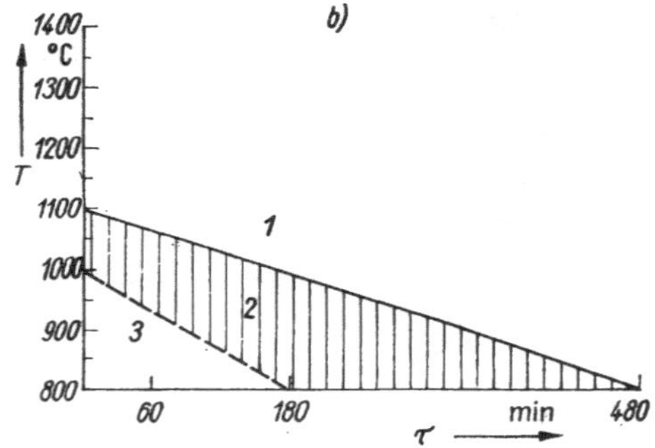

Abb. 1.9. Veränderungen in den Schichten während des Temperprozesses; a) Röntgenspektralanalyse der Dotierung im antimonhaltigen Glas, schematische Darstellung der Defekte; b) Gebiete der Kristallisation (1), der „Prekristallisation“ (2) und des amorphen Zustandes (3) des Glases; c) Abhängigkeit der Korngröße im antimonhaltigen Glas von der Temperatur und der Temperzeit

verfahren nicht mehr als einen Faktor 1,5 beträgt, kann man davon ausgehen, daß die Kristalle praktisch gleichzeitig und mit einheitlicher Geschwindigkeit zu wachsen beginnen. Eine näherungsweise Bestimmung der Aktivierungsenergie des Kristallwachstums ergibt ungefähr 3 eV, was analogen Daten über die Rekristallisation von Quarzglas nahekommt [6].

Der relative Anteil kristalliner Bestandteile in der Schicht nach ein- bis dreistündigem Tempern (bei einer Temperatur von 1200 bis 1250 °C) betrug 2 bis 90%. Ein Vergleich der Elektronenbeugungsdiagramme von Silicium und Siliciumdioxid ermöglicht, die Orientierung der wachsenden Kristalle an der Verbindungsstelle zum Substrat zu bestimmen (siehe Abb. 1.8b)): die ⟨011⟩-Richtung von α-Cristobalit liegt in der Verwachsungsebene parallel zur ⟨220⟩-Richtung von Silicium). Das kann als zusätzliche Bestätigung dafür gewertet werden, daß die Kristallisation an der Grenze zwischen dem Silicium und seinem Oxid beginnt.

Durch die Kristallisation des Siliciumdioxids wurde die Segregation von Antimon und Arsen gefördert. Beim Tempern bei 1000 °C beginnen sich skelettartige Inhomogenitäten des amorphen Gerüstes bemerkbar zu machen, die

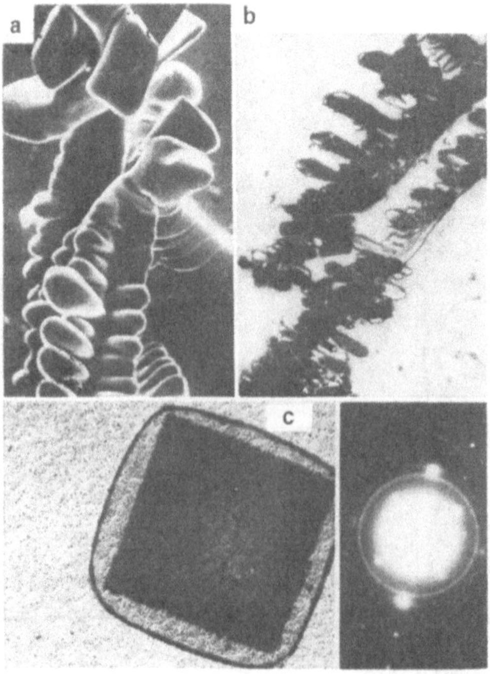

Abb. 1.10. Segregationsformen und Oxidkristalle in antimonhaltigem Glas; a) Skelettstruktur auf der Oberfläche, 1200 °C, 10 min, REM, 13000fach vergrößert; b) dasselbe, im Volumen der Schicht, TEM, 13000fach vergrößert; c) Antimonoxidkristall und Mikrodiffraktionsaufnahme von ihm auf dem Untergrund einer (111)-Reflexion von Gold, 1250 °C, 20 min, TEM, 13000-fach vergrößert

mit Dotierungen angereichert sind. Die Mikrodiffraktion von kubischen Kristallen, die sich in Sb-angereicherten Gebieten befinden, zeigt, daß sie dem Sb_2O_4 ähnlich sind (Abb. 1.10). Aus Abb. 1.9a) ist ersichtlich, daß der Antimongehalt in der Nähe des Skelettgebildes erhöht ist (Kurve $I_{Sb}(x)$).

Nach der Publikation der Arbeiten [100, 101] wurde deutlich, daß die vorgeschlagenen Wege zur Erhöhung der Qualität des Siliciumdioxids real sind.

Im folgenden[18]) wurde zur Herstellung von vergrabenen p-n-Übergängen[19]) entsprechend Abbildung 1.9 eine solche Temperatur und Zeitdauer ausgewählt, bei der keine Kristalle entstanden und sich keine parasitären Übergänge, die mit dem Eindringen des Diffusanten in die Risse neben den Kristallen verknüpft sind, ausbilden (Abb. 1.11).

Ungefähr zur selben Zeit wurde über eine weitere Ursache von Verunreinigungen und damit der Kristallisation berichtet. Auf der Oberfläche von Silicium sind Teilchen eines ionenaustauschenden Harzes, die in schlecht gefiltertem deionisiertem Wasser enthalten sind, abgelagert worden. Wie die Ergebnisse einer lokalen Röntgenspektralanalyse zeigten, befanden sich auf diesen Teilchen bis zu einigen Prozenten Alkalimetalle und andere Verunreinigungen, die die Kristallisation von Siliciumdioxid zu β-Cristobalit stimulierten [104].

Es ist auch möglich, die Qualität eines dotierten Oxids durch Reinigung seiner Ausgangskomponenten zu verbessern. Ein solcher Versuch ist in der Arbeit [106] unternommen worden.

Gegenwärtig werden bei der Produktion von Halbleiterbauelementen und integrierten Schaltkreisen zur Herstellung von dielektrischen Schichten, sowohl von Schutz- als auch von Diffusionsschichten, dotierte organische Siliciumverbindungen benutzt. Deshalb sind Informationen über den Gehalt von Na- und K-Ionen in diesen Verbindungen von Interesse. Aus diesem Grunde wurden spezielle Verbindungen, die mit Bor und Phosphor dotiert sind, und ihre Komponenten Tetraethoxysilan als Schichtbildner, Bor- und Phosphorsäure als Dotierungsmittel sowie Dioxan, Ethylalkohol als Lösungsmittel mit Hilfe der Flammphotometrie analysiert.

Aus den Ergebnissen dieser Analyse folgt (s. Tab. 1.7), daß die Natriumkonzentration in dem phosphorhaltigen Gemisch höher ist als im borhaltigen.

---

[18]) In der Arbeit [103] sind zusätzlich zu den bereits bekannten negativen Auswirkungen der Kristallisation von Siliciumdioxid (Risse in Maskierungsschichten, Herabsetzen der Durchbruchsspannung, parasitäre p-n-Übergänge im Bereich zersprungener Kristalle) noch folgende erwähnt: Entstehung von Reliefs durch Phasenveränderungen bei der Kristallisation und Einlagerung von Defekten aus dem Substrat mit unvollständig geätzten Kristallen in die Epitaxieschicht.

[19]) Über die Anwendung von vergrabenen p-n-Übergängen in bipolaren Schaltkreisen [105] existiert eine Übersichtsarbeit.

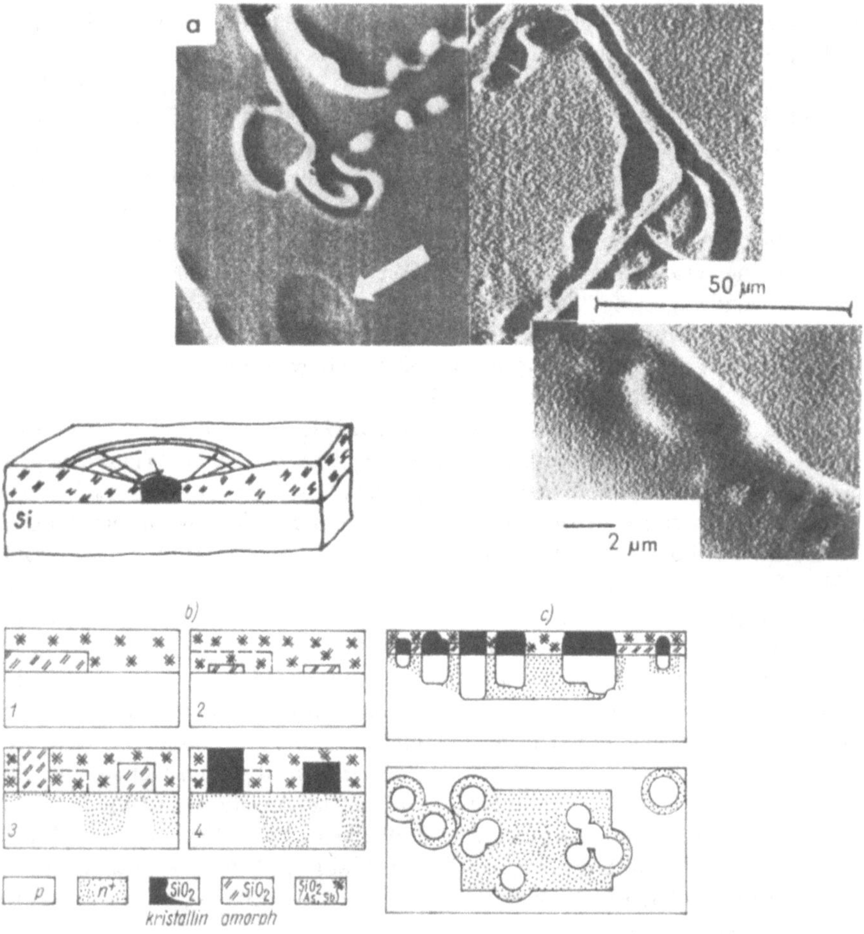

Abb. 1.11. Verteilung von Defekten in einer Planarstruktur mit Sb- und As-haltigem Glas; a) Mikrostruktur, REM; b) c) Schematische Darstellung des anomalen Verhaltens von Verunreinigungen im Defektgebiet

Deshalb wurden Tetraethoxysilan und Ethylalkohol durch doppelte Destillation gereinigt, und die Phosphorsäure wurde aus hochreinem P_2O_5 und deionisiertem Wasser hergestellt. Dabei verringerte sich der Na-Gehalt des Ethylalkohols um die Hälfte und der der Phosphorsäure um ein Sechstel im Vergleich zu der kommerziellen Phosphorsäure der Einstufung „chemisch rein“.

Tabelle 1.7. Natriumgehalt in organischen Siliciumverbindungen und in den zu ihrer Herstellung benutzten Bestandteilen (zur Eichung der Analyse sind wäßrige NaCl-Lösungen benutzt worden)

Bezeichnung	Natrium, Gewichtsprozente	
	Ausgangsmaterial	nach Reinigung
borhaltige Verbindung	$3 \cdot 10^{-4}$	$5 \cdot 10^{-5}$
Tetraethoxysilan, analysenrein	—	$5 \cdot 10^{-5}$
Borsäure, besonders rein	$3 \cdot 10^{-5}$	—
rektifizierter Ethylalkohol, Sorte 1, GOST 5962-67	$2 \cdot 10^{-5}$	10^{-5}
phosphorhaltige Verbindung	$8 \cdot 10^{-4}$	$6 \cdot 10^{-5}$
Tetraethoxysilan, analysenrein	—	$5 \cdot 10^{-5}$
Phosphorsäure	$3 \cdot 10^{-4}$	$5 \cdot 10^{-5}$
Dioxan, analysenrein	10^{-4}	—

Als eine der Ursachen für die Verunreinigung mit Natrium erwiesen sich die Aufbewahrungsbedingungen der Verbindungen. Es wurden Verbindungen auf ihren Na-Gehalt untersucht, die vom Tage der Herstellung an einen Monat lang in einem Glas- und in einem Quarzbehälter aufbewahrt worden waren. Die Natriumkonzentration der Gemische, die in Glasbehältern untergebracht waren, war zwei- bis dreimal größer als bei den in Quarzbehältern aufbewahrten, was wahrscheinlich mit einer Auflösung von Glas in aktiven Komponenten der Verbindung, d. h. in Säuren, verknüpft ist.

Zur Verringerung des Natriumgehaltes der Gemische sind bei ihrer Herstellung also besonders gereinigtes Tetraethoxysilan und Ethylalkohol benutzt worden. Für das phosphorhaltige Gemisch wurde eine von uns hergestellte Phosphorsäure benutzt. Die jeweilige Verbindung ist in einem Quarzbehälter aufbewahrt worden. Die Analyse hat gezeigt, daß sich die Na-Konzentration in der borhaltigen Mischung auf ein Sechstel und in der phosphorhaltigen auf ein Zwölftel verringerte.

Die in der Arbeit [101] ausgedrückte Vermutung, daß verschiedene Verunreinigungen, darunter auch Alkaliverunreinigungen, während der Thermodiffusion zur Bildung kristalliner Defekte in Siliciumdioxidschichten führen können, haben wir in der vorliegenden Untersuchung überprüft. Aus bor- und phosphorhaltigen Verbindungen mit einer bestimmten Konzentration an Natrium sind durch Zentrifugieren dotierte Oxidschichten hergestellt worden, die 5 h lang bei 1050 und 1150° C thermisch behandelt wurden.

Die Struktur der dotierten Oxide ist transmissionselektronenmikroskopisch untersucht worden. Es wurde festgestellt, daß in den dotierten Oxiden aus borhaltigen Verbindungen mit einer Na-Konzentration von $3 \cdot 10^{-4}$% amorphe Defekte auftreten (Abb. 1.12), während in den Oxiden aus phosphorhaltigen Gemischen mit einer Na-Konzentration von $8 \cdot 10^{-4}$ % außer den amorphen Defekten auch SiO_2-Kristalle verschiedener Modifikationen existieren (Abb. 1.13). Ihre Konzentration in den dotierten Oxiden betrug nach der thermischen Behandlung $2 \cdot 10^4$ bis $2 \cdot 10^3$ cm^{-2}.

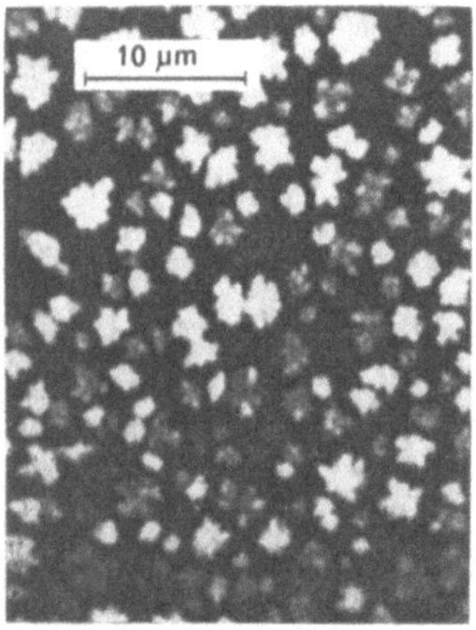

Abb. 1.12. Amorphe Defekte in thermischem Siliciumdioxid, das mit einer borhaltigen Verbindung bedeckt ist, nach dreistündiger Temperung bei 1150 °C, TEM, 30000fach vergrößert

Im thermischen Siliciumdioxid und in dotierten Oxiden aus Verbindungen mit einer Natriumkonzentration von $5 \cdot 10^{-5}$ % konnten keine kristallinen Defekte festgestellt werden.

Kristalline Defekte wurden also in dotierten Oxiden in Zusammenhang mit chemischen Substanzen gefunden, in denen mit der Flammphotometrie ein hoher Natriumgehalt nachweisbar war. Bei der Durchführung der Photolithographie können die Kristallite in dotierten Oxiden zu Durchbrüchen in der Photoresistschicht führen, zum Auftreten von unabgeätzten Oxidresten in den „Fenstern", was in der lithographischen Struktur ein unebenes Gebiet ergibt (Abb. 1.14).

Die Anwesenheit von kristallinen Defekten in dielektrischen Schichten führt auch zu Diffusionsinhomogenitäten bei ihrer Benutzung als Diffusionsquelle.

Die Beseitigung eines der Kristallisationsstimulatoren des thermischen Oxids auf Silicium, nämlich Natrium, durch Reinigung der Chemikalien, Benutzung von Qualitätsquarzröhren, die mit alkalimetallgetternden Materialien bedeckt

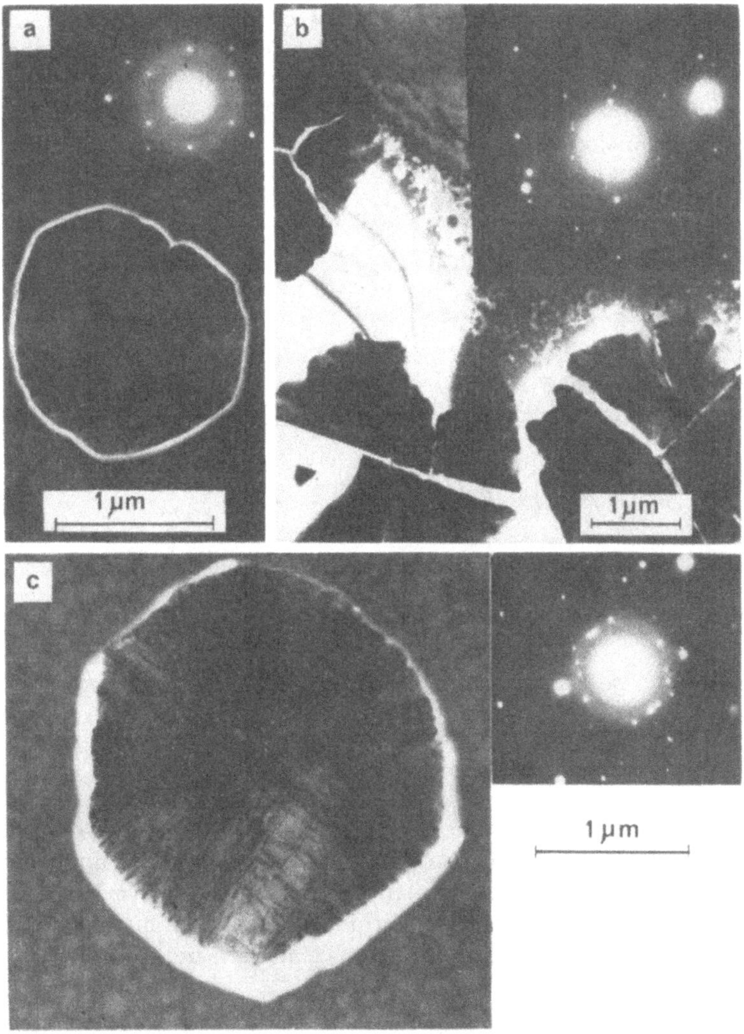

Abb. 1.13. Kristalline Defekte in thermischem Siliciumdioxid, das mit phosphorhaltigen Verbindungen überdeckt ist, nach fünfstündiger thermischer Behandlung, TEM, 20000fach vergrößert; a) β-Cristobalit, 1150 °C; b) α-Quarz, 1150 °C; c) α-Quarz und β-Cristobalit in einem Kristallit, 1050 °C

sind, vollständiges Abätzen von Diffusionsgläsern von der Oberfläche des thermischen Oxids usw. hat zu einer starken Reduzierung der Fehlerhaftigkeit des Oxids und der Schaltkreise, die es bedeckt, geführt. Andererseits ermöglichte das Aufdecken der kinetischen Besonderheiten der Rekristallisation von Siliciumdioxid, die technologischen Prozesse zu verändern und trotzdem die erforderliche Oxidqualität zu sichern.

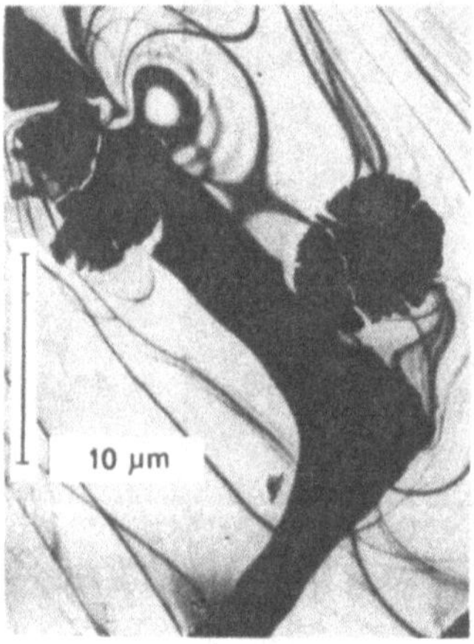

Abb. 1.14. Kristallgruppe im Gebiet einer photolithographischen Struktur, TEM, 20000fach vergrößert (das thermische Oxid ist mit einer ungereinigten borhaltigen Verbindung bedeckt)

1.7. Begleiterscheinungen der Kristallisation von Siliciumdioxidschichten auf Silicium

Die Kristallisation von thermischem Oxid und dotierten Glasschichten hat zur Entwicklung einiger Vorstellungen über die Natur des Glases und seine Kristallisation im allgemeinen beigetragen. Die Ergebnisse des vorliegenden Abschnitts werden zwar in der heutigen Technologie praktisch nicht genutzt, könnten jedoch in der Perspektive angewendet werden, wie der Autor hofft.

1.7.1. Orientierungseffekt bei der Kristallisation von Siliciumdioxidschichten auf Silicium

Die Kristallisation des thermischen Siliciumdioxids in Planarstrukturen auf Silicium geht — wie gezeigt — von der Silicium-Isolator-Oberfläche aus. Im Endeffekt ist die SiO_2-Schicht teilweise kristallisiert, wobei sich Cristobalit und α-Quarz als strukturelle Hauptbestandteile ihres kristallinen Anteils erweisen [84, 101, 107]. Es überwiegen Orientierungen des Siliciumdioxids gegenüber dem Silicium mit niedrigen Indizes. Angaben über ein orientiertes Wachstum von Siliciumdioxid auf Silicium liegen nicht vor, obwohl die kristallographischen Verhältnisse für den umgekehrten Prozeß bekannt sind [108]. Wir geben Resultate einer elektronenmikroskopischen Untersuchung vor allem von Quarz- und Cristobalitkristallen an, die in amorphes Siliciumdioxid eingeschlossen sind, das in den in [84, 101] beschriebenen Bauelementstrukturen erhalten worden ist. Das Elektronenbeugungsbild eines Mikrokristalls und die Beugungsaufnahme (Orientierung) des Siliciumsubstrates wurden gleichzeitig ermittelt. Auf diese Weise kann man die gegenseitige Orientierung der Kristalle der partiellkristallisierten Schicht und des Siliciums vergleichen. Die Präparate wurden mit Hilfe einer Spülätzung in einem Gemisch von Salpeter- und

Abb. 1.15. Mikrostruktur einer partiellkristallisierten Schicht mit Rissen um den Kristall herum. Scanningelektronenmikroskop, 2000fach vergrößert

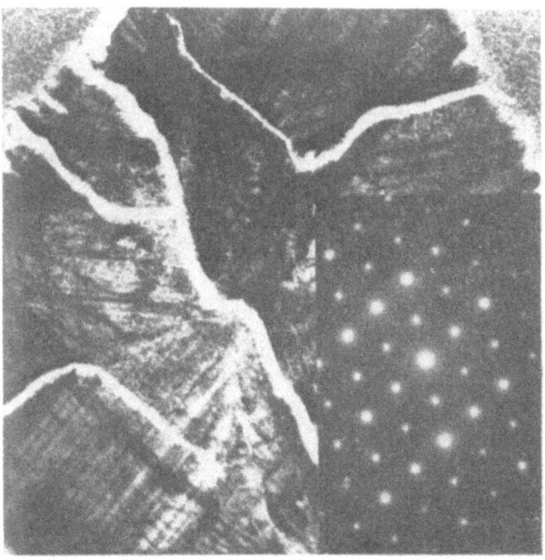

Abb. 1.16. Orientierung von {0001}-α-Quarz auf {111}-Silicium, 30000fach vergrößert

Flußsäure in einem Verhältnis von 5:1 bis auf eine Dicke von 0,1 bis 0,2 μm abgedünnt.

Eine Vorstellung über die Struktur und die orientierte Verwachsung von partiellkristallisierten Schichten und Silicium vermitteln die Abbn. 1.15 bis 1.19.

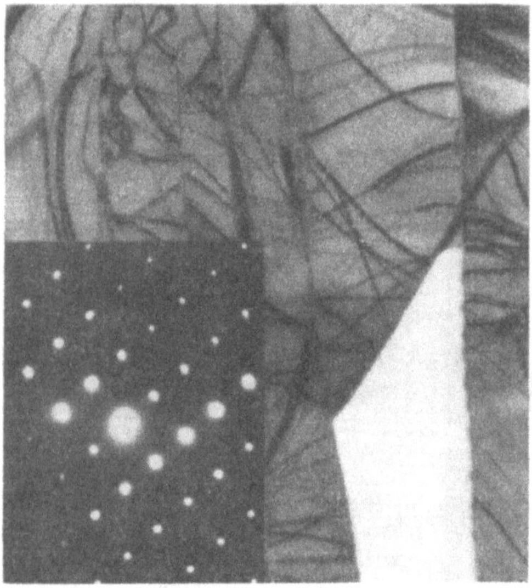

Abb. 1.17. Orientierung von $\{10\bar{1}0\}$-α-Quarz auf {100}-Silicium, 30000fach vergrößert

Die charakteristischen Besonderheiten sind:

1. Die Kristallisation des Siliciumdioxids führt infolge des Unterschieds der thermischen Ausdehnungskoeffizienten um den Faktor 30 zur Bildung von radialen und konzentrischen Rissen und Spannungen in der amorphen Matrix, aber auch zur Zerstörung eines Kristallites (einer polykristallinen Gruppe; siehe Abb. 1.15) selbst. Der Kristallit besitzt eine Scheibenform. Das Zusammenwachsen des Siliciums mit dem kristallinen Siliciumdioxid läuft also mit einer Zerstörung des Siliciumdioxids ab.

2. Bei {111}-Orientierung des Siliciums besitzt ein Großteil der aufgefundenen Quarzkristalle eine {0001}-Orientierung, seltener sind $\{10\bar{1}0\}$-, $\{11\bar{2}0\}$- und andere Orientierungen (siehe Abb. 1.16).

3. Der Übergang von der {111}-Orientierung des Siliciums zur {100}-Orientierung verringert die Anzahl der {0001}-Orientierungen von α-Quarz zugunsten der $\{10\bar{1}0\}$-Orientierung und anderer (siehe Abbn. 1.17 und 1.18).

4. In der Berührungsebene von $\{111\}$-Silicium und Quarz in der partiellkristallinen Schicht bleibt eine orientierte Verbindung von $\langle 10\bar{1}0\rangle$-$\alpha$-Quarz $\parallel$ $\langle 110\rangle$-Silicium am stabilsten und auf $\{100\}$-Silicium $\langle 0001\rangle$-α-Quarz $\parallel$ $\langle 100\rangle$-Silicium. Diese orientierte Verbindung entsteht anscheinend infolge einer natürlichen Gitteranpassung mit einem Minimum elastischer Deformationen. Aus der Ähnlichkeit der Strukturparameter ist auf der $\{100\}$-Fläche von Silicium eine Kristallisation von $\{10\bar{1}0\}$-Quarz sowie von α- und β-Cristobalit

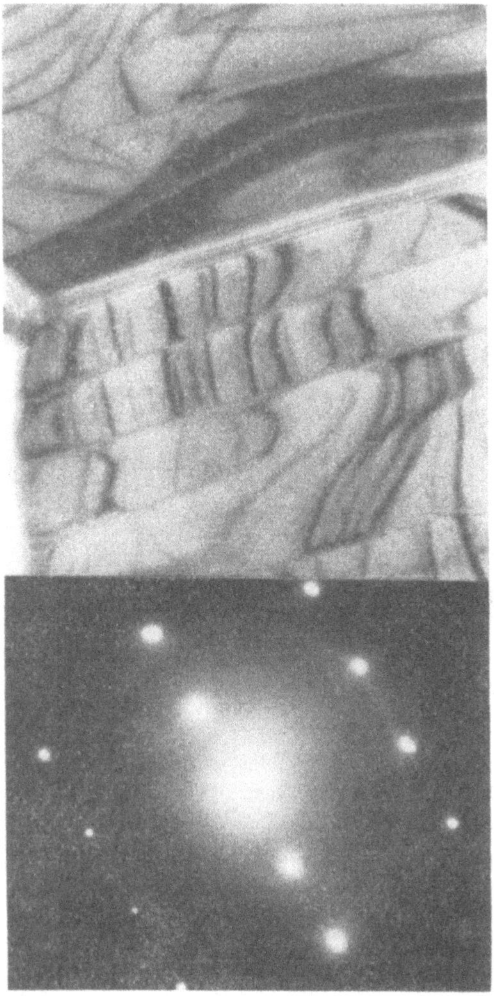

Abb. 1.18. Orientierung von $\{02\bar{2}1\}$-α-Quarz auf $\{100\}$-Silicium, 30000fach vergrößert

zu erwarten, auf {110}-Silicium von {11$\bar{2}$0}-α-Quarz sowie α- und β-Cristobalit und auf {111}-Silicium von {0001}-α-Quarz und α-Cristobalit. In allen Fällen ist natürlich α-Quarz thermodynamisch am stabilsten. In Abb. 1.19 sind Orientierungen von Elementarzellen des Quarzes auf Siliciumoberflächen dargestellt; im Vordergrund die jeweilige Vorzugsorientierung. Die experimentellen Fakten stimmen im wesentlichen mit den angegebenen Indizierungen überein.

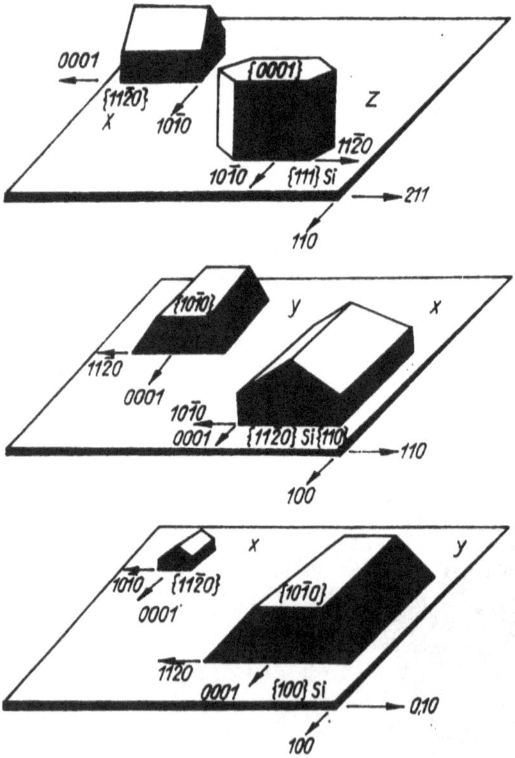

Abb. 1.19. Schematische Zusammenstellung der Orientierungsbeziehungen von Quarz und speziellen Siliciumflächen

5. Die Ähnlichkeit der Werte von $\bar{a}\,\langle 100\rangle$ Si und $\bar{a}\,\langle 0001\rangle$-α-Quarz, $\bar{a}\,\langle 110\rangle$ Si und $\bar{a}\,\langle 10\bar{1}0\rangle$-α-Quarz, $\bar{a}\,\langle 211\rangle$ Si und $\bar{a}\,\langle 11\bar{2}0\rangle$-α-Quarz usw. (wobei $\bar{a}$ der Atomabstand entlang $\langle uvw\rangle$ ist) führt zu der Vorstellung, daß in einer Reihe von Fällen Texturen von Quarz auf Silicium möglich sind mit entsprechenden Achsen, die in einer Ebene parallel zum Siliciumsubstrat liegen. Die ersten beiden Kombinationen wiederholen sich am häufigsten. Außerdem wird ein

Fall von {0001}-α-Quarz ‖ {111}-Silicium mit einer verhältnismäßig großen azimutalen Drehung festgestellt.

6. Der strukturelle Zustand im kristallinen Anteil einer partiellkristallinen Schicht ist insgesamt ziemlich stabil. Auf einzelnen Elektronenbeugungsdiagrammen kann man eine Reflexansammlung von einigen Siliciumdioxidmodifikationen beobachten. So ist aus Abb. 1.20 ersichtlich, daß die {111}-Ebene des Siliciumsubstrates parallel zur {110}-Ebene von α-Cristobalit und gleichzeitig zur {0001}-Ebene von α-Quarz ist. Außerdem sind weniger starke Reflexe von {111}-β-Cristobalit sichtbar. Anscheinend laufen die Phasenumwandlungen im Siliciumdioxid unter Erhaltung der orientierten Verbindung zwischen α-, β-Cristobalit und α-Quarz ab. Reflexe von Tridymit und β-Quarz werden selten beobachtet.

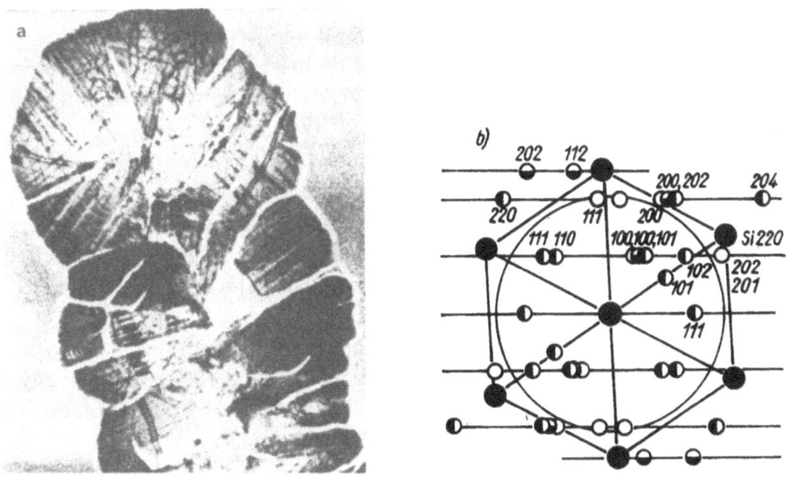

Abb. 1.20. Gemischte Struktur eines Kristallites; a) Mikrophotographie, 30000fach vergrößert; b) Beugungsmuster (es sind Reflexe von einigen polymorphen Modifikationen des SiO_2 sichtbar): ● Silicium, ○ β-Cristobalit, ◐ α-Cristobalit, ◒ α-Quarz

Die festgestellte Orientierungsverbindung von Silicium und Quarz läßt Kombinationen als möglich erscheinen, in denen Quarzschichten auf Silicium vollständig orientiert sind. Die oben beschriebenen partiellkristallisierten Schichten besaßen eher Texturcharakter. Am häufigsten traten die Orientierungskombinationen a) ⟨0001⟩-α-Quarz ‖ ⟨100⟩-Silicium; b) ⟨10$\bar{1}$0⟩-α-Quarz ‖ ⟨110⟩-Silicium; c) ⟨11$\bar{2}$0⟩-α-Quarz ‖ ⟨100⟩-Silicium auf. Es wurde auch die Anlagerung von α-Quarz mit der {0001}-Fläche an {111}-Silicium und mit den {10$\bar{1}$0}- und {11$\bar{2}$0}-Flächen an {100}-Silicium beobachtet. In Zusammenhang damit sind offensichtlich Angaben über Piezomoduln von orientierten Quarzschichten und Texturen nützlich.

In der Arbeit [109] sind für texturierte Quarzschichten Matrixtransformationen der Piezomoduln sehr detailliert abgeleitet worden, wobei drei Arten von Drehungen um Achsen des α-Quarzes berücksichtigt worden sind: ⟨0001⟩ (gewöhnlich mit Z bezeichnet) um den Winkel γ (von X nach Y), ⟨10$\bar{1}$0⟩ (Y) um den Winkel θ (von Z nach X) und ⟨1120⟩ (X) um α (von Y nach Z).

Für eine gleichmäßig texturierte Schicht muß der Piezomodul offensichtlich über entsprechende Winkel integriert werden. Wir stellen fest, daß Z- und Y-Texturen, die auf diese Weise erhalten worden sind, Piezomoduln ergeben, die ähnlich sind den von A. V. Šubnikov [110] beschriebenen von Texturen für Systeme mit der Symmetrie $\infty : 2$.

Abschließend ist noch zu vermerken, daß in einer Reihe von Arbeiten eine orientierte Verbindung zwischen unterschiedlichen Siliciumdioxidmodifikationen entdeckt worden ist. So ist in [9] gezeigt, daß es einen Mechanismus der direkten Rekonstruktion von α- in β-Cristobalit (Zwillingsbildung) gibt.

Wie in [111] nachgewiesen wird, sind sogar noch allgemeinere Beziehungen zwischen den allotropen Formen des Siliciumdioxids möglich, z. B. das Verwachsen von Tridymit mit Cristobalit. Die Grundstruktur all dieser Formen bildet ein sechszähliger Ring aus SiO_4-Tetraedern. Die Ringe selber können mit unterschiedlichen Wiederholungsperioden und auf unterschiedlichem Niveau miteinander verknüpft sein.

Es ist anzunehmen, daß der Prozeß der Siliciumoxydation unter der orientierenden Wirkung bestimmter Symmetrie von der Oberfläche des Siliciumsubstrates ausgeht. Die Siliciumunterlage läßt ihrerseits durch ihre ersten, obersten Monoschichten eine Anpassung an das Siliciumdioxid zu. Eine „Aufweichung", eine „Anpassungsfähigkeit" der reinen Siliciumoberfläche muß jedoch erst noch nachgewiesen werden. Nichtsdestoweniger ist in kürzlich veröffentlichten Arbeiten [112, 113] bereits zum Ausdruck gebracht, daß amorphes Siliciumdioxid, das durch thermische Oxydation von Silicium oder sogar Abscheidung auf Silicium hergestellt worden ist, piezoelektrische Eigenschaften besitzt (der Piezomodul d_{31} beträgt $9 \cdot 10^{-14}$ bis $2 \cdot 10^{-13}$ cm/V in Abhängigkeit vom Leitungstyp des Substrates), was ohne seine innere Orientierung und seine Orientierung gegenüber der Siliciumunterlage natürlich nicht möglich wäre.

Bisher ist es jedoch nicht gelungen, einen Piezoquarz auf Silicium aufwachsen zu lassen. Wenn sich diese Kombination als technologisch durchführbar erweist, kann mit einer neuen, dem Charakter nach unikalen Variante des

Piezotransistors und anderer Wandler gerechnet werden (s. [109, 114] u. a.), da die Si—SiO_2-Interface in ihrer Struktur und ihren elektrophysikalischen Eigenschaften nahezu perfekt ist.

1.7.2. Katodolumineszenz von teilweise kristallisierten Gläsern

Eine Darstellung mit Hilfe der durch Katodolumineszenz hervorgerufenen Strahlung ist eine der Möglichkeiten moderner Rasterelektronenmikroskopie. Sie basiert auf einer autonomen Registrierung, einem Photoelektronenvervielfacher, im sichtbaren und nahen IR-Bereich. Der Strom des Photoelektronenvervielfachers moduliert die Helligkeit eines von drei Bildschirmen. Die gleichzeitige Beobachtung eines Defektes im Rasterelektronenmikroskop und seine Katodolumineszenzdarstellung ermöglicht dann die Identifizierung des untersuchten Defektes [115].

Über die Katodolumineszenz von Siliciumdioxid sind einige Daten bekannt. So werden in der Arbeit [116] drei Lumineszenzbanden nachgewiesen: Peak *A* bei 0,29 μm, für den angenommen wird, daß er von Natrium herrührt; Peak *B* bei 0,37 μm von Wasserstoff; Peak *C* bei 0,45 μm ist durch Strahlendefekte im Siliciumdioxid bedingt. Der Strom betrug 10^{-3} bis 10^{-5} A/cm² und die Beschleunigungsspannung für die Elektronen 5 bis 10 kV.

In [117] wurden unter annähernd denselben Anregungsbedingungen (10^{-5} A/cm², 2 bis 12 kV) Lumineszenzpeaks beobachtet, die mit Verunreinigungen im Siliciumdioxid in Zusammenhang stehen: Natrium (0,625 μm, im Gegensatz zu den entsprechenden Angaben von [116]), Sauerstoffvakanzen (0,290 μm), Kupfer (0,425 und 0,525 μm), Gold (0,365 und 0,520 μm).

Mit Hilfe der Katodolumineszenzmethode wurden auch amorphe, teilweise oder vollständig kristallisierte Siliciumdioxidschichten untersucht, die mit 0,2 bis 5,0% Nd_2O_3, 1 bis 5% Sb_2O_3 und Al_2O_3 gemischt waren [101]. Die Ergebnisse sind in Abb. 1.21 dargestellt und können wie folgt zusammengefaßt werden:

1. Neodymglasproben, die Kristalle enthielten (TEM-Aufnahmen zeigten, daß es sich um kristalline Modifikationen von Siliciumdioxid handelte), zeigten eine um eine Größenordnung stärkere Lumineszenzintensität als im amorphen Zustand. Das Lumineszenzspektrum der amorphen Schichten wies breite Bänder bei 0,9 und 1,1 μm auf, während die der kristallinen Schichten bei 0,87, 0,92, 1,08 und 1,13 μm lagen [118].

2. Das Antimonglas lumineszierte nach der Kristallisation nur im Gebiet der Kristalle. Das Lumineszenzspektrum wies nach einer dreistündigen thermischen Behandlung bei 1250 °C ein starkes Peak bei 0,9 μm und zwei mittlere

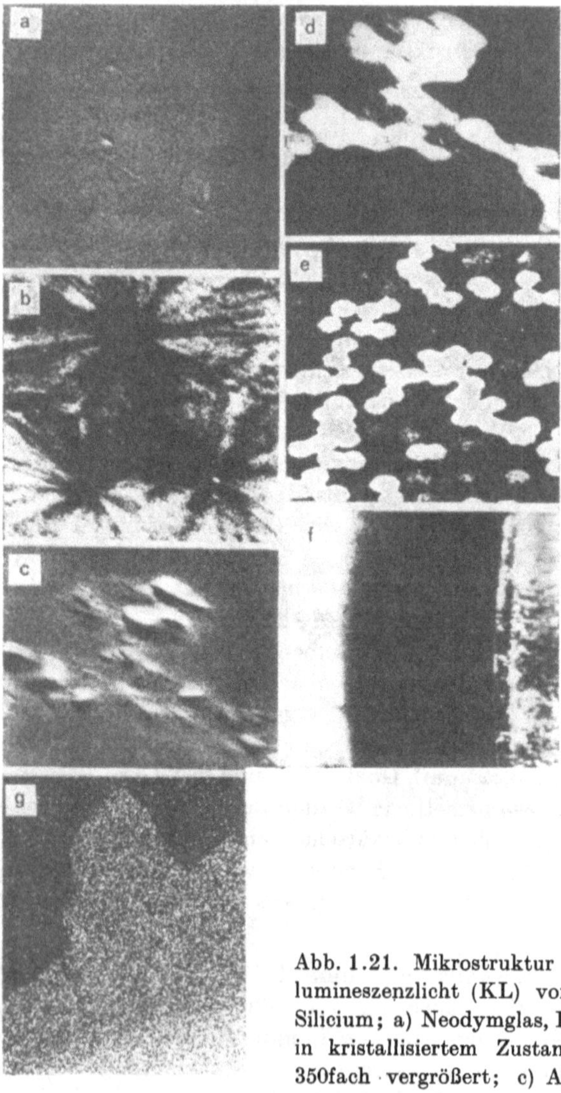

Abb. 1.21. Mikrostruktur und Darstellung im Katodolumineszenzlicht (KL) von Siliciumdioxidschichten auf Silicium; a) Neodymglas, REM, 350fach vergrößert (Glas in kristallisiertem Zustand); b) dasselbe, REM KL, 350fach vergrößert; c) Antimonglas, REM, 1000fach vergrößert, achtstündige Temperung bei 1100 °C; d) dasselbe, REM KL, 1000fach vergrößert; e) dasselbe, 200fach vergrößert; f) REM KL-Übersichtsdarstellung zweier nebeneinander liegender Proben, links — kristallisiertes Neodymglas, rechts — partiellkristallisiertes Antimonglas, 20fach vergrößert; g) Röntgenspektraldarstellung von kristallisiertem Neodymglas in Neodymstrahlung, 10000fach vergrößert (TEMSCAN)

Peaks bei 0,55 und 0,73 μm auf. Nach achtstündiger Temperung bei 700°C wurden sehr schwache Peaks bei 0,5 und 0,65 μm bemerkt (bei dieser Thermobehandlung bildeten sich keine Kristalle aus).

3. Für die Veränderung der Lumineszenz von Neodymgläsern nach der vollständigen Kristallisation ist die Veränderung des Phasenzustandes und nicht die Umverteilung von Verunreinigungen verantwortlich (siehe Abb. 1.21g)).

4. Der Form nach gibt es zwei Arten lumineszierender Kristalle im Antimonglas.

5. Gläser, die mit Arsen, Bor oder Phosphor dotiert waren, wiesen unabhängig vom strukturellen Zustand eine schwache Katodolumineszenz auf.

1.7.3. Schockkristallisation im thermischen Siliciumdioxid und in anderen Isolatoren

Wie ausgeführt, bilden sich bei der Erhitzung von Siliciumdioxid, das eine rekristallisationsstimulierende Verunreinigung enthält, hauptsächlich begrenzte, sehr flache Kristalle, die mitunter die Form einer sphärolithischen Schnittfläche besitzen. Es zeigte sich jedoch, daß auch andere Arten der Kristallisation möglich sind.

In [127] wurden Siliciumdioxidschichten, die bei 1100 bis 1200°C erhalten, und Siliciumoxinitridschichten, die bei 1000°C aus einem $SiH_4-NH_3-O_2$-Gemisch abgeschieden worden sind, untersucht. Bei einer Temperaturerhöhung der SiO_2- und $Si_xO_yN_z$-Schichten über 1000 bis 1150°C hinaus beginnt ein Übergang aus dem amorphen in einen kristallinen Zustand, der mit dem Mechanismus der Bildung und des Wachstums von Kristallen beschrieben werden kann [120]. Erinnern wir uns an einige Besonderheiten der Kristallisation von SiO_2.

In Abb. 1.22a), b) ist eine typische Struktur von Kristallen dargestellt, die sich ausbilden. Die Wachstumsgeschwindigkeit der Kristalle ist im SiO_2 bei Temperaturen unterhalb von 1250°C nicht größer als 10 μm/h, und die effektive Aktivierungsenergie des Wachstums beträgt 3 eV. Im $Si_xO_yN_z$ kristallisieren hauptsächlich α- und β-Si_3N_4. Für reine Si_3N_4-Schichten beträgt die Aktivierungsenergie des Kristallisationsprozesses ungefähr 2,3 eV. Die Wachstumsgeschwindigkeit einzelner Kristallkörner ist selbst bei 1330°C kleiner als 1 μm/h; im $Si_xO_yN_z$ ist diese Größe noch kleiner.

Neben der „normal“ ablaufenden Kristallisation beobachtet man in einzelnen Teilen einer Siliciumdioxid- oder Oxinitridschicht eine beschleunigte Kristallisation [119, 120], die zuerst für amorphe Germaniumschichten untersucht worden war und die Bezeichnung „Explosiv-“ oder „Schockkristallisation“ erhalten hat [121, 122].

Die Mikrostruktur von schockkristallisierten Bereichen in Siliciumdioxidschichten ist entweder durch ein radiales Wachstum der Kristalle von einem Zentrum aus, wo der Phasenübergang beginnt, gekennzeichnet (Abb. 1.23a)) oder durch abwechselnde Bereiche eines radialen Wachstums mit konzentrisch angeordneten Vorsprüngen in Form von Nähten (Abb. 1.23b), c)), in denen — wie aus Elektronenbeugungsdiagrammen der Zwischengebiete ersichtlich ist — die amorphe Struktur teilweise erhalten bleibt (Abb. 1.23e)). In Siliciumoxinitridschichten wird eine ringförmige Anordnung von Kolonien kristalliner Abscheidungen um das Wachstumszentrum beobachtet (Abb. 1.23d); s. auch 2.8i)).

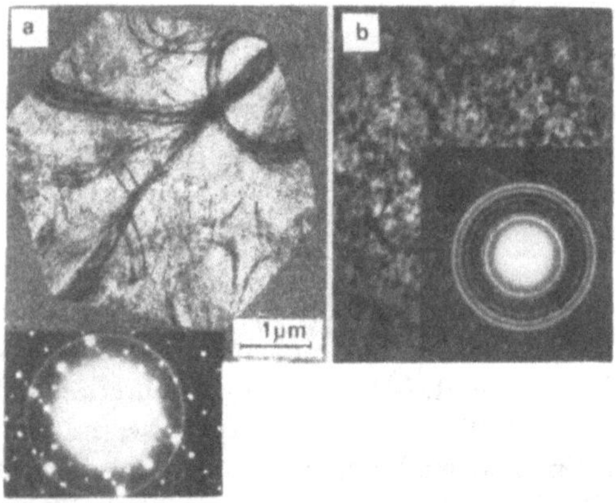

Abb. 1.22. Mikrostruktur und Elektronenbeugungsdiagramm von Gebieten normaler Kristallisation in Siliciumdioxid (a) und Siliciumoxinitridschichten (b) (Transmissionselektronenmikroskopie)

Die Kristallisation kann von einigen Zentren ausgehen oder auch in der Mündung eines Risses, der beim Erwärmen der Schicht entsteht, beginnen (Abb. 1.23a)). Einzelne SiO_2-Kristalle erreichen bei einstündigem Tempern bei 1150 °C und Stimulation der Kristallerzeugung durch Tropfen einer wäßrigen Kochsalzlösung oder Wasser, das nicht deionisiert ist, einen Durchmesser von 300 μm. Auf diese Weise übertrifft die Geschwindigkeit des „Schockwachstums“ bei vergleichbaren Temperaturen die normale Wachstumsgeschwindigkeit um einen Faktor von ungefähr 100 oder mehr.

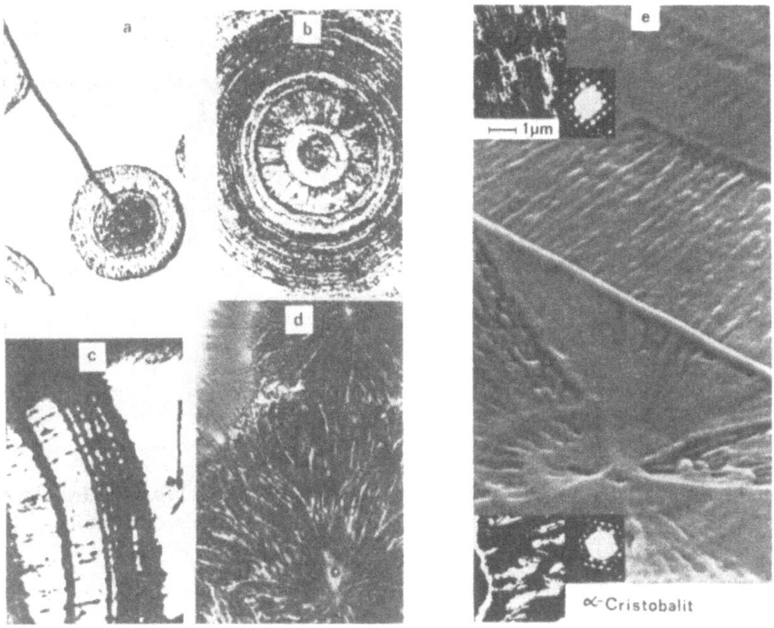

Abb. 1.23. Mikrostruktur von Gebieten mit Schockkristallisation in Siliciumdioxidschichten (a) bis d) optische Mikroskopie, 200fach vergrößert; e) Elektronenmikroskopie, 10000fach vergrößert) und Elektronenbeugungsdiagramme von Teilen dentridischer Kristalle und Zwischenschichten, TEM (mit dargestellt in e))

Im $Si_xO_yN_z$ bildeten wahrscheinlich Volumendeformationen, die durch die anfängliche Entstehung sehr großer Kristalle hervorgerufen wurden, die „Schockquelle", von der sich ringförmige, von amorphen Zwischenschichten durchsetzte Kristallisationszonen ausbreiteten. Dabei war die Ausbreitungsgeschwindigkeit der „Schockzonen" auch einhundertmal größer als die normale Kristallisationsgeschwindigkeit.

Eine direkte Untersuchung der Schockkristallisation im amorphen Germanium [121—123] und unsere Bestimmung der Kristallisationsparameter von dielektrischen Schichten [119, 120] zeigten, daß innere Verspannungen, die sich in einer amorphen Schicht bei ihrer Bildung, beim Erwärmen und beim Abkühlen ansammeln, eine der Ursachen des „Schockcharakters" des Kristallisationsverlaufes sind. Die Versetzungsgeschwindigkeit der Kristallisationsfront wird durch die Wärmeübertragung in Nachbarbereiche, d. h. durch die Wärmeleitfähigkeit, bestimmt. Die Schockkristallisation beginnt gewöhnlich am Ort einer Injektion, einer mechanischen Beanspruchung, einer Verunreinigung oder einer lokalen Erwärmung, die zu einer Energiekonzentration in diesem Bereich der Schicht führt, durch die die Barriere W für den Übergang vom amorphen zum kristallinen Zustand überwunden wird (Abb. 1.24). Die in einem Schichtbereich vorrätige Energie innerer Spannungen γ_{i+1} erniedrigt die Barriere und erhöht gleichzeitig die notwendige Kristallisationswärme E. Die Größe γ_i stellt die Energie dar, die in einem benachbarten, bereits kristallisierten Bereich gespeichert ist. Wenn β_i der Bruchteil der Energie ist, die in einen Nachbarbereich der Schicht übertragen wird, so ist eine

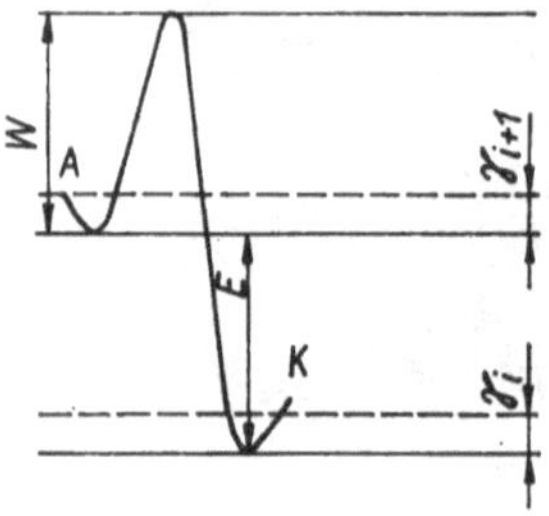

Abb. 1.24. Energieschema für die Prozesse des Übergangs aus dem amorphen (A) in den kristallinen (K) Zustand

weitere Kristallisation der Schicht nur bei Erfüllung der allgemeinen Bedingung

$$W - \gamma_{i+1} \leqq \beta_i(E + \gamma_{i+1} - \gamma_i) \tag{1.6}$$

möglich.

Die Schockkristallisation in einer Siliciumdioxidschicht kann man nach morphologischen Besonderheiten durch zwei Hauptprozesse beschreiben (Abb. 1.25a), b)). Im ersten Fall wachsen von einem Primärgebiet der Kristallisation mit einem Radius L aus Monokristalle der Länge $d > L$. Im zweiten Fall erreichen die monokristallinen Dentriden eine Länge d_1 bis zur Bildung einer ersten Naht, wachsen danach bis zur Länge d_2 usw., wobei die Verhältnisse der Längen $L, d_1, d_2, \ldots, d_i, d_{i+1}$ unterschiedlich sein können.

Für eine quantitative Bestimmung der Größen d_{i+1}/d_1 und d_1/L kann man die energetische Gleichgewichtsbedingung benutzen.

Für das Anfangs- und das benachbarte Ringgebiet der Schicht einer Dicke h gilt

$$\pi L^2 h(E + \gamma_1 - \gamma_0)\,\beta_0 = 2\pi d_1 h\left(L + \frac{d_1}{2}\right)(W - \gamma_1). \tag{1.7}$$

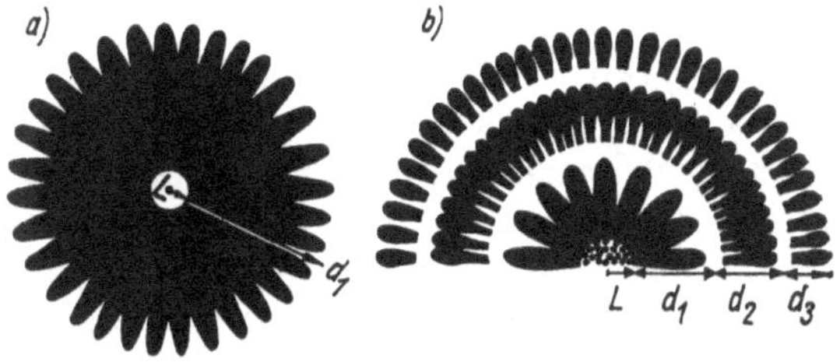

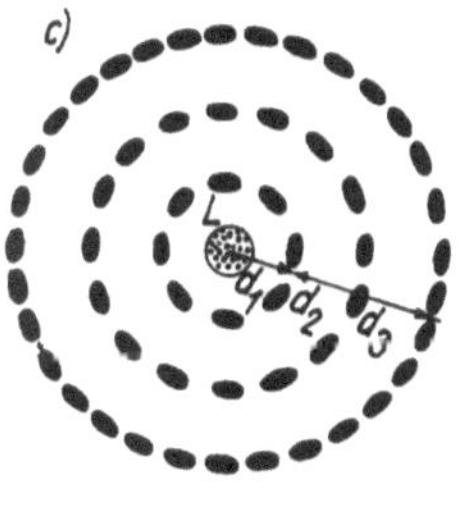

Abb. 1.25. Schematische Darstellung kristallisierender Gebiete bei gleichmäßiger Bewegung der Front (a)), mit Bildung von Nähten (b)) und unter Absonderung von Kristallen in der amorphen Matrix (c))

Durch Umformung erhalten wir eine Gleichung für d_1/L:

$$(d_1/L)^2 + 2(d_1/L) - B_0 = 0. \tag{1.8}$$

Nach (1.6) bricht die Kristallisation bei $B_0 = \beta_0(E - \gamma_1 - \gamma_0)/(W - \gamma_1) = 1$ ab. Bei Beschränkung auf die positive Lösung von (1.8) erhalten wir

$$d_1/L = (1 + B_0)^{1/2} - 1. \tag{1.9}$$

Die möglichen Werte von B_0 sind durch die Werte von E, W, γ_0, γ_1 bestimmt.

Die Verwendung von Daten über die Standardbildungswärme von amorphem und kristallinem SiO_2 (Tridymit) im Normalzustand liefert einen Unterschied von 9,6 kJ/mol. Unter Berücksichtigung des Unterschiedes in den Wärmekapazitäten einer amorphen und einer kristallinen Schicht (0,25 kJ/mol · K) erhalten wir bei einer Übergangstemperatur von 1150 °C für die Größe E einen Wert von 10 kJ/mol. Die energetische Barriere ist durch die innere Energie bestimmt, die der Deformation beim Übergang aus dem amorphen in den kristallinen Zustand entspricht, d. h. der Änderung des molaren Volumens von 10,77 auf 12,73 cm³/mol. Die Volumenkompression beträgt dabei 18%, was einer linearen Deformation von 6% entspricht und bei einem Elastizitätsmodul $K = 5 \cdot 10^{10}$ N/m² [124] $W = K\varepsilon^2/2 = 2{,}9$ kJ/mol ergibt. Die Berücksichtigung der teilweisen Relaxation der Deformationen bei den Kristallisationstemperaturen führt schließlich auf einen Wert von $W = 0{,}4E$.

Die Berechnungen und Untersuchungen zu inneren Spannungen in amorphen SiO_2-Schichten auf Silicium, die in [125] durchgeführt sind, zeigen in bis auf

Zimmertemperatur abgekühlten Schichten Spannungen bis zu 10^{11} N/m², was linearen Deformationen von $\varepsilon \cong 2\%$ entspricht. Noch nach wiederholtem Erhitzen der Schicht auf eine Temperatur, die höher als ihre Herstellungstemperatur liegt, verbleibt die Schicht unter dem Einfluß von mechanischen Restspannungen. Die Inhomogenität des Spannungsfeldes in einer amorphen Siliciumdioxidschicht auf Silicium kann zu einer Spannungskonzentration in einzelnen Gebieten führen, die ein Anwachsen der elastischen Energie γ_i bis auf den Wert von W ermöglicht.

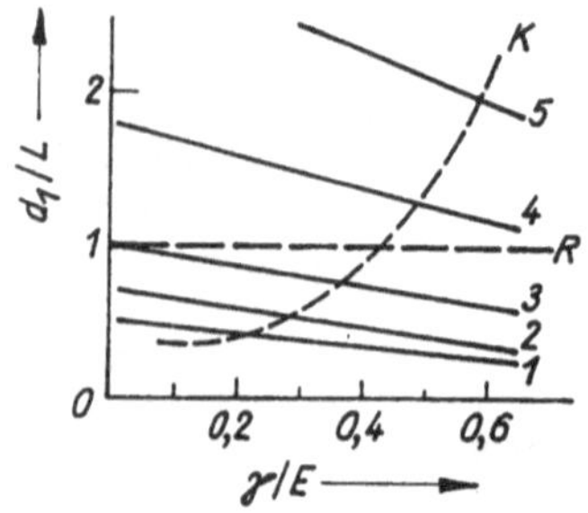

Abb. 1.26. Berechnete Abhängigkeit der relativen Breite d_1/L benachbarter Gebiete vom Energieverhältnis γ/E innerer Spannungen in amorphen und kristallinen Teilen einer Schicht. Die Kurven entsprechen folgenden Werten von W/E im amorphen Teil: 0 (1); 0,1 (2); 0,2 (3); 0,4 (4); 0,35 (5); die Linie K markiert den Abbruch der Kristallisation; R stellt die Grenze zwischen dem Fall der Vergrößerung und dem der Verkleinerung der Zonen dar

Nach (1.9) berechnete charakteristische Verläufe von d_1/L für verschiedene Werte von γ_0 und γ_1 sind für $W = 0{,}4E$ und $\beta_0 = 0{,}5$ in Abb. 1.26 dargestellt. Die Kurve K grenzt den Bereich mit $\gamma_0 \leqq \gamma_1 + 0{,}2$ ab, was der Bedingung $B_0 \geqq 1$ für den Abbruch der Kristallisation gleichkommt. Die Linie R entspricht dem Bereich von Bedingungen, bei denen ein benachbartes ringförmiges Kristallisationsgebiet beginnt, breiter als das Ausgangsgebiet zu werden ($d_1/L > 1$), und sich sternförmige Strukturen bilden (s. Abb. 1.25a)).

Für den Fall sich abwechselnd vergrößernder und verkleinernder Gebiete (s. Abb. 1.25b), c)) folgt aus der Energiegleichgewichtsbedingung nach Kürzung mit $2\pi h$

$$d_{i+1}(L_i + d_i + d_{i+1}/2)\,(W - \gamma_{i+1}) = d_i(E + \gamma_{i+1} - \gamma_i)\,(L_i + d_i/2)\,\beta_i\,, \qquad (1.10)$$

wobei L_i der Radius des i-ten Ringes ist. Durch Einführung der Bezeichnungen $l_i = L_i/d_i$ und $B_i = \beta_i(E + \gamma_{i+1} - \gamma_i)\,(W - \gamma_{i+1})$ geht (1.10) in folgende

Gleichung für d_{i+1}/d_i über:

$$(d_{i+1}/d_i)^2 + 2(d_{i+1}/d_i)(l_i + 1) - B_i(2l_i + 1) = 0. \tag{1.11}$$

Für $B_i \geqq 1$ erhalten wir

$$d_{i+1}/d_i = [(l_i + 1)^2 + (2l_i + 1) B_i]^{1/2} - (l_i + 1). \tag{1.12}$$

Dieses Verhältnis nimmt seinen kleinsten Wert bei $B_i = 1$, d. h. vor dem Abbruch der Kristallisation, an:

$$d_{i+1}/d_i \cong 1 - \frac{1}{l_i + 2}. \tag{1.13}$$

Aus der Lösung (1.12) bestimmen wir die Bedingung, unter der sich die Breite nachfolgender Ringe zu verringern beginnt, d. h. $d_{i+1}/d_i \leqq 1$:

$$1 \leqq B_i \leqq 1 + (l_i + 0{,}5)^{-1}. \tag{1.14}$$

Wenn sich zu Beginn der Kristallisation für große Werte von B_i (kleine l_i) ein Ring bildet, der breiter als die vorangegangenen Nachbargebiete ist, so verringert sich mit Vergrößerung des Zonenradius vor dem Abbruch der Schockkristallisation entsprechend der Bedingung (1.14) die Breite der Ringe, bis der Wert $B_i = 1$ erreicht ist. Eine allgemeine Verringerung der Ringbreite im Endstadium der Kristallisation macht sich besonders bei einer großen Anzahl von Teilstücken (10 bis 15) bemerkbar; der Verkleinerungskoeffizient kann jedoch entsprechend (1.13), z. B. für $l_i = 10$, nicht kleiner als 0,92 sein, was die ähnlichen Ausmaße benachbarter Ringe erklärt. Bei $l_i > 30$ beträgt diese Verkleinerung nicht weniger als 0,97, d. h., die Ringe besitzen fast dieselbe Breite.

Eine Untersuchung der Germaniumkristallisation [123] zeigte die Möglichkeit einer Zunahme der Größe β_i durch Begradigung der Kristallisationsfront, wonach sich durch Erhöhung von B_i die Zone der Schockkristallisation vergrößert. Zweifellos verringert sich jedoch mit zunehmender Entfernung vom Kristallisationszentrum die Energie der inneren Spannungen der Schicht; die zugeführte Wärmeenergie reicht für die Aufrechterhaltung des Kristallisationsprozesses der Schicht nicht mehr aus, und die Schockkristallisation hört auf.

Die Bildung von Nahtstücken zwischen den kristallinen Ringen kann man durch den gleichzeitigen Ablauf dreier Prozesse, d. h. der Kristallisation, der Energieübertragung an einen Nachbarbereich und der Relaxation elastischer Spannungen im Nachbarbereich erklären. Die Kristallisationsfront verschiebt sich mit der Geschwindigkeit der Wärmeleitung, während sich das elastische

Spannungsfeld in der Schicht mit Schallgeschwindigkeit abbaut. Eine Beseitigung von mechanischen Spannungen vor der Front der Kristallisation könnte ihren zeitweiligen Abbruch bis zum Aufstau der Wärme in benachbarten deformierten Bereichen der Schicht hervorrufen. Eine Verkleinerung des Bereiches der Schockkristallisation und ihr Abbruch wurde auch beim Tempern einer amorphen Germaniumschicht beobachtet [125, 126]. Der Kristallisationsprozeß selber trägt zur Beseitigung elastischer Spannungen vor der Front bei, was die Schockkristallisation auch beenden kann.

Bei der Kristallisation von Siliciumoxinitrid kann möglicherweise Sauerstoff aus dem Entstehungsgebiet von α-Nitrid austreten. Wenn in amorphen Schichten, die sich in ihrer Zusammensetzung nicht von kristallinen unterscheiden, kristalline Gebiete in Form von Sphäroliten wachsen, so führen Verunreinigungen anscheinend zu Nähten und einem Aufreißen der Ringe.

Durch Berücksichtigung der Kristallisationszeit eines Teilgebietes, der Zeit der Wärmeabgabe dieses Gebietes und des Abbruchs am Zonenrand kann man die Verschiebungsgeschwindigkeit der Kristallisationsfront genauer bestimmen. Frühere Berechnungen von Schockkristallisationsgeschwindigkeiten in Siliciumdioxid- und Siliciumoxinitridschichten mit Hilfe der „Diffusionskonstante“ $\varkappa$ der Temperaturfront nach der Beziehung

$$v = \varkappa/d + K/c\varrho d, \tag{1.15}$$

in der K die Wärmeleitfähigkeit bedeutet, bezogen sich auf Schichten ohne Nähte (s. Abb. 1.25a)) oder auf einzelne Teilbereiche. Für SiO_2 und SiON wurden aus den Werten für die spezifische Wärmekapazität c (1,25 und 0,71 J/g · K), die Dichte ϱ (2,22 und 3,12 g/cm^3) und $\varkappa$ (0,0045 und 0,13 cm^2/s) Kristallisationsgeschwindigkeiten von 20 bis 200 cm/s bestimmt. Die effektive Kristallisationsgeschwindigkeit erweist sich als kleiner, übertrifft jedoch die Geschwindigkeit der normalen Kristallisation um einige Größenordnungen.

1.8. Zum Einfluß der Ionenimplantation auf die Struktur des thermischen Siliciumdioxids[20])

Siliciumdioxid dient als Maske, durch deren Öffnungen in bestimmte Bereiche der freien Siliciumoberfläche zwecks Herstellung von p-n-Übergängen Dotierungen eingeführt werden, und zwar durch Diffusion oder Ionenbeschuß der mit einer Maskierungsschicht bedeckten Probe. Im Fall der Diffusion ist im wesentlichen alles klar; sie wird in einer oxydierenden Atmosphäre oder aus

[20]) Die Experimente wurden gemeinsam mit P. E. Kandyboj und Z. V. Panovoj durchgeführt.

Oxiden heraus, die die Dotanten enthalten, durchgeführt. Nach der Diffusion ätzt bzw. löst man das unnütz gewordene dotierte Oxid ab (auf Probleme, die entstehen, wenn im Oxid Kristalle existieren, ist in Abschn. 1.1. hingewiesen). Das thermische Oxid muß dabei erhalten bleiben, erfüllt es doch Schutzfunktionen für *p-n*-Übergänge an der Scheibenoberfläche und realisiert die Isolation von Quelle und Senke bzw. Gate in MIS-Strukturen. (Zur Vermeidung einer Kristallisation im Oxid vgl. Abschn. 1.6.)

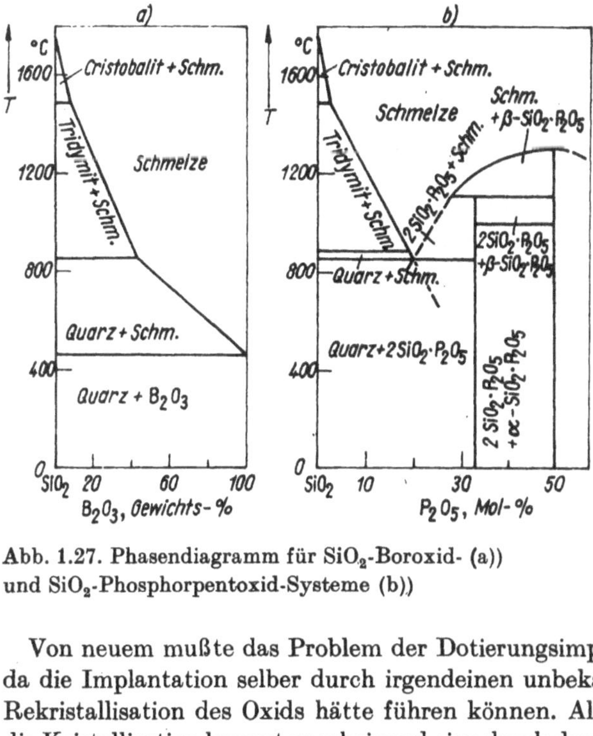

Abb. 1.27. Phasendiagramm für SiO_2-Boroxid- (a)) und SiO_2-Phosphorpentoxid-Systeme (b))

Von neuem mußte das Problem der Dotierungsimplantation gelöst werden, da die Implantation selber durch irgendeinen unbekannten Mechanismus zur Rekristallisation des Oxids hätte führen können. Als einzige Möglichkeit für die Kristallisation kommt anscheinend eine durch den Teilchenbeschuß hervorgerufene Erhitzung des implantierten Oxids bis zum Aufschmelzen mit anschließender Kristallisation entsprechend dem Phasendiagramm für das System SiO_2-Dotierungsoxid in Frage. In Abb. 1.27 sind Phasendiagramme dargestellt, aus denen ersichtlich ist, daß zum Schmelzen entsprechender Eutektika genügt, daß in einem Bereich des Oxids ein großer Überschuß an B_2O_3 oder P_2O_5 vorliegt und die Kristallisation im Intervall von 400 bis 900 °C vonstatten gehen kann. Für die Realisierung einer Kristallisation müssen die lokalen Überschüsse jedoch einige zehn Prozent erreichen.

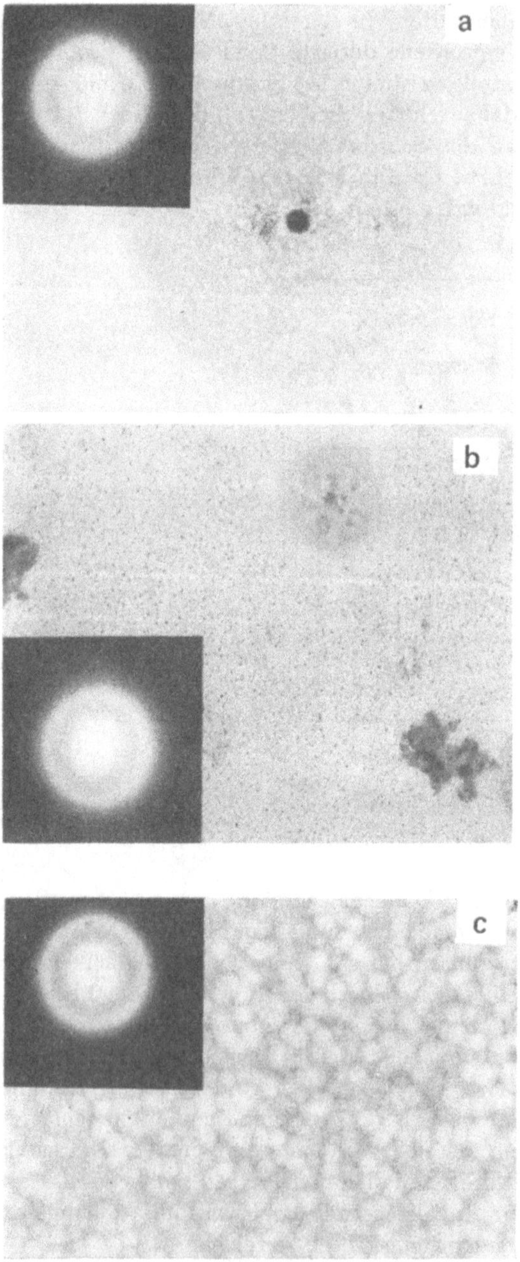

Abb. 1.28. Mikrostruktur von bor- (a), phosphor- (b) und arsenimplantierten (c) Siliciumdioxidschichten nach Temperung bei 700 °C, 12000fach vergrößert, TEM und Mikrodiffraktion

Die Autoren von [128—130] schließen diese Möglichkeit nicht aus (wir weisen jedoch nochmals darauf hin, daß in [128] das Oxid auf Kochsalz abgeschieden worden ist, was die Kristallisation fördert). Gleichzeitig mit den Autoren [129, 130] haben wir eine starke (mehrere hundert Grad betragende) Erhitzung bei der Implantation von Silicium mit Ionen einer Energie der Ordnung 10 bis 100 keV beobachtet (siehe Abschn. 2.5.).

Somit war es nötig, die Struktur nach dem jeweiligen Implantationsexperiment zu überprüfen. Es wurden einige Versuchsserien durchgeführt.

Serie 1: Borimplantation bei 100 kV mit einer Dosis von $1{,}5 \cdot 10^{17}\ \mathrm{cm}^{-2}$. Nach dem Beschuß wurde bei 300 bis 900 °C in Luft, in getrocknetem Stickstoff und Sauerstoff getempert. Die Dicke des Siliciumdioxids betrug 0,65 μm.

Serie 2: Phosphorimplantation bei 20 bis 40 kV mit einer Dosis von $2{,}5 \cdot 10^{16}$ bis $2 \cdot 10^{17}\ \mathrm{cm}^{-2}$. Nach dem Beschuß wurde eine Temperung bei 300 bis 950 °C in verschiedenen Medien durchgeführt. In einer der Varianten wurde auch der Einfluß der Zeit, die von der Beendigung des Ionenbeschusses bis zum Beginn des Temperns vergeht, auf die Struktur der Schichten untersucht.

Serie 3: Arsenimplantation unter denselben Bedingungen, unter anderem in ein Substrat, das bis auf 300 °C erwärmt wurde.

Die Ergebnisse der Analyse aller Serien waren ähnlich: in keiner einzigen Probe wurden kristalline Gebilde entdeckt. Alle Schichten blieben amorph. Dennoch traten Defekte in den Schichten auf. Sie bestanden aus Inhomogenitäten in der Zusammensetzung sowie Dichte und hatten die Form von Pseudokristallen (Scheiben, Nadeln).

Abb. 1.28 zeigt mikrophotographische TEM-Bilder von defekten Schichten mit verschiedenen Defektformen, und zum Vergleich sind die Mikrobeugungsdiagramme der Defekte, die deren nichtkristallinen Aufbau ausweisen, mit angegeben.

Es ist jedoch noch anzumerken, daß bor- und in stärkerem Maße phosphorimplantierte Gläser dennoch eine Rekonstruktion aufwiesen und der Ordnungsgrad in ihnen zunahm. Er war am größten bei Proben, die mit Phosphorionen einer Energie von 40 keV beschossen und bei 700 bis 950 °C getempert worden sind.

1.9. Mechanische Spannungen in MOS- und MNOS-Strukturen auf Silicium

Im Herstellungsprozeß eines MIS-Transistors ändert sich häufig die Temperatur der entsprechenden Struktur: Kaltes Silicium wird auf 1000 bis 1200 °C erhitzt und bei diesen Temperaturen oxydiert; danach wird die nunmehr vorhandene Zweischichtstruktur (Schicht-Substrat) auf Zimmertemperatur abgekühlt, bei der man die Photolithographie am Oxid durchführt; danach wird das zweischichtige Zwischenprodukt mit Diffusionsöffnungen in der Schicht erneut erhitzt usw.

Die Größenordnung der Restspannungen in der Struktur (sie sind hauptsächlich in der Schicht und an der Siliciumoberfläche lokalisiert) beträgt

$$\sigma \approx \varepsilon E \approx \Delta T \cdot \Delta\alpha \cdot E \approx 10^3\,\mathrm{K} \cdot 10^{-6}\,\mathrm{K}^{-1} \cdot 10^{11}\,\mathrm{N\,m}^{-2} = 10^8\,\mathrm{Nm}^{-2}, \tag{1.16}$$

wie in einer großen Anzahl von Arbeiten festgestellt worden ist (α ist der thermische Ausdehnungskoeffizient).[21]) Da das Oxid einen kleineren α-Wert besitzt als Silicium, übt das nach Abkühlung sich stärker zusammenziehende Silicium auch eine komprimierende Wirkung auf das Oxid aus, während es selbst in einem gedehnten Zustand verbleibt, da das Oxid seine Kontraktion behindert (in [131] ist gezeigt, daß dabei die absolute Größe der Deformationsspannungen im SiO_2 mit der Oxiddicke zunimmt und etwa $3 \cdot 10^8\,\mathrm{N/m^2}$ beträgt; aus Röntgenbeugungsbefunden über die Veränderung der Elementarzellenparameter von Silicium an der Oberfläche ist bereits eine analoge Größe ermittelt worden [132]).

Verständlicherweise haben diese großen Restspannungen unter den Fachleuten für MIS-Transistoren eine gewisse Beunruhigung hervorgerufen, weil dadurch die charakteristischen Bauelementparameter auf folgende Weise beeinflußt werden können: a) Veränderung der Breite der verbotenen Zone von Silicium und daraus folgend eine Reihe von Nebeneffekten (Veränderung der elektronischen Austrittsarbeit und dadurch Änderung der Schwellspannung usw.); b) Veränderung der effektiven Schichtdicke des Isolators und dadurch der Kapazität sowie aller mit ihr verknüpften Parameter, darunter auch der Schwellspannung. Es sind auch andere Auswirkungen der mechanischen Spannung möglich, u. a. die Veränderung der Dichte von Oberflächenzuständen (wie in [133] angenommen). Über den Einfluß der Schichtdicke des Isolators und mit ihr verknüpfter Spannungen ist in [134] anhand der C-V-Charakteri-

---

[21]) Wahrscheinlich sind Restspannungen einer Größenordnung $10^8\,\mathrm{N/m^2}$ als Maximalwert anzusehen. Bei ihrer Bestimmung blieb die Möglichkeit einer gewissen Relaxation, z. B. einer plastischen (die um so vollständiger ist, je langsamer die Abkühlung von hohen Temperaturen erfolgt), vollkommen unberücksichtigt. Außerdem muß der Spannungsverlauf in dem Spannungs-Dehnungs-System offensichtlich auch den Wert $\sigma = 0$ enthalten (wie auch in [132] gezeigt ist). Unter Berücksichtigung dieser und anderer Fakten scheint der Wert von $10^7\,\mathrm{N/m^2}$, der in der Monographie [1], S. 151, angegeben ist, nicht unrealistisch zu sein.

stik einer MOS-Struktur berichtet. Andererseits ist in [135] von einer schwachen Auswirkung der Deformation durch das Oxid auf das Energiespektrum des Siliciums die Rede.

Es war also ein Experiment über die Deformation eines MIS-Systems nötig, das nicht durch die technologischen Besonderheiten bei der Herstellung einer MIS-Probe erschwert war. In diesem Experiment sollte in einer bereits gefertigten MIS-Struktur eine starke Deformation erzeugt werden [136].

Da der Einfluß von Restspannungen auf das elektrostatische Oberflächenpotential von erstrangiger Bedeutung für die Charakteristik (z. B. für die Durchbruchspannung) von MOS-Strukturen ist, sind Experimente zur Verformung einer Isolatorschicht auf der Oberfläche von Silicium in einer speziellen Vorrichtung durchgeführt worden, mit der Spannungen von der Größe thermischer Spannungen erzielt und leicht gemessen werden konnten.

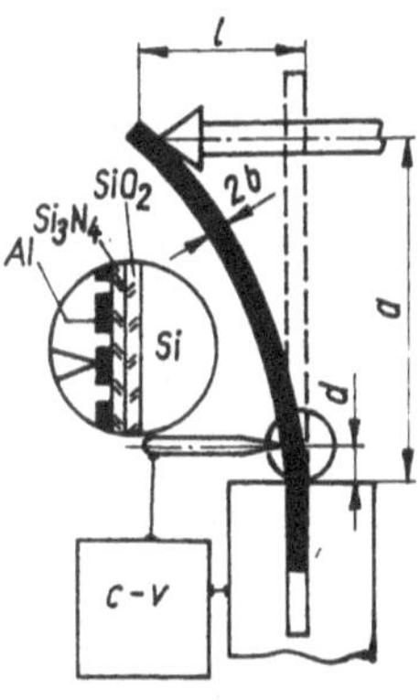

Abb. 1.29. Deformationsanordnung für MIS-Strukturen [136]

Abb. 1.29 zeigt eine schematische Darstellung der Deformation einer Siliciumscheibe mit einer darauf befindlichen Isolatorschicht und metallischen Kontakten. Die Deformation der Scheibe wird durch eine Mikrometerschraube realisiert. Der Kontakt über die Metallelektroden wurde in den Bereich maximaler mechanischer Spannungen gelegt. Die Größe der Deformation in einem beliebigen Punkt der Oberfläche bestimmt sich nach der bekannten Beziehung

$$\varepsilon = bl(a - d)/a^3, \tag{1.17}$$

wobei a, b, d und l die in Abb. 1.29 dargestellten Maße sind.

Der Deformationsgradient senkrecht zur Isolatorschicht betrug $\approx 10^{-6}\ \mu m^{-1}$, und der Maximalwert der Deformation war von der Größenordnung 10^{-4}, was maximalen Dehnungs- bzw. Kompressionsspannungen der Größenordnung

10^7 N/m^2 entsprach. Das von uns angewandte Spannungsintervall betrug 0,1 bis 0,8 · 10^7 N/m^2. Durch die Erzeugung eines zuverlässigen elektrischen Kontaktes wurden Anfangsdeformationen der Scheibe notwendig, die Spannungen bis zu 0,1 · 10^7 N/m^2 entsprachen, so daß die Messung im wesentlichen nicht bei beliebig kleinen Spannungen begann. Die höchsten Spannungen lagen in der Nähe der Belastungsgrenze der vorliegenden Struktur.

Die hier beschriebene Art der Deformation kommt der in realen MIS-Strukturen beobachteten thermischen Deformation des Isolators am nächsten. (Gewöhnlich wölbt sich eine abgekühlte Siliciumscheibe, die mit einer Isolatorschicht bedeckt ist, zum seinerseits gedehnten Isolator hin.) Der Spannungszustand realer Strukturen ist dennoch komplizierter, da er ein anderes Vorzeichen der Deformation aufweist.

Die Messung der C-V-Charakteristik wurde nach einem Standardverfahren bei Frequenzen von 0,8 bis 1 MHz durchgeführt. Alle untersuchten Strukturen sind aus {111}-orientiertem n- und p-Silicium mit einem spezifischen Widerstand von 7,5 und 4,5 Ωcm erhalten worden. Es wurden folgende Schichtvarianten untersucht: I. SiO_2, das durch trockene Oxydation von Silicium erhalten worden ist; II. $SiO_2-Si_3N_4$; III. SiO_2 (5,0 nm) + Si_3N_4; IV. Si_3N_4.

Die Ergebnisse sind in Abb. 1.30 dargestellt und können wie folgt zusammengefaßt werden:

1. Für die Varianten II bis IV wurden keine Veränderungen der C-V-Kurven bei Deformation festgestellt.

2. Bei Druckdeformation des Isolators vom Typ I ist bei Spannungen von 0,3 bis 0,8 · 10^{11} N/m^2 eine Verschiebung der C-V-Kurve um 0,5 bis 1,5 V zu negativen Vorspannungen hin zu beobachten, was einer Veränderung der Zahl der Oberflächenzustände auf 2 · 10^{11} cm^{-2} entspricht. Die Größe der Verschiebung hängt nicht vom Typ des Siliciums ab. Nach Beendigung der Deformation nimmt die C-V-Kurve nicht wieder ihre Ausgangsform an.

3. Eine Erniedrigung der Meßfrequenz auf 0,1 MHz führt zu keiner prinzipiellen Veränderung der Ergebnisse.

In [137] ist eine Hypothese formuliert über den Stabilisierungsmechanismus der C-V-Charakteristik einer unter Temperatur- und elektrischer Feldbelastung stehenden MIS-Struktur mit isolierender Doppelschicht, wenn als Ursache der Instabilität leichtbewegliche Natriumionen auftreten. Es ist anzunehmen, daß die Ursache für die Verschiebung der C-V-Kurven unserer Proben (mit einer Siliciumdioxidschicht) in einer Verschiebung positiver Ladungen (der Natriumionen) im Feldgradienten der mechanischen Deformation, d. h. in einer zur $Si-SiO_2$-Grenze normalen Richtung, besteht. Aus entsprechenden experimentellen Bedingungen folgt unter Verwendung der bekannten Werte

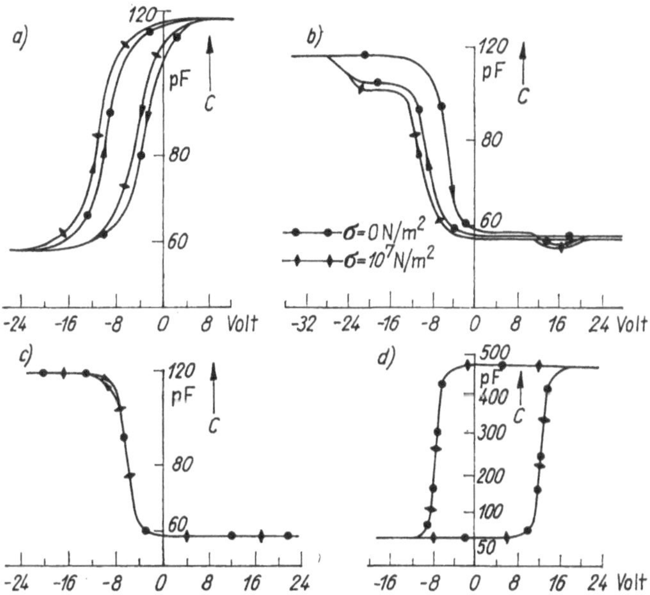

Abb. 1.30. Experimentelle *C-V*-Kurven; a) Schichtvariante I, Kompression, *n*-Si; b) Variante II, Kompression, *p*-Si; c) Variante III, Dehnung, *p*-Si; d) Variante IV, Dehnung, *n*-Si

für den Diffusionskoeffizienten von Na^+ in SiO_2 bei Zimmertemperatur (s. Abschn. 1.5.) eine Diffusionslänge der Größenordnung 1 bis 100 nm, was qualitativ dem Modell der instabilen MOS-Struktur mit Natrium entspricht: Bei einer Kompression, die an der Oberfläche des Isolators am größten ist und sich in die Tiefe zur Si—SiO_2-Grenze hin verringert, ist eine Drift der Natriumionen in Richtung auf die Si—SiO_2-Interface und ihre Einlagerung in sie möglich. In diesem Fall verschiebt sich die Flachbandspannung infolge der Zunahme der positiven Ladung in der Interface in negative Richtung (s. Abb. 1.30). Ein gewisse Rolle kann auch die Ausdehnung infolge der an der Silicium-Isolator-Grenze lateral verteilten Natriumionen spielen (die Natriumionenbeweglichkeit bei Zimmertemperatur ist in Abschn. 1.5. angegeben). MNOS-Strukturen, in denen eine wirksame Getterung von Natrium durch das Siliciumnitrid stattfindet, weisen keinen derartigen Effekt auf.

Ein verhältnismäßig geringer Einfluß der mechanischen Spannungen auf den Absolutwert der Kapazität des Isolators war vorherzusehen (die Querschnittsdeformation der Isolatorschicht ist von der Größenordnung 0,1%). Bezüglich des Einflusses der Spannungen auf die übrigen MIS-Parameter sind jedoch weitere experimentelle Befunde nötig. Bisher ist klar, daß die Spannungen auf eine völlig ebene MIS-Struktur mit einer Isolatorschicht ohne Öffnungen nur eine schwache Wirkung besitzen (wobei noch die Arbeit [138] zu erwähnen ist). Am Rande eines Fensters ist die Spannungskonzentration jedoch groß. Sie induziert in diesem Gebiet die Erzeugung von Versetzungen. Deshalb kann der Einfluß von Restspannungen auf die Parameter eines solchen Systems nicht vernachlässigt werden. Die Angelegenheit wird dadurch komplizierter, daß in Transistoren mit kurzen (d. h. weniger als 5 bis 10 μm langen) Kanälen, die in integrierten Schaltkreisen immer häufiger Anwendung finden, der gesamte Kanal im Konzentrationsbereich mechanischer Spannungen liegen kann.

Eine Vakanzenbildung im Bereich hoher Spannungen an der $Si-SiO_2$-Grenze ist in der Arbeit [139] betrachtet, während das allgemeine Problem von Spannungen in Schichten, die auf Siliciumschaltkreisen aus der Gasphase abgeschieden werden, in einem der letzten Übersichtsartikel [140] behandelt wird.

1.10. Wechselwirkung von SiO_2 mit metallischen Schichten, die in integrierten Schaltkreisen als Leitbahnen dienen

Eine allgemeine Analyse aktueller Fragen der Mikroelektronik hat als wesentliches Problem bei der Herstellung zuverlässiger Schaltkreise aufgezeigt, daß die Kenntnisse über den physikalischen Aufbau einer weiteren Interface, nämlich der Metall-Isolator-Interface, ungenügend sind [154]. Die Notwendigkeit, die MI-Grenze zu untersuchen, ergibt sich u. a. aus folgenden Möglichkeiten: a) Unzuverlässigkeit des elektrischen Kontaktes mit Elementen eines Schaltkreises unmittelbar nach der Schaltkreisherstellung; b) Veränderungen, die während des Einsatzes des Schaltkreises an der MI-Grenze allmählich ablaufen und die eine ununterbrochene Veränderung in den Kenndaten bis zum Ausfall des Schaltkreises zur Folge haben.

Die verbreitetste Form der Metallisierung von integrierten Schaltkreisen ist heute die durch Aluminiumschichten. Sie sind billig, technologisch günstig und bilden einen ausgezeichneten ohmschen Kontakt mit Silicium, obwohl sie gleichzeitig nicht völlig beständig sind, leicht schmelzen und mit Siliciumdioxid, auf dem sie sich in einem Schaltkreis befinden, wechselwirken (über Vorzüge und Nachteile von Aluminium in integrierten Schaltkreisen siehe [141]). Den letztgenannten Umstand schließen wir ebenfalls in die Betrachtung ein.[22])

---

[22]) Außer der genannten Wechselwirkung ist auch die Reaktion von Aluminium mit Gold und anderen Materialien zu berücksichtigen (Golddrähte sind beständiger und bilden die äußere Verdrahtung).

Wir führen einige thermodynamische Daten an, die für die Fähigkeit von Aluminium, aus dem kontaktierten Material Sauerstoff zu lösen, sprechen [142].

Freie Energie der Oxidbildung (10^6 J/kmol)

	bei 1000 K	bei 298 K
Al_2O_3	1407	1580
SiO_2	691	806
MoO_2	389	505

Standardwärme der Oxidbildung (298 K, 10^6 J/kmol)

Al_2O_3	1676
SiO_2	858
MoO_2	590

Wie ersichtlich, kann Aluminium Siliciumdioxid reduzieren, wobei es selber oxydiert, da seine Affinität zu Sauerstoff größer als die des Silicium ist.[23]) Der Reaktion von Aluminium und Gold mit Sauerstoff und Siliciumdioxid in integrierten Schaltkreisen ist eine Reihe von Arbeiten gewidmet [143—148], in denen die physikalische Seite der Wechselwirkung analysiert wird; außerdem existieren Ergebnisse [149—151], in denen sich die Unzuverlässigkeit der Aluminiummetallisierung im Ausfall von Schaltkreisen widerspiegelt. In [151] wird eine Temperaturfunktion für die Zeit von der Schaltkreisherstellung bis zu seinem Ausfall angegeben; es ist eine Exponentialfunktion mit einer Aktivierungsenergie von 1 bis 1,3 eV für den Mechanismus der Ladungsakkumulation in der SiO_2-Schicht, von 0,5 bis 1,2 eV für den Elektromigrationsmechanismus des Materials und weiterer Ausfälle der Aluminiumkontakte, von 1 bis 1,05 eV für die Bildung von intermetallischen Aluminium-Gold-Verbindungen und von 0,3 eV für die Degradation von GaAsP (Leuchtdioden), die mit der Abscheidung von Kupfer an Versetzungen zusammenhängt.

Die Aluminiumkorrosion von Schaltkreisen durch Wasserdampf oder bei der Wechselwirkung mit Polymeren wird in den Arbeiten [152, 153] diskutiert.

Bis zum Jahre 1974 haben sich in der Literatur Hinweise angesammelt, die nicht nur eine Reaktion von Aluminium mit Siliciumdioxid und Siliciummonoxid (für das die Standardbildungswärme nach [142] bei 298 K einen Wert von $438 \cdot 10^6$ J/kmol besitzt) ausweisen, sondern auch eine Analyse der

[23]) Das ist Metallurgen gut bekannt: Durch Aluminium desoxydiert man flüssigen Stahl, um aus ihm vor dem Gießen Reste von gelöstem Sauerstoff noch nach der im Verlauf des Schmelzens stattgefundenen Desoxydation durch schwache Desoxydationsmittel, wie Mangan und Silicium, zu entfernen.

Reaktionsprodukte zulassen, allerdings nur für die Systeme Al—SiO und flüssiges Al—SiO_2 [155—158]. In [155] wird als Energie für die Reduktion von SiO_2 durch flüssiges Aluminium (71 ± 17) kJ/mol angegeben. Nach Angaben von [159] beträgt die Energie zur Reduktion von SiO_2 durch eine feste Aluminiumschicht bei 450 bis 550 °C ungefähr 218 kJ/mol. Mc Carthy [159] beobachtete ebenfalls einen interessanten Effekt, der einem eutektischen Schmelzen eines Gemisches aus Silicium und Aluminium ähnlich ist. Er beobachtete Aluminiumtröpfchen bei Temperaturen, die um fast 100 °C niedriger als der Schmelzpunkt des Eutektikums Al—Si (577 °C) lagen. Mc Carthy erklärte die Tröpfchenbildung durch einen lokalen Wärmeüberschuß infolge der Reduktionsreaktion $SiO_2 + Al \rightarrow Si + Al_2O_3$, die — wie bekannt ist (und wie aus den oben angegebenen Energieverhältnissen folgt) — exotherm verläuft.

Die Aufgabe unserer eigenen Untersuchungen bestand darin, die mögliche Wechselwirkung von Aluminiumschichten mit einem Siliciumdioxidsubstrat nach der Reaktionsgleichung

$$4\,Al + 3\,SiO_2 \rightarrow 2\,Al_2O_3 + Si(Al) \tag{1.18}$$

zu überprüfen, da in [155] eine große Wahrscheinlichkeit eines anderen Reaktionsablaufes der SiO_2-Reduktion vermutet wird, nämlich der Reaktion

$$4\,Al + SiO_2 \rightarrow 2\,Al_2O + Si, \tag{1.19}$$

in deren Ergebnis gasförmiges Aluminiumoxid entsteht. Wir sehen, daß sich der Isolator im ersten Fall praktisch bis zu einer leitenden Phase reduziert, nämlich zu einer festen Lösung von Aluminium in Silicium; im zweiten Fall verschwindet der Isolator gewissermaßen.

Wir haben die oben genannten Wechselwirkungen anhand von Si—SiO_2—Al-Proben in einem Vakuum von $6{,}7 \cdot 10^{-4}$ Pa untersucht. Die Aluminiumschichten wurden bei einem Druck von $6{,}7 \cdot 10^{-5}$ Pa auf das oxydierte Silicium aufgedampft. Ihre Dicke hatte Werte von 40 bis 480 nm. Die Substrattemperatur betrug während des Abscheidevorganges 130 °C. Eine Vakuumtemperung wurde bei 400 bis 600 °C durchgeführt, d. h. bei einer Temperatur, bei der man im realen technologischen Prozeß auf dem Silicium Aluminiumkontakte anbringt[24]); der übrige Teil des Aluminiums befindet sich dann auf SiO_2.

[24]) Damit zwischen Aluminium und Silicium ein zuverlässiger Kontakt entsteht, tempert man das System bei 450 bis 550 °C trockenem Stickstoff oder anderen Schutzgasen. Auf diese Weise läuft offensichtlich keinerlei Oxydation ab, jedoch das „Einbrennen" der Kontakte (eine nicht sonderlich geeignete, aber übliche Bezeichnung) unter Reduktion der dünnen Siliciumdioxidschicht, die immer ein in Luft aufbewahrtes Siliciumsubstrat bedeckt (bis 5 nm), durch das beim Erhitzen die Reaktion auslösende Aluminium.

Wir haben die Wechselwirkung von Aluminium mit Siliciumdioxid auf zweierlei Weise untersucht [160], elektrochemisch [161] und elektronenmikroskopisch. Im zweiten Fall sind wir davon ausgegangen, daß mit Hilfe der Mikrodiffraktion eine Identifizierung der Phasen vorgenommen werden kann.

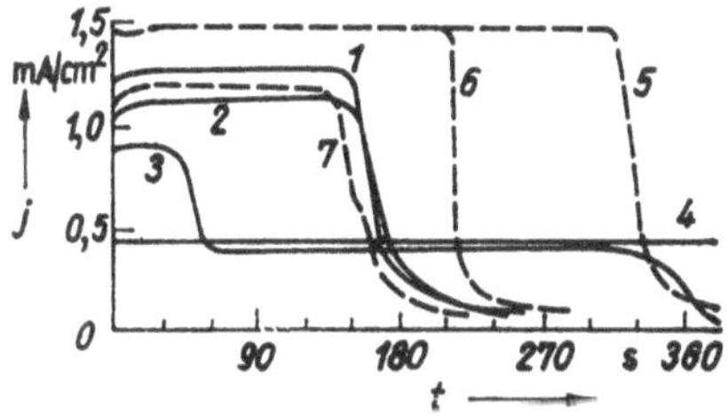

Abb. 1.31. Strom-Zeit-Verhalten einer anodischen Lösung für ein Si-SiO_2-System; 1, 5 — Ausgangsproben; 2, 6 — nach isothermer Behandlung bei 600 °C, 130 min; 3, 7 — dasselbe, 240 min; 4 — Lösung einer Vergleichsschicht aus Silicium, die durch Sputtern im Vakuum hergestellt worden war

Bei Wechselwirkungen des betrachteten Typs können die Ausgangs- und Endprodukte ein Gemisch bilden. Das elektrochemische Potential eines solchen Gemisches hängt auf komplizierte Weise von seiner Zusammensetzung ab und stellt sich in Abhängigkeit von der Konzentration anderer Komponenten auf das Potentialniveau des negativeren Bestandteils ein (in diesem Fall auf das Niveau des Aluminiumpotentials). Das kann zu einem wesentlichen Fehler bei der quantitativen Untersuchung der Wechselwirkungskinetik führen. Für eine richtige Bestimmung der Aluminiummenge, die für die Wechselwirkung mit SiO_2 aufgewendet wird, und der Mengen der Reaktionsendprodukte ist es notwendig, die das Gemisch bildenden Komponenten zu trennen (insbesondere die Komponenten, die bei einer elektrochemischen Lösung einen Ladungsbeitrag liefern). Mit diesem Ziel wurden zwei Elektrolyte, *A* und *B*, benutzt. Der Elektrolyt *A* löste sowohl die Ausgangs- als auch die Endphasen, der Elektrolyt *B* jedoch nur Aluminium.[25]) Das Strom-Zeit-Verhalten einer anodischen Lösung für das betrachtete System im Elektrolyten *A* bis zu und nach einer isothermen Erwärmung ist in Abb. 1.31 gezeigt. Zu Beginn der Erwärmung besteht die Strom-Zeit-Kurve des Systems Al—SiO_2 aus einem einzigen Zweig. Die Oxide lösen sich chemisch und ergeben keinen Strombeitrag. Bei

[25]) Zusammensetzung der Lösungen: A — 3 g KHF_2 + 3 g $Al_2(SO_4)_3$ + 4 ml H_2SO_4 + 90 ml H_2O; B — 3%-ige wäßrige KOH-Lösung.

weiterem Erwärmen erscheint im Strom-Zeit-Diagramm ein zweiter Bereich, auf dem die Stromstärke sich dem Strom einer anodischen Lösung einer Siliciumschicht annähert. Nach dem Erscheinen des zweiten Gebietes unterscheidet sich die Strom-Zeit-Kurve in ihrem Aussehen nicht mehr von der des Zweischichtsystems Al—Si. Diese Ergebnisse lassen den Schluß zu, daß der zweite Bereich im Strom-Zeit-Verhalten mit der anodischen Auflösung von freiem Silicium verbunden ist, das bei der Wechselwirkung von Al mit SiO_2 entsteht.

Auf der Grundlage der in Abb. 1.31 dargestellten Ergebnisse wurde die Abhängigkeit der Ladung Q_0, die zur Al—SiO_2-Auflösung in den Elektrolyten A und B aufgewendet wurde, von der Dauer der isothermen Behandlung ermittelt. Hieraus wurde die effektive Dicke d_1 der mit dem SiO_2 reagierenden Aluminiumschicht nach dem Ausdruck $d_1 = \alpha_B \cdot \Delta Q_B$ bestimmt, in dem ΔQ_B der Ladungsunterschied für die Lösung des Dünnschichtsystems bis zur und nach der Erwärmung ist.

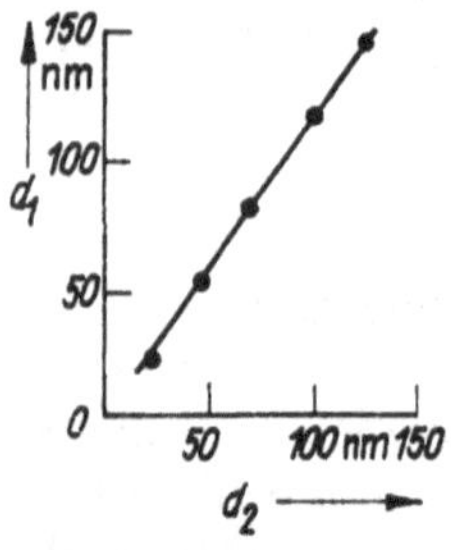

Abb. 1.32. Abhängigkeit der effektiven Dicke von reagierendem Aluminium (d_1) und von abgelöstem Silicium (d_2) bei 600 °C; Gerade — berechnet, Punkte — experimentell

Der Ladung Q_B für die Lösung einer Aluminiumschicht im Elektrolyten B ist eine Ladung $Q_A = \alpha_B Q_B/\alpha_A$ für die Lösung einer Aluminiumschicht derselben Dicke im Elektrolyten A äquivalent (α_B und α_A sind Proportionalitätskoeffizienten zwischen der Aluminiumschichtdicke und der Ladung, die zu ihrer Lösung in den Elektrolyten B bzw. A nötig ist). Die Dicke der effektiven Schicht des abgetrennten Siliciums ergibt sich aus dem Ausdruck

$$d_2 = \beta(Q_0 - \alpha_B Q_B/\alpha_A), \tag{1.20}$$

in dem β den Proportionalitätsfaktor zwischen der Siliciumschichtdicke und der Ladung darstellt, die zu ihrer Lösung im Elektrolyten A nötig ist. Die Zunahme der Dicke der effektiven Schicht von gelöstem Silicium ist in Abb. 1.32 dargestellt.

Wie aus Abb. 1.31 hervorgeht, tritt auf der Strom-Zeit-Kurve ein zweiter, für die Lösung von freiem Silicium charakteristischer Bereich bei Erwärmungsdauer von mehr als 130 min auf. Aus Abb. 1.32 ist ersichtlich, daß das Verhältnis zwischen abgelöstem Silicium und reagierendem Aluminium der Wechselwirkungsreaktion

$$4\,Al + 3\,SiO_2 \rightarrow 2\,Al_2O_3 + 3\,Si \tag{1.21}$$

entspricht.

Dieser Reaktionsablauf wird auch dadurch bestätigt, daß das Dickenverhältnis der vollständig miteinander reagierenden Al- und SiO_2-Schichten der Gleichung (1.21) genügt. Obwohl also die elektrochemischen Ergebnisse für die Reaktion (1.21) sprechen, ist noch eine direkte Bestimmung der Reaktionsprodukte nötig.

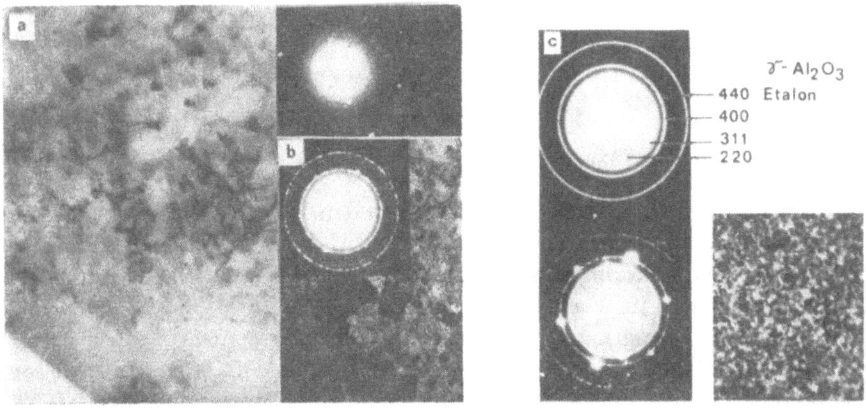

Abb. 1.33. Mikrostruktur des Systems Al—SiO_2 im Ausgangszustand nach der Abscheidung (a), nach dreißigminütigem Tempern bei 600 °C (b) und neunhundertminütigem Tempern bei 500 °C (c), 19200fach vergrößert

Abb. 1.33 zeigt die Mikrostruktur von Schichten nach verschiedenen thermischen Behandlungen, und in Tab. 1.8 sind die Mikrodiffraktionsdaten aufgeführt. Es ist ersichtlich, daß eine gewisse Menge an Polysilicium bereits beim Abscheiden von Al auf SiO_2 entsteht, möglicherweise infolge des Auftreffens des Aluminiums auf das Substrat in Tropfenform. Der Anteil an Polysilicium erhöht sich nach einstündigem Tempern bei 525 °C auf beobachtbare Werte. Bei noch höheren Temperaturen oder längeren Temperzeiten bildet sich die kristalline Phase γ-Al_2O_3 aus, die durch Elektronenbeugung einwandfrei identifizierbar ist.

Tabelle 1.8. Netzebenenabstände in $Al-SiO_2$-Schichten (in nm) [160]

Netzebenenabstände in Vergleichsproben						Experimentelle Ergebnisse			
Al		Si		γ-Al_2O_3		Ausgangsprobe	600 °C, 30 min	600 °C, 180 min	500 °C, 900 min
hkl	*d*	*hkl*	*d*	*hkl*	*d*				
111	0,235	111	0,312	311	0,239	0,235 (Al)	0,334	0,322	0,238 (γ-Al_2O_3)
200	0,202	220	0,191	400	0,198	0,204 (Al)	0,312 (Si)	0,283 (Al)	0,198 (γ-Al_2O_3)
220	0,143	311	0,163	440	0,140	0,192 (Si)	0,284 (Al)	0,164 (Si)	0,141 (γ-Al_2O_3)
311	0,122	400	0,135	–	–	0,143 (Si)	0,235 (Al)	0,138 (Si)	–
222	0,117	331	0,124	–	–	0,121 (Si)	0,191 (Si)	0,122 (Si)	–
400	0,101	422	0,110	–	–	0,117 (Si)	0,164 (Si)	–	–

In der Arbeit [161] ist die Temperaturabhängigkeit der Reaktion $Al-SiO_2$ im Intervall 550 bis 650 °C zu

$$v \sim \exp(-2{,}76\ \mathrm{eV}/kT)\ \mathrm{cm/s} \tag{1.22}$$

bestimmt, aber auch gezeigt, daß Prozesse an den Phasengrenzen die Siliciumdioxidreduktion durch Aluminium begrenzen. Aluminium und SiO_2 treten also bereits bei Temperaturen, die viel niedriger sind als der Schmelzpunkt von Aluminium (660 °C) in Wechselwirkung.

Eine dünne (2,0 nm), durch Reduktion des Oxids entstandene Siliciumschicht wurde auch in einem Experiment am System SiO_2-Al nachgewiesen, das im Verlauf von 5 bis 30 min auf 400 bis 550 °C erwärmt worden ist [162]. Die Bewegungsgeschwindigkeit der Aluminiumfront in das Siliciumdioxid hinein ist – wie auch in [161] gezeigt – durch ein Exponentialgesetz mit einer Aktivierungsenergie von 2,56 eV darstellbar.

Die Reduktion von SiO_2 unter Bildung von Al_2O_3 ist in den Arbeiten [163, 164] abermals bestätigt; außerdem ist ähnlich zu unseren Ergebnissen [161] in [164] gleichzeitig ein Aufreißen der Aluminiumschicht zu Pseudotröpfchen beobachtet worden. Die Bildung von Rissen und Tröpfchen des Aluminiums kann man durch ein Aufschmelzen infolge einer exothermen Reaktion, durch eutektisches Schmelzen oder den bei vielen metallischen Schichten auftretenden Effekt der Bildung von Hillocks (Genaueres in Abschn. 1.12. und Kap. 3.) erklären.

Allein der Nachweis, daß Aluminium und Siliciumdioxid miteinander reagieren, reicht nicht aus. Es ist notwendig, diese Reaktion zu verhindern. In einem Patent [165] wird zu diesem Zweck eine Al_2O_3-Zwischenschicht (die man durch Pyrolyse bei niedrigen Temperaturen abscheiden kann) zwischen Al und SiO_2 vorgeschlagen: Al reagiert nicht mit Al_2O_3. Die Schaltkreisherstellung würde auf diese Weise natürlich einige Operationen (inklusive Photolithographie) mehr enthalten.

Ein weiteres Beispiel für die nachteilige Wechselwirkung zwischen Metall und Isolator treffen wir im System Mo–SiO_2 an. Es wurde mehrfach versucht (und die Versuche gehen weiter), in integrierten Schaltkreisen Molybdän einzusetzen. Seine Hauptanwendung sind selbstjustierende Gates in MIS-Schaltkreisen (über die Selbstjustierung und ihren Vorteil s. Kap. 3.). Hier könnte Molybdän mit den zur Zeit angewandten Polysiliciumschichten konkurrieren, da es eine höhere Leitfähigkeit als Polysilicium besitzt (das verringert nicht nur ohmsche Verluste und den Leistungsaufwand für den Schaltkreis, sondern ermöglicht auch, seine Frequenzgrenze zu erhöhen, da RC abnimmt). Außerdem gestattet Molybdän, Leitbahnen mit einem glatten Rand herzustellen (was eine größere Annäherung der Bahnen und eine Miniaturisierung der Verdrahtung der Schaltkreise ermöglicht), da es schwerer als Silicium schmilzt, viel langsamer rekristallisiert und eine um fast eine Größenordnung geringere Korngröße besitzt. Eine andere Anwendung von Molybdänschichten ergibt sich aus ihrer Wirkung als Haftstelleninseln zwischen ultradünnem SiO_2 und Si_3N_4 in MNOS-Speicherelementen von entsprechenden Schaltkreisen. Gerade diese Perspektiven lassen Molybdän in die Klasse der für mikroelektronische Schaltkreise notwendigen Materialien aufrücken [166–171]. Es ergaben sich jedoch bereits bei den ersten Versuchen, das System Mo–SiO_2 anzuwenden, Probleme; denn Molybdän reagiert mit SiO_2.

Silicide und Oxide von Molybdän sind seit langem bekannt. Die bereits angeführte Bildungswärme von Molybdändioxid weicht nur wenig von der des SiO_2 ab, d. h., eine Wechselwirkung von SiO_2 mit Molybdän ist im allgemeinen nicht ausgeschlossen. Später sind auch Produkte der Reaktion von Molybdän mit Stickstoff, Kohlenstoff, Sauerstoff und Silicium bekannt geworden [172 bis 177]; ein Großteil davon ist jedoch nicht mit Hilfe direkter Strukturuntersuchungsmethoden beobachtet worden, sondern es wurde auf sie aus indirekten Daten der Ionenrückstreuung, der Porendichte usw. geschlossen. Deshalb sind für die Entwicklung von Bauelementen mit Molybdänschichten zunächst Ergebnisse über die thermische Behandlung von Molybdän-Siliciumdioxid-Strukturen nötig, die die Elektronenmikroskopie liefert.

Ein typisches Behandlungsregime für Mo–SiO_2(thermisch)–Si- oder BSG[26])–Mo–SiO_2(thermisch)–Si-Strukturen bestand in der Temperung der Proben in reinem Argon oder getrocknetem Stickstoff bei 650 bis 1050 °C

---

[26]) BSG – Borsilikatglas

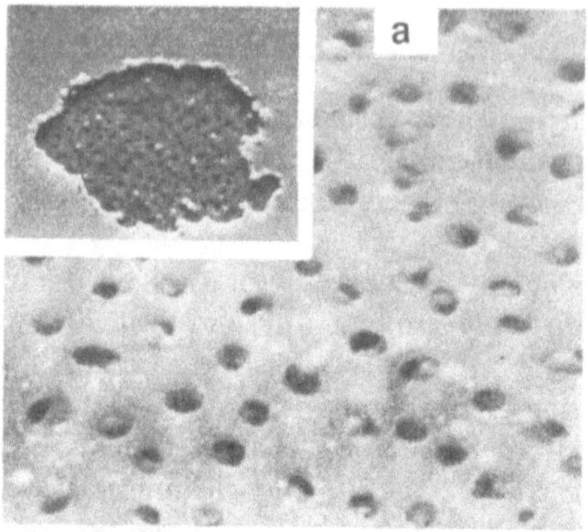

Abb. 1.34. Mikrostruktur von BSG-Mo-SiO_2 (thermisch)-Si-Schichten nach eineinhalbstündigem Tempern bei 650 °C; a) allgemeines Aussehen einer Molybdänschicht, BSG entfernt, REM, 1000fach vergrößert; b) Molybdänoxid MoO_2 in einer Mo-Schicht, TEM, 10000fach vergrößert; c) Molybdänsilizid $MoSi_2$ in einer Mo-Schicht, TEM, 10000fach vergrößert

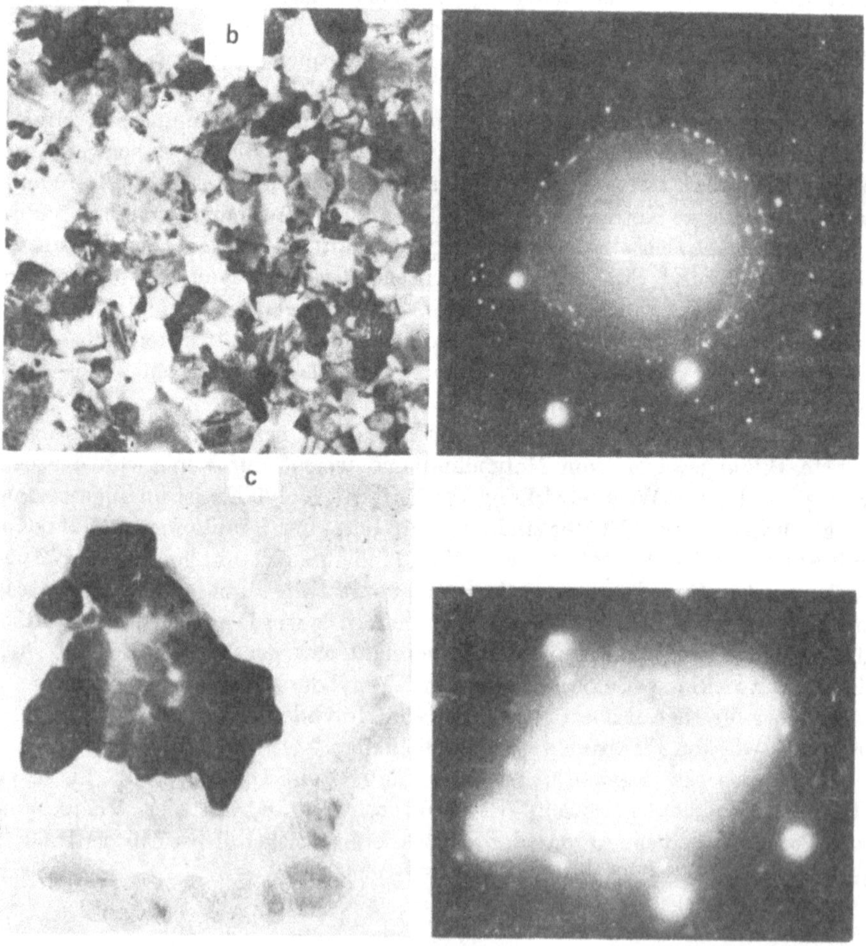

Tabelle 1.9. Größte Netzebenenabstände (experimentell, [13]) von molybdänhaltigen Phasen. Die Daten wurden aus einer Röntgenanalyse erhalten, weshalb sich die Reflexintensität I von der von uns erhaltenen (Elektronenbeugung) unterscheiden kann.

MoO_2		Mo_2C			Mo_2N			Mo_3Si			$MoSi_2$		
d, nm	*I*	*hkl*	*d*, nm	*I*	*hkl*	*d*, nm	*I*	*hkl*	*d*, nm	*I*	*hkl*	*d*, nm	*I*
0,478	0,20	100	0,260	0,29	111	0,241	st.	110	0,346	m.	002	0,391	0,40
0,341	1,00	002	0,236	0,24	200	0,208	st.	200	0,244	m.	101	0,295	0,53
0,2804	0,30	101	0,228	1,00	220	0,147	s. st.	210	0,219	s. st.	110	0,225	1,00
0,2433	0,50	102	0,175	0,24	311	0,127	s. st.	211	0,200	st.	103	0,203	1,00
0,2420	0,85	110	0,150	0,35	222	0,120	m.	220	0,173	schw.	004, 112	0,195	0,27
0,2405	0,40	103	0,135	0,35	400	0,104	st.	310	0,155	schw.	200	0,159	0,33
0,2398	0,50	200	0,130	0,03	—	—	—	222	0,141	m.	114, 202	0,147	0,20
0,2176	0,30	112	0,127	0,35	—	—	—	320	0,136	m.	105, 211	0,141	0,20
0,2171	0,10	201	0,126	0,35	—	—	—	231	0,131	m.	006 —	0,130	0,07
0,2147	0,30	—	—	—	—	—	—	400	0,122	m.	213 —	0,125	0,53
0,1833	0,35	—	—	—	—	—	—						
0,1718	0,55	—	—	—	—	—	—						
0,1704	0,80	—	—	—	—	—	—						
0,1692	0,50	—	—	—	—	—	—						

für die Dauer von 15 min bis 1,5 h; es imitierte einen Diffusionsprozeß unter Anwendung einer Molybdänmaske als selbstjustierendes Gate. Die Molybdänschichten wurden durch Elektronenstrahlzerstäubung bei einem Druck von 10^{-4} Pa abgeschieden. Abb. 1.34 zeigt ihre Mikrostruktur.

Netzebenenabstände für mögliche Phasen mit Molybdän sind in Tab. 1.9 aufgeführt [13, 178, 179] (in [13] sind auch Angaben über andere Molybdänverbindungen enthalten, z. B. Mo_5Si_3 und ähnliche). In den Produkten der Reaktion von Siliciumdioxid und Molybdän dominieren Molybdänsilicide (Mo_3Si, $MoSi_2$) und Oxide (MoO_2 und andere).

Folglich kann Molybdän bereits bei niedrigen Temperaturen mit Siliciumdioxid reagieren. Trotzdem hören die Versuche, Molybdän anzuwenden, nicht auf, und es ist nicht ausgeschlossen, daß in günstigeren Regimen der thermischen Behandlung (unter Anwendung der Implantation anstelle der Thermodiffusion bei Verfahrensschritten mit Molybdänmasken) mit einer gegenüber Molybdän inerten Isolatorschicht zwischen dem Molybdän und dem Siliciumdioxid die Struktur beständiger wird. „Man muß nicht denken, daß die Idee eines Mo-Gates auf SiO_2 beerdigt ist", schreiben Brown und Connery [177]. Ein Molybdängate weist genügend viele vorteilhafte Besonderheiten auf, um seine Technologie zu vervollkommnen.

Angaben über die Wechselwirkung von Molybdän mit anderen Metallisierungskomponenten befinden sich in unseren Arbeiten [180, 181] (Systeme Molybdän-Nickel, Molybdän-Aluminium), während Schaltkreise, die mit Vanadium metallisiert worden sind, in [182, 183] untersucht werden.

Auf der äußeren Seite eines Schaltkreises werden die planaren Aluminiumleitbahnen durch Thermokompressionsschweißen mit Golddrähten verbunden, durch die die äußere Metallisierung realisiert wird. Es ist häufig versucht worden, Golddraht durch Aluminium zu ersetzen, jedoch ohne Erfolg, da Aluminium nicht genügend fest ist. Die Legierung von Aluminium mit verfestigenden Zusätzen hat seine Sprödigkeit erhöht und die Leitfähigkeit herabgesetzt. Der Kontakt Aluminium—Gold ist nicht zuverlässig. In der Literatur sind zahlreiche intermetallische Verbindungen dieses Systems beschrieben, die den Kontakt mechanisch schwach und spröde machen. Intermetallische Verbindungen sind „Pestbildner".

Wir haben mit Hilfe der Transmissionselektronenmikroskopie das Anfangsstadium der Pestbildung eines Gold-Aluminium-Gemisches untersucht, das in einem Vakuum von 10^{-4} Pa auf ein Kochsalzsubstrat, auf reines Silicium und oxidbedecktes Silicium abgeschieden wurde [223].

In [223] ist gezeigt, daß sich bei einem Gewichtsverhältnis 1:1 von Aluminium und Gold in der Schicht hauptsächlich intermetallische Verbindungen bilden, die mit Gold angereichert sind (Au_4Al und ähnliche „Schwarze Pest"), während bei einem Verhältnis 2:1 aluminiumreiche Verbindungen entstehen ($AuAl_2$, „Purpurpest"). Besonders interessant ist, daß die Kinetik der „Pestbildung" stark vom Substrat abhing; auf einer Natriumfläche begann die Pestbildung bereits bei Zimmertemperatur. Die Aktivierungsenergie der Bildung von „Purpurpest" betrug 0,2 eV. Die Teilchengröße der intermetallischen Verbindungen nahm nach einem parabolischen Gesetz mit der Zeit zu.

1.11. Struktur von Aluminiumoxid- und Aluminiumsilikatschichten, die in integrierten Schaltkreisen verwendet werden [184, 185]

Aus den oben betrachteten physikalisch-chemischen Besonderheiten von Siliciumdioxidschichten ist ersichtlich, daß ihre nützlichste Eigenschaft in der Fähigkeit besteht, mit dem Silicium eine weitgehend perfekte Grenze zu bilden, ohne die die Herstellung von MIS-Strukturen und MIS-Schaltkreisen unmöglich wäre. Einige andere Materialeigenschaften des Siliciumdioxids sind jedoch nicht völlig zufriedenstellend: kein Schutz gegen das Eindringen von Alkalimetallionen und ihr „Umherirren" im Material; Strahlungsinstabilität (siehe die Bibliographie zur Fragenstatistik von Deal [32]); Reaktionsfähigkeit gegenüber Aluminium, Molybdän und anderen Metallen (sogar Gold [144]). Deshalb ist auf dem Siliciumdioxid in der Regel noch eine Schutzschicht nötig. Eine der Varianten ist eine MAOS-Anordnung (AO — Aluminiumoxid).

Aluminiumoxid ist für integrierte Bauelemente ein Isolator mit Perspektive. In den Arbeiten [10, 186—188, 190, 192] und in der Monographie [189] sind Methoden zur Herstellung und Eigenschaften von Al_2O_3 beschrieben, aber auch MIS-Strukturen, in denen Al_2O_3 als Isolator oder als einer der Isolatoren benutzt wird.

Die Hauptvorteile von Al_2O_3 als Gateisolator von MIS-Transistoren oder für die allgemeine Isolation von Metallschichten integrierter Schaltkreise sind offensichtlich folgende: 1. Möglichkeit der Niedertemperaturherstellung der Schichten, die eine Unversehrtheit von Metallschichten und solcher Niedertemperaturhalbleiter wie Germanium sowie einer Reihe von Verbindungen gewährleistet; 2. erhöhte Strahlungsstabilität [191, 193—196]; 3. Stabilität gegenüber der Drift von Kationen, darunter auch von Natrium [137, 197, 198]; 4. hohe dielektrische Suszeptibilität (höher als bei Siliciumdioxid und Siliciumnitrid), die einen effektiveren Einsatz von Al_2O_3 in Speicherelementen ermöglicht (kleinere Arbeitsspannung, große Zeitkonstanten der Ladungserhaltung).

Al_2O_3-Schichten erhält man hauptsächlich durch Pyrolyse verschiedener organischer Aluminiumverbindungen (Aluminiumisopropylat u. a.) und durch die Hydrolysereaktion von Aluminiumchlorid. Außerdem fanden auch solche Verfahren zur Abscheidung von Al_2O_3 Verbreitung wie die Elektronenstrahlverdampfung, die Hochfrequenzzerstäubung, die anodische Oxydation von Aluminium und andere.

Da man Al_2O_3 bei niedrigen Temperaturen erhält, die in der Regel 400 bis 500 °C nicht übersteigen, sind die Al_2O_3-Schichten in ihrem Ausgangszustand amorph.

Über die Nahordnung amorpher Al_2O_3-Schichten ist einiges bekannt; wobei in der Literatur vor allem Oxidschichten auf Aluminium und Produkte der Tonerdeherstellung beschrieben werden [199, 200].

In [199] wird der Oxydationsprozeß von Aluminium und die anschließende Kristallisation des amorphen (a) Oxids in einer Al_2O_3-Struktur betrachtet. Die Temperatur des Überganges $a \rightarrow \gamma$ war dabei höher als 630 °C, während sie beim Tempern in einem ölfreien Vakuum 800 bis 900 °C betrug. Bei Anwesenheit von Wasserstoff liegt der Übergangspunkt bei 450 °C. Aus Elektronenbeugungsdaten geht — wie berichtet wird — hervor, daß amorphes Aluminiumoxid ein aus Al_4O_6-Molekülen bestehendes Polymer mit einem Al—O-Abstand von 0,18 nm und einem Al—Al-Abstand von 0,275 nm ist.

Die Dissertation von Richter [200] ist einer umfangreichen Analyse der Nahordnung in amorpher und monokristalliner Tonerde mit Hilfe radialer Verteilungsfunktionen gewidmet, die aus Röntgenbeugungsdaten konstruiert werden. Die Ausgangsproben, d. h. verschiedene Modifikationen von Aluminiumoxid (ϱ, γ, η, θ, α) und amorphes Aluminiumoxid, wurden durch Entwässerung von Aluminiumhydroxid erhalten. Es zeigte sich (zu einem analogen Ergebnis kamen auch die Autoren anderer Arbeiten; vergleiche die Literaturzusammenstellung in [200]), daß die Struktur von ϱ-, γ-, η-Al_2O_3 ähnlich der vom Defektspinell $MgAl_2O_4$ ist [221, 222] (im „regulären" Spinell kommen auf ein Sauerstoffatom dreiviertel eines Metallatoms, im Al_2O_3 jedoch immer 2/3, d. h. 1/12 weniger; auf diese Weise ist ein Teil der tetraedrischen und oktaedrischen Hohlräume, die im regulären Spinell besetzt sind, hier leer). Die Sauerstoffatome sind in ein leicht deformiertes kubisches Gitter eingebaut. Im γ-Al_2O_3 befinden sich die Vakanzen in oktaedrischen Positionen.

Der erste Koordinationsradius (R_1) des von Richter [200] untersuchten amorphen Aluminiumoxids lag bei 0,187 nm. Es ist von Richter nicht versucht worden, die Ähnlichkeit der RDF von amorpher Tonerde mit der irgendeiner kristallinen Modifikation festzustellen. Nach den RDF-Daten für feinkristalline Phasen ist ein Wert von $R_1 = 0,187$ nm im allgemeinen sowohl für ϱ- als auch für θ-Al_2O_3 charakteristisch, für γ-Al_2O_3 gilt $R_1 = 0,188$ nm (hier bedeutet R_1 den Mittelwert der Koordinationsradien 0,172 nm und 0,194 nm, die Koordinationszahlen 4 und 6 entsprechen). Die kristallinen Al_2O_3-Modifikationen sind hinreichend untersucht worden. Die von uns benutzten Strukturdaten von Al_2O_3-Modifikationen sind [201, 202] entnommen.

Aus [201] ist ersichtlich, wie ähnlich die Netzebenenabstände vieler Phasen sind und wie kompliziert ihre Unterscheidung mit Hilfe der Elektronenbeugung ist, weil deren Genauigkeit bei der Bestimmung von Netzebenenabständen in der Regel $\pm 10^{-3}$ nm nicht übersteigt. Die γ- und die θ-Modifikation sind jedoch von den übrigen Aluminiumoxidmodifikationen und auch untereinander leicht zu unterscheiden. In den anderen Fällen dienen u. a. Intensitätsverhältnisse als Grundlage für eine Unterscheidung.

Die Reihenfolge der Phasenumwandlungen im Al_2O_3 besitzt einen komplizierten Charakter. Fest steht nur, daß Behandlungen bei höchsten Temperaturen und mit längsten Zeitdauern zum Übergang von Al_2O_3 in die α-Modifikation führen. Bezüglich der anderen Übergänge sind die Literaturdaten nicht einheitlich.

Am häufigsten gehen amorphe Al_2O_3-Schichten bei Erwärmung in γ-Al_2O_3 über [204—206], danach jedoch entweder unmittelbar in α-Al_2O_3 oder über die Zwischenphasen δ, θ und andere [207—213].

Bezüglich der Temperatur des Überganges aus dem amorphen in den kristallinen Zustand sind die Angaben in den genannten Arbeiten unterschiedlich. So wird sie in [206] mit 400 bis 525 °C angegeben, während sie nach [205] 800 °C beträgt, d. h. doppelt so hoch ist.

In den anderen Arbeiten wurde die Phasenumwandlung im wesentlichen im Bereich zwischen den genannten Temperaturen festgestellt, am häufigsten bei 600 bis 700 °C.

Eine aktuelle Aufgabe besteht also offensichtlich in der Strukturuntersuchung von pyrolytischen Al_2O_3-Schichten, die eine große Verbreitung in der Praxis der Schaltkreisproduktion und eine Reihe von perspektivischen Eigenschaften besitzen, deren Ausnutzbarkeit jedoch vom Grad der Strukturstabilität und der Defektfreiheit der Schichten bestimmt wird.

Es ist klar, daß die Struktur pyrolytischer Al_2O_3-Schichten nicht nur unmittelbar nach ihrem Abscheiden von Interesse und praktischer Bedeutung ist, sondern vor allem auch nach der thermischen Bearbeitung in einem großen Temperatur- und Zeitintervall (d. h. unter den technologischen Bedingungen der Schaltkreisproduktion).

Die von uns untersuchten Al_2O_3-Schichten wurden durch Pyrolyse von Aluminiumisopropylat erhalten nach der Reaktion [189]

$$Al(OC_3H_5)_3 \rightarrow Al_2O_3 + 6C_3H_4 + 3H_2O, \qquad (1.23)$$

die oberhalb von 250 °C ablaufen kann (so gesehen ist Aluminiumisopropylat effektiver als Aluminiumethylat $Al(OC_2H_5)_3$, das sich erst oberhalb von 500 °C zersetzt).

Zur Schichtabscheidung wurde ein Standardverfahren [189] benutzt, das die isotherme Verdampfung von flüssigem Aluminiumisopropylat enthielt. Die Zersetzung erfolgte entweder durch Erhitzung der gesamten Arbeitskammer des isothermen Reaktors in einem Widerstandsofen (indirekte Erwärmung der Substrate) oder unmittelbar über einem Siliciumsubstrat oder auf einem induktiv erwärmten Siliciumsubstrat (direkte Erwärmung); das Substrat lag auf einem Graphitsockel.

Im Fall der indirekten Erwärmung geschah der Zerfall der Verbindung an den Reaktorwänden oder homogen, während er sich bei der Zersetzung durch direkte Erwärmung unmittelbar an der Siliciumoberfläche vollzog. Die Pyrolysetemperatur betrug 300 bis 700 °C. Die bei indirekter Erwärmung erhaltenen Schichten waren im wesentlichen polykristallin. Die durch direkte Erwärmung erzeugten Schichten, die bei einer Temperatur oberhalb von 500 °C abgeschieden wurden, waren polykristallin (Tab. 1.10), während sie unterhalb von 500 °C amorph waren; außerdem sind für das Temperaturintervall von 400 bis 500 °C auf den elektronischen Mikroaufnahmen „Pseudokörner" sichtbar, d. h., es lief eine gewisse „Vorbereitung auf die Kristallisation" ab.

Tabelle 1.10. Netzebenenabstände in Schichten, die durch Pyrolyse bei direkter Erwärmung oberhalb von 500 °C erhalten wurden (Genauigkeit $\pm 10^{-3}$ nm)

Netzebenenabstände, in nm		Intensität	
Experiment	γ-Al_2O_3	Experiment	γ-Al_2O_3
0,199	0,198	stark	1,00
0,150	0,170	mittel, schwach	0,20
0,140	0,140	stark	0,90
0,114	0,114	schwach	0,05
0,100	0,100	schwach	0,03
0,089	0,088	schwach	0,05
0,081	0,081	schwach	0,15

Die verhältnismäßig leichte Umwandlung von amorphem Aluminiumoxid in polykristallines läßt vermuten, daß im amorphen Oxid Nahordnungsgebiete existieren, deren Struktur ähnlich der kristallinen ist (s. [186]).

Die Streufunktion (Intensitätskurve $i(s)$) ohne Untergrund ist für verschiedene amorphe bis polykristalline Al_2O_3-Schichten in Abb. 1.35a) darge-

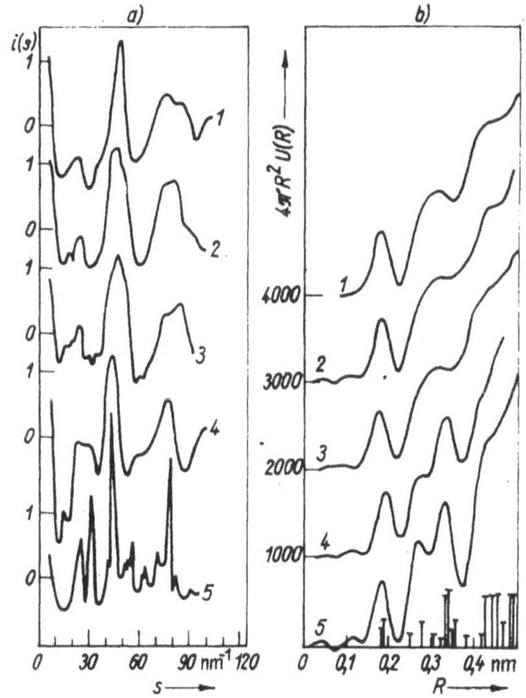

Abb. 1.35. Elektronenstreukurven (a)) und radiale Verteilungsfunktionen (b)) von Al_2O_3-Schichten; 1 bis 3 — nach einstündigem Tempern bei 650 °C, 750 °C und 780 °C; 4 — berechnete Kurve für einen 30atomigen γ-Al_2O_3-Cluster; 5 — Temperung bei 800 °C, 1 h

stellt. Abb. 1.35b) zeigt die nach einem bekannten Verfahren (z. B. nach [219]) aus $i(s)$ berechnete radiale Verteilungsfunktion. Zur Beseitigung unrealistischer Peaks der RDF, die mit der endlichen oberen Integrationsgrenze zusammenhängen, wurde ein künstlicher Dämpfungsfaktor vom Typ e^{-bs^2} eingeführt, der nach [220] bestimmt wurde. Alle Rechnungen sind auf einem BESM-6-Rechner durchgeführt worden.

Die Ergebnisse der Auswertung können wie folgt zusammengefaßt werden.

1. Wie aus den $i(s)$- und RDF-Kurven ersichtlich ist, bleibt die Nahordnung der Schichten bei einstündigem Tempern bis zu Temperaturen von 650 bis 780 °C fast unverändert, d. h., es gibt keine wesentlichen Veränderungen im Typ oder in den Abmessungen der Cluster.

2. Der zum ersten Maximum in der RDF gehörende Koordinationsradius beträgt 0,18 nm und entspricht der Al—O-Bindung. Dieser Wert kommt dem von Ju. D. Čistjakov und Mitarbeitern angegebenen [199] nahe, ist jedoch kleiner als der von Richter [200] bestimmte von 0,187 nm. Die Koordinations-

zahl für das erste Maximum und die Bindung Al—O ist gleich 6, d. h., der Cluster besitzt eine oktaedrische Konfiguration.

3. Die nächsten RDF-Peaks liegen bei 0,26; 0,32 und 0,43 nm. Der Abstand von 0,26 nm gehört mit größter Wahrscheinlichkeit zur O—O-Bindung. Der Durchmesser eines Clusters beträgt nicht weniger als 0,8 bis 1,0 nm.

4. Aus dem Vergleich von $i(s)$- und RDF-Kurven von den in unserem Experiment benutzten polykristallinen und amorphen Schichten, aber auch von Al_2O_3-Clustern aus 5 bis 75 Atomen und von γ-Al_2O_3, für die $i(s)$ nach der bekannten DEBYE-Formel auf einem Computer berechnet wurde, folgt, daß die amorphen, pyrolytischen Schichten in ihrem Aufbau dem γ-Al_2O_3 ähnlich sind. Dabei wird die beste Übereinstimmung für 30atomige Cluster erreicht (Durchmesser 0,8 nm). Für die RDF kristalliner γ-Al_2O_3-Schichten sind Koordinationsradien von 0,187; 0,264; 0,336; 0,43 und 0,49 nm charakteristisch, und die erste Koordinationszahl beträgt 6,05.

Die γ-Al_2O_3-Modifikation besitzt bekanntlich die Struktur von Defektspinell (siehe [221, 222]), wo die Sauerstoffatome ein dichtes kubisches Gitter bilden, während die Aluminiumatome auf seinen tetraedrischen oder oktaedrischen Zwischengitterplätzen angeordnet sind. Man kann zeigen, daß der Unterschied in der Koordinationszahl des ersten RDF-Maximums für rein tetraedrische und rein oktaedrische Lage des Aluminiums 5% beträgt. Die Ergebnisse wurden in [203] erhalten und sind den von uns erzielten ähnlich.

Die Al_2O_3-Schichten waren kristallin, wenn sie bei indirekter oder direkter Erwärmung bei einer Temperatur von mehr als 500 °C abgeschieden oder einer thermischen Behandlung unterzogen wurden. Betrachten wir die Ergebnisse dieser drei Versuche. Bei Anwendung der indirekten Erwärmung schlägt sich das Isopropylat offensichtlich im gesamten Reaktor, d. h. auch in nichtisothermen Bereichen, nieder. Infolge unterschiedlicher Abscheidungsbedingungen (verschiedene Temperaturen, homogene und heterogene Reaktion, Abscheidung sowohl auf dem Siliciumsubstrat als auch an den Reaktorwänden, Auffüllen des Reaktors mit Pyrolyseprodukten usw.) bilden die Produkte des Pyrolyseprozesses ein Gemisch aus verschiedenen Modifikationen von Aluminiumoxid und Aluminiumhydroxid.

Abb. 1.36a) enthält eine Mikrophotographie und ein Elektronenbeugungsbild von Schichten, die sich durch Volumeninhomogenitäten, das Auftreten von Poren und Bereiche erhöhter Dichte unterscheiden. Eine Analyse zeigte, daß in den Schichten außer Aluminiumhydroxid ($Al_2O_3 \cdot H_2O$) θ- und χ-Modifikationen auftreten. Völlig amorphe Schichten wurden in der Serie der mit indirekter Erwärmung hergestellten Schichten nicht beobachtet. Es konnte keinerlei Zusammenhang zwischen der Pyrolysetemperatur, dem Phasenzustand der Schichten und der Korngröße festgestellt werden.

Aus dem Gesagten geht hervor, daß die Schichten der Serie „indirekte Erwärmung“ in ihrer Struktur unvollkommen und inhomogen sind und die Methode der indirekten Erwärmung zur Herstellung von Al_2O_3 einer Überarbeitung bedarf. Außerdem zeigen unsere Ergebnisse, daß mit dem Verfahren der direkten Erwärmung Schichten mit befriedigender und gut reproduzierbarer Struktur abgeschieden werden können.

Die Ergebnisse der Strukturanalyse dünner Schichten, die bei direkter Erwärmung erhalten wurden, lauten:

1. unterhalb 500 °C sind die Schichten amorph, obwohl sie auch aus „Pseudokörnern“ aufgebaut sind;

2. im Temperaturgebiet von 400 bis 500 °C besitzt der Halo auf den Elektronenbeugungsaufnahmen der amorphen Schichten eine Tendenz zur Aufspaltung in zwei verwaschene Ringe, die in polykristallinem γ-Al_2O_3 den Reflexen (400) und (440) entsprechen (Abb. 1.36b));

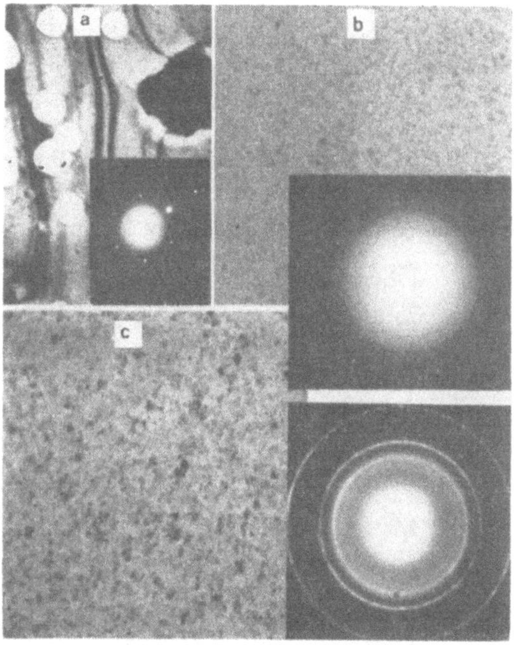

Abb. 1.36. Mikrostruktur von Al_2O_3, TEM, 10000fach vergrößert; a) Schichten, die durch indirekte Erwärmung bei 450 °C erhalten worden sind, θ-Al_2O_3; b) direkte Erwärmung, 500 °C, die Schicht ist amorph; c) direkte Erwärmung, 700 °C, γ-Al_2O_3

3. oberhalb von 500 °C führt die Abscheidung zur Struktur von polykristallinem γ-Al_2O_3, die auf den Elektronenbeugungsdiagrammen die gesamte Reflexfolge von γ-Al_2O_3 mit dem richtigen Intensitätsverhältnis erzeugt (Abb. 1.36c));

4. mit zunehmender Abscheidungstemperatur wächst in den Schichten die Korngröße von 10 bis 50 nm (Temperatur 300 bis 700 °C).

Zur Überprüfung der strukturellen Stabilität der bei verschiedenen Pyrolysetemperaturen erhaltenen Schichten wurde im Quarzreaktor, der durch eine Widerstandsheizung beheizt wurde, eine Temperung in neutraler Atmosphäre (getrockneter Stickstoff, Argon) durchgeführt. Die Temperatur betrug dabei 500 bis 900 °C. Es wurden vorwiegend amorphe Schichten der Serie „direkte Erwärmung" getempert.

Folgende Resultate wurden erzielt (Abb. 1.37):

1. Schichten, die bei 300 bis 500 °C abgeschieden und danach 30 bis 40 min lang bei 500 bis 800 °C getempert wurden, besitzen in der kristallinen Phase vorwiegend die Struktur von θ-Tonerde, obwohl in einzelnen Bereichen ein geringer Anteil an γ-Al_2O_3 anzutreffen ist.

Als Hauptmerkmale für die Unterscheidung der γ- und der θ-Phase, die in vielen Netzebenenabständen ähnlich sind, gelten: das Auftreten großer Serien zusätzlicher Reflexe mit mittlerer Intensität im Bereich von 0,1 bis 0,28 nm für die θ-Phase; starke (400)- und (440)-Reflexe für die γ-Phase; ein für die θ-Phase charakteristischer Netzebenenabstand von 0,53 bis 0,56 nm.

2. Der Übergang der Schichten aus dem amorphen Ausgangszustand in den kristallinen Zustand erfolgt um so vollständiger, je höher die Synthese- und

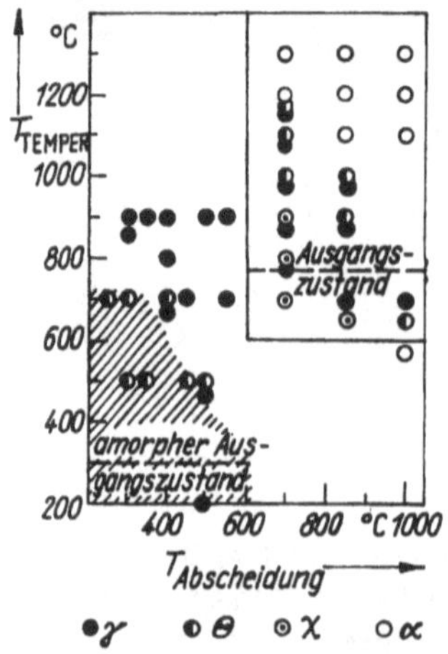

Abb. 1.37. Strukturdiagramm für Al_2O_3-Schichten mit der Abscheidungstemperatur und der Ausheiltemperatur als Koordinaten (im schraffierten Gebiet sind die Schichten völlig amorph oder partiellkristallin)

die Ausheiztemperatur sind. Oberhalb 700 bis 800 °C kristallisieren die Schichten vollständig. Die dabei in ihnen dominierende Phase ist γ-Al_2O_3.

In der rechten oberen Ecke von Abb. 1.37 sind in dem Rahmen die Ergebnisse von [120] untergebracht, die die von uns erhaltenen Resultate bis zur α-Al_2O_3 -Phase fortsetzen.

Die Kinetik des Übergangs vom amorphen zum kristallinen Zustand haben wir an Proben untersucht, bei denen die Ausgangsschichten durch Pyrolyse bei 300 °C abgeschieden worden waren. Sie wurden unterschiedlich lange und bei verschiedenen Temperaturen in einer Schutzgasatmosphäre getempert. Die Resultate dieses Experimentes sind in Abb. 1.38a) dargestellt.

Obwohl also Al_2O_3-Schichten eine Reihe positiver Merkmale besitzen, über die thermisches Siliciumdioxid nicht verfügt, können sie in MIS-Strukturen das Siliciumdioxid nicht ersetzen, da sie leicht kristallisieren. Aus diesem Grunde wurden Versuche angestellt, auf der Grundlage eines SiO_2—Al_2O_3-Gemisches

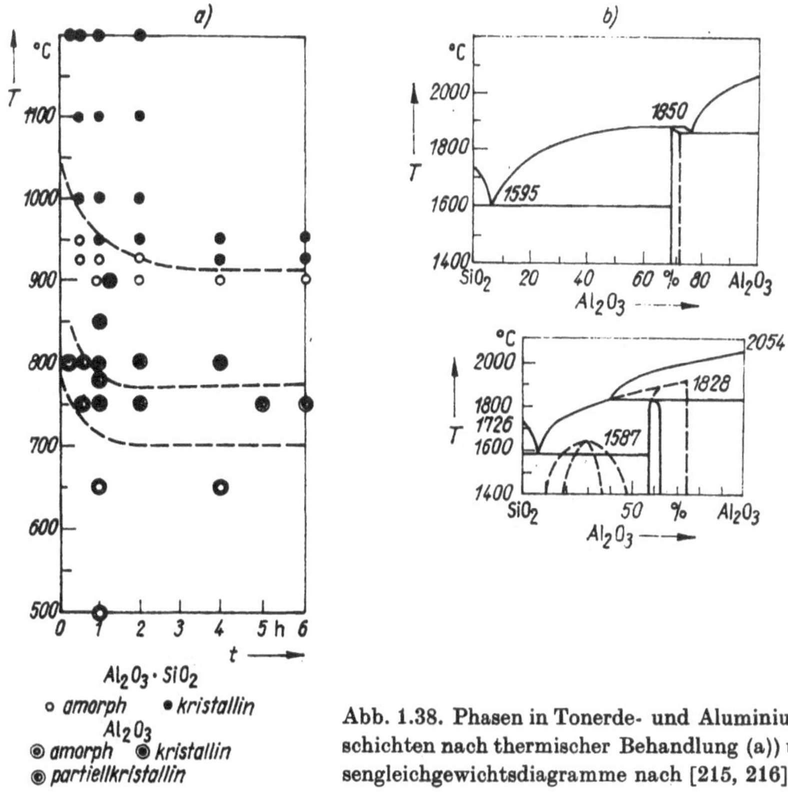

Abb. 1.38. Phasen in Tonerde- und Aluminiumsilikatschichten nach thermischer Behandlung (a)) und Phasengleichgewichtsdiagramme nach [215, 216] (b))

einen kombinierten Isolator herzustellen [186, 214]. Die in diesen Arbeiten enthaltenen Angaben, die die Eigenschaften von gemischten Aluminiumsilikatschichten betreffen, sind sehr spärlich. Hingewiesen sei aber darauf, daß sich durch die Benutzung eines Gemisches von Tetraethoxysilan und organischen Aluminiumverbindungen die Schichten bei relativ niedrigen Temperaturen (300 bis 500 °C) abscheiden, d. h. bei Temperaturen, wie sie für die pyrolytische Abscheidung von SiO_2 oder Al_2O_3 gelten.

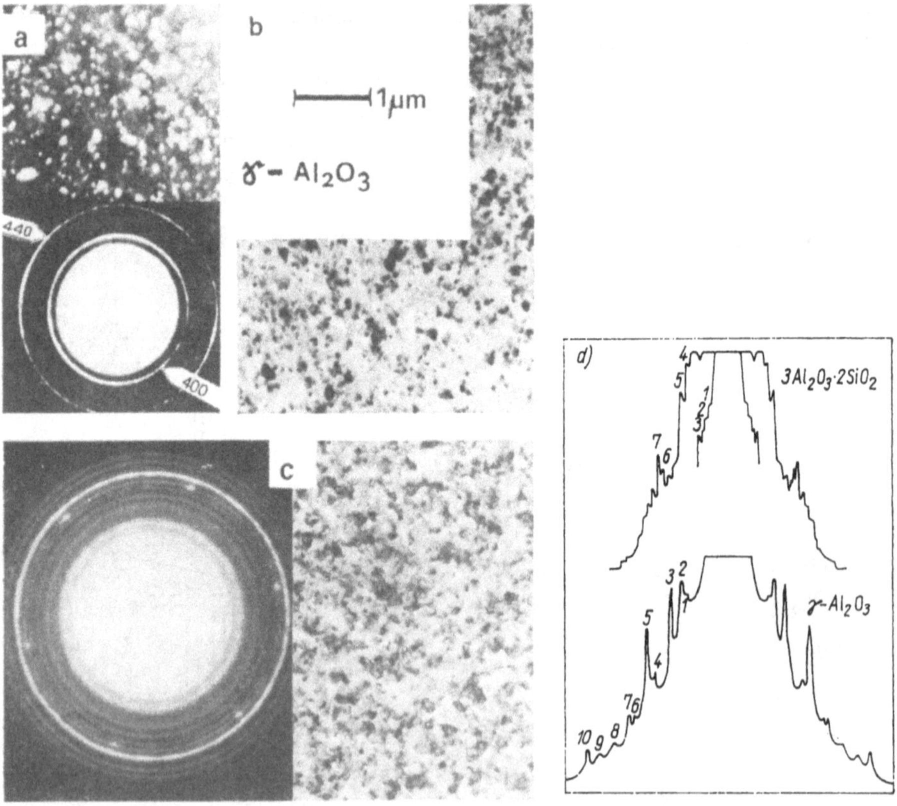

Abb. 1.39. Mikrostruktur von Tonerde- (a, b) und Aluminiumsilikatschichten (c) und Photometerkurven der Elektronenbeugungsdiagramme (d), TEM, 20000fach vergrößert (a Dunkelfeld-, b Hellfelddarstellung). Die Peaknummern an den Kurven entsprechen Netzebenenabständen (in nm); für $3\,Al_2O_3 \cdot 2\,SiO_2$: 1—7 — 0,535; 0,375; 0,341; 0,243; 0,211; 0,149; 0,141; für γ-Al_2O_3: 1—10 — 0,276; 0,238; 0,199; 0,151; 0,140; 0,122; 0,114; 0,100; 0,088; 0,082

Das $SiO_2-Al_2O_3$-Phasendiagramm ist bekannt [215]. In der Folgezeit erschienen neue Ergebnisse bezüglich des Phasengleichgewichtes im System $SiO_2-Al_2O_3$, hauptsächlich in Verbindung mit dem Auftreten eines Bereiches mit einem metastabilen Zustand in diesem System [216] (Abb. 1.38b)).

Wir haben die Struktur von $(Al_2O_3)_x(SiO_2)_y$-Schichten untersucht, die in einem Quarz-Durchströmungsreaktor aus einem Gemisch von Aluminium-(3)-Isopropylat und Tetramethoxysilan erhalten wurden, das durch getrockneten Stickstoff zu den im Ofen befindlichen Siliciumsubstratscheiben transportiert wird. Die Abscheidungstemperatur betrug 350 °C, die Schichtdicke ungefähr 50 bis 300 nm (es wurde eine Serie von Schichten mit unterschiedlichem Verhältnis von Tetramethoxysilan zu Aluminium-(3)-Isopropylat hergestellt). Der ellipsometrisch gemessene Brechungsindex der Schichten betrug 1,54 bis 1,56, was nach bekannten Literaturdaten [217] einem Anteil von ungefähr 40% Al_2O_3 und 60% SiO_2 (molekular) in den Schichten entspricht.

Nach ihrer Abscheidung waren die Schichten amorph; sie kristallisierten nach einer Temperung in Stickstoff oder Argon. Abgesehen davon, daß entsprechend dem Zustandsdiagramm durch die Kristallisation ein Eutektikum (Mullit plus Cristobalit) und ein gewisser Anteil von primärem Mullit entstehen müßte, gelang durch die Elektronenbeugungsanalyse nur der Nachweis von Mullit $3Al_2O_3 \cdot 2SiO_2$ (s. Abb. 1.38a)). Die Kristallisationstemperatur der Aluminiumsilikatschichten war, wie aus Abb. 1.37 hervorgeht, um 200 bis 300 °C höher als bei Aluminiumoxid; aber auch sie ist nicht hoch genug bzw. niedriger als für Diffusionsmasken nötig ist. Eine Vorstellung über die Mikrostruktur von Tonerde- und Aluminiumsilikatschichten vermittelt Abb. 1.39.

1.12. Hillocks auf Aluminiumleitbahnen von integrierten Schaltkreisen

In [224] haben wir den Prozeß der Bildung von Hillocks auf dünnen Aluminium-, Zinn-, Indium- und Siliciumschichten untersucht, die auf einen Isolator aufgetragen waren (die Ergebnisse über Zinn und Indium werden aus Platzmangel hier nicht diskutiert; bezüglich Polysilicium s. Kap. 3.).

Es ist klar, daß für den äußeren Schutz von integrierten Schaltkreisen der Rauhigkeitsgrad der Aluminiumschicht, die den Schaltkreis bedeckt, eine große Bedeutung besitzt. Wenn die Hillocks hoch und spitz (höher als 0,5 bis 1 µm) sind, so ist ihre Abdeckung durch ein pyrolytisches Oxid oder ein beliebiges anderes den Schaltkreis nach außen hin isolierendes Material nicht möglich, da die Schichtdicke des Isolators aus technologischen Gründen in der Regel 0,2 bis 0,5 µm nicht überschreitet. Hillocks durchstoßen diese Isolatorschicht und heben damit die Hermetisierung des Schaltkreises auf.

Wie unsere Untersuchungen zeigen [224], läuft die Hillocksbildung bei der Erhitzung einer ursprünglich ebenen Aluminiumschicht offensichtlich in zwei Etappen ab. In der ersten Stufe bilden sich einzelne „Hillocks“. Dieser Prozeß beginnt bei 250 bis 300 °C und hört bei 350 bis 400 °C schnell wieder auf (wir haben das Hillockswachstum durch Anwendung einer Vakuumaufheizvorrichtung, die vom Schaltpult des Mikroskopes aus gesteuert werden kann, direkt in der REM-Kammer beobachtet). In der zweiten Etappe vollzieht sich das Wachsen der Hillocks auf dem Wege der Schichtrekristallisation, so daß bei Temperaturen unterhalb des Schmelzpunktes von Aluminium ein Abheben der Schicht vom Isolator und die Bildung von Pseudotröpfchen möglich ist. Aus der Beobachtung heraus, daß die Temperaturfunktion für die Wachstumsgeschwindigkeit der Hillocks eine Exponentialfunktion mit einer Aktivierungsenergie von der Größenordnung 0,5 eV ist, ähnlich der Aktivierungsenergie der Oberflächenmigration von Aluminiumatomen, nehmen wir an, daß durch eine „Verstopfung“ der Oberfläche eine Blockierung der Hillocksbildung möglich ist. Die Anwendung der Plasmaoxydation von Aluminium unmittelbar nach der Abscheidung und der Photolithographie verhütet das Wachstum der Hillocks in nachfolgenden Technologieschritten, d. h. beim Anbringen von Kontakten und bei der Pyrolyse sowie beim Hermetisieren eines Schaltkreises.

Es gibt noch eine andere Möglichkeit, wie die Ergebnisse vieler Autoren, die auf empirischem Wege zu dieser Methode gefunden haben, zeigen; auch die Legierung von Aluminium mit Kupfer oder Silicium während des Abscheidungsprozesses (meistens werden die Legierungselemente in die Dampfphase eingeschlossen) ist ein wirksames Verfahren im Kampf gegen die Hillocks und die Elektromigration.

In diesem letztgenannten Fall ist jedoch mit der Möglichkeit der Bildung von intermetallischen Verbindungen des Kupfer-Aluminium-Systems zu rechnen. Auch wir sind dieser Frage nachgegangen [225]. Mit Hilfe der Transmissionselektronenmikroskopie und auf elektrochemischem Wege wurde die Bildungskinetik von CuAl- und $CuAl_2$-Phasen im Detail untersucht. Es zeigte sich, daß bereits bei 150 bis 250 °C eine aktive Wechselwirkung von Aluminium und Kupfer möglich ist, d. h. eine Phasenumwandlung mit Bildung intermetallischer Verbindungen. Die Reaktionsgeschwindigkeit hängt nach einem parabolischen Gesetz von der Zeit ab (mit Sättigung), während die Temperaturabhängigkeit exponentiell ist (die Aktivierungsenergie beträgt 1,36 eV für CuAl und 1,08 eV für $CuAl_2$).[27])

[27]) Eine komprimierte Darstellung des neuesten Standes der Erkenntnisse über Struktur und Eigenschaften von SiO_2- und SiO_x-Schichten enthält [233]. (Anmerkung des Herausgebers)

2. Siliciumnitridschichten

2.1. Allgemeine Eigenschaften. Herstellung

Siliciumnitrid Si_3N_4 ist ein Isolator mit großer Perspektive für die Anwendung in MIS-Schaltkreisen sowohl als Gate-Isolator als auch für andere Aufgaben (als Deckschicht während einzelner Technologieschritte, für die allgemeine Isolation usw.). In Tab. 2.1 sind einige Eigenschaften der in der Mikroelektronik am häufigsten angewandten Isolatorschichten zusammengestellt. Es ist ersichtlich, daß Siliciumnitrid die anderen Isolatoren bezüglich einer Reihe von physikalischen Parametern übertrifft. Interessant und von großem Nutzen ist die Fähigkeit des Systems Siliciumdioxid-Siliciumnitrid, Strukturen mit variierbaren Eigenschaften zu bilden, d. h. Siliciumoxynitride, die in der

Tabelle 2.1. Physikalisch-chemische Eigenschaften der wichtigsten in mikroelektronischen Schaltkreisen angewandten Isolatoren [1 bis 5]

Eigenschaft	Si_3N_4	SiO_2	Al_2O_3
Relative Dielektrizitätskonstante	6–9	4	8–9
Spezifischer elektrischer Widerstand ($\Omega \cdot$ cm)	10^{15}–10^{16}	10^{15}–10^{16}	10^{14}–10^{15}
Durchbruchfeldstärke (V/cm)	10^7	10^7	10^6
Brechungsindex	2,0	1,4–1,5	1,7–1,8
Breite der verbotenen Zone (eV)	4,5	8	5
Minimum der Ladungsdichte an der Interface zu Silicium (cm^{-2})	10^{12}	10^{10}	10^{11}–10^{12}
Relative Strahlungsstabilität	10	1	10^2
Thermischer Ausdehnungskoeffizient (K^{-1}) (für Silicium $\approx 4{,}5 \cdot 10^{-6}$)	$3 \cdot 10^{-6}$	$0{,}5 \cdot 10^{-6}$	$4 \cdot 10^{-6}$
Diffusionskoeffizient von Natrium bei 150 bis 200 °C (cm^2/s)	10^{-17}–10^{-18}	10^{-14}	—
Kristallisationstemperatur reiner Schichten (°C)	1000–1100	1200–1300	500–700

Optoelektronik und in anderen Gebieten angewendet werden können. Siliciumnitrid erweist sich als sehr effektiver Hochtemperaturbelag für Metalle, der bei hohen Temperaturen eingesetzt und z. B. in Gasturbinen in Form von aus Pulver gepreßten Bauteilen angewendet wird.

Siliciumnitrid ist kein neues Material. Bereits im Jahre 1844 wurde durch direkte Nitrierung von Silicium bei hohen Temperaturen Siliciumnitrid gewonnen.[28]) Heute benutzt man diese Methode hauptsächlich zur Herstellung von polykristallinem Pulver. Die Siliciumnitridschichten werden meistens durch Reaktion von Ammoniak und Silan, manchmal auch durch die Reaktion von Ammoniak mit Siliciumtri- oder Siliciumtetrachlorit abgeschieden, wobei im zweiten Fall die Abscheidetemperaturen etwas höher liegen.

Die Reaktion von Ammoniak mit Silan ist bis heute noch nicht in allen Einzelheiten aufgeklärt, obwohl sie während der letzten zehn bis fünfzehn Jahre von vielen Autoren (als Beispiel seien die Arbeiten [6—12] genannt) untersucht worden ist. Offensichtlich ist im Bereich niedriger Temperaturen (600 bis 800 °C) die heterogene Zersetzungsreaktion von Silan und Ammoniak bei anschließender Bildung von Nitrid wahrscheinlicher als die homogene Reaktion in der Gasathmosphäre [10]. Wie in [6, 7] gezeigt ist, wird die Abscheidungsgeschwindigkeit von Siliciumnitridschichten bei Temperaturen oberhalb 700 °C und bis etwa 900 °C durch die Wechselwirkung in der Gasphase bestimmt, wobei die Aktivierungsenergie etwa 2,2 eV beträgt.

Bei hohen Temperaturen (700 bis 900 °C) wird die Bildungsgeschwindigkeit von Siliciumnitrid in Gasgemischen mit einem hohen Überschuß an Ammoniak gegenüber Silan (50:1 bis 100:1 und ähnliche Verhältnisse) bereits durch die Zerfallsgeschwindigkeit von Silan bestimmt. Nach den Resultaten von [6, 13] ist jedenfalls die Abhängigkeit beider Reaktionen von der Temperatur und die absolute Geschwindigkeit beider Reaktionen ähnlich. Wenn das der Fall ist, muß sich bei Temperaturen, die höher als 900 °C liegen, die Wachstumsgeschwindigkeit v der Nitridschichten in Bereichen des Reaktors, die von seinem Eingang hinreichend weit entfernt liegen, wesentlich verringern (Defizit an schnell zerfallendem Silan im Reaktionsgebiet), und je höher die Temperatur ist, desto schneller muß in Analogie zur Pyrolyse von Silan die Geschwindigkeit abnehmen [14]. Folglich weist die $v(T)$-Kurve für die entsprechende Reaktorzone bei 900 °C einen Knick auf.

Ein ernsthaftes Problem, dessen Folge die Wasserstoffanreicherung von Siliciumnitrid ist, besteht in der Eigenschaft von N—H—Si-Systemen, in einem großen Temperaturintervall und besonders bei niedrigen Temperaturen (unterhalb von 700 bis 800 °C) eine Reihe stabiler Verbindungen in Form von $Si_xN_yH_z$

---

[28]) W. Balmain, Ann. Chim. 52 (1844) S. 324.

zu bilden ($Si(NH)_2$ usw.; [15] und andere Arbeiten von BILLY[29])), deren Zerfall im Falle höherer Synthesetemperaturen von Siliciumnitrid nicht unbedingt zum vollständigen Entfernen des Wasserstoffs aus dem Nitrid führt. So folgt aus den infrarotspektroskopischen Untersuchungen von [16] und den Resultaten vieler anderer Arbeiten, daß Siliciumnitrid, das bei 800 bis 900 °C synthetisiert wurde, eine unbestimmt große Menge Wasser enthalten kann, und zwar von 1 bis 2% bis sogar 20% und mehr. Je geringer die Temperatur bei der Reaktion mit Ammoniak ist, desto mehr Wasser enthält das Siliciumnitrid.

Obwohl Siliciumnitrid seinen optischen Eigenschaften nach (Brechungsindex, Peak der Infrarotabsorption) ein sehr stabiles, von seiner Herstellung weitgehend unabhängiges Material ist, (eine Ausnahme bilden die bei Temperaturen unterhalb 700 °C hergestellten Nitride), weisen andere Eigenschaften wie die Lösungsgeschwindigkeit in entsprechenden Lösungsmitteln und elektrochemische Eigenschaften (Durchbruchsspannung, Temperatur-Spannungs-Stabilität, Konzentration und energetische Verteilung von Traps usw.) sehr starke Abhängigkeiten von der Herstellungstechnologie auf. Deshalb wird Siliciumnitrid auch heute noch untersucht.

Wir haben die Struktur von Siliciumnitridschichten, insbesondere auch die von nichtstöchiometrischen, untersucht. Die Hauptaufgaben dabei waren folgende:

1. Ermittlung der Nahordnung in stöchiometrischem und nichtstöchiometrischem Siliciumnitrid,

2. Bestimmung der kritischen Temperatur des Überganges vom rein amorphen in den amorph-kristallinen Zustand für die bereits erwähnten Nitride und Identifizierung der kristallinen Phase,

3. Untersuchung der Strukturumwandlungen im Siliciumnitrid bei seiner Oxydation,

4. Nachweis charakteristischer technologischer Defekte in Siliciumnitrid und Auffinden von Ursachen für das Auftreten dieser Defekte.

Die Nahordnung in Siliciumnitridschichten ist mit Hilfe der Elektronenbeugung bestimmt worden, und zwar bei Durchstrahlung der Schichten im Elektronenbeugungsgerät ER-100 bei 50 kV. Außerdem wurden die Elektronenmikroskope JEM-150 (bei 80 bis 150 kV) und JEM-1000 (1 MeV) eingesetzt. Der Phasenzustand des kristallinen Anteils der Schicht ist mit dem Mikroskop JEM-150 im Mikrodiffraktionsverfahren analysiert worden. Die Zusammensetzung der Schichten wurde mittels lokaler Röntgenspektralanalyse im Spektrometer „Cameca" ermittelt. Der Brechungsindex und die Dicke

[29]) Eine Bibliographie von Arbeiten über das System N—H—Si befindet sich in [11].

der Schichten wurden ellipsometrisch bestimmt. Infrarotabsorptionsspektren sind mit Hilfe des Spektrometers DS-402 aufgenommen worden. AUGER-Spektren wurden mit einer „Varian“-Anlage erhalten. Außerdem wurden Ergebnisse von standardmäßigen *C-V*-Messungen bei einer Frequenz von 0,1 MHz mit herangezogen.

2.2. Stöchiometrisches Siliciumnitrid

2.2.1. Kristallines Siliciumnitrid und Siliciumoxynitrid

Siliciumnitrid ist eine polymorphe kristalline Verbindung. Sie besitzt zwei stabile kristalline Modifikationen, α- und β-Si_3N_4, die in Abb. 2.1a) dargestellt sind. Bei Temperaturen unterhalb 1150 bis 1550 °C herrscht die α-Phase vor; die β-Phase überwiegt bei höheren Temperaturen, wenn man das Siliciumnitrid im Gleichgewicht langsam erwärmt oder abkühlt [56]. Allerdings kann nach den Angaben von [56] und anderen Arbeiten die Frage, ob die α- oder die β-Modifikation existiert, nicht ohne weiteres entschieden werden. Die Stabilität der einen oder der anderen Phase wird wesentlich durch Störstellen, insbesondere metallische und Sauerstoff, beeinflußt. Es besteht z. B. die Vermutung, daß α-Si_3N_4 keine Siliciumnitridmodifikation ist (d. h. Si_3N_4 keine polymorphe Verbindung darstellt), sondern einfach eine Verbindung aus dem

Tabelle 2.2. Theoretische Netzebenenabstände von Siliciumnitrid und Siliciumoxynitrid in nm [23, 40]

α-Si_3N_4		β-Si_3N_4		Si_2ON_2			
hkl	*d*	*hkl*	*d*	*hkl*	*d*	*hkl*	*d*
100	0,671	100	0,659	100	0,884	020	0,274
001	0,562	110	0,380	010	0,547	120	0,261
101	0,431	200	0,329	001	0,483	002	0,242
110	0,388	001	0,291	110	0,465	021	0,238
200	0,336	101	0,266	200	0,442	102	0,233
111	0,319	201	0,249	101	0,424	121	0,230
201	0,288	111	0,231	011	0,362	012	0,221
002	0,281	201	0,218	210	0,344	112	0,214
210	0,254	211	0,189	111	0,335	—	—
211	0,231	002	0,145	201	0,325	—	—
112	0,227	112	0,136	211	0,280	—	—

Anmerkung: α-Si_3N_4: hexagonale Struktur, $a = 0{,}7753$ nm, $c = 0{,}5618$ nm; β-Si_3N_4: hexagonale Struktur, $a = 0{,}7606$ nm, $c = 0{,}2909$ nm; Si_2ON_2: orthorhombische Struktur, $a = 0{,}8843$ nm, $b = 0{,}5473$ nm, $c = 0{,}4835$ nm.

Si—N—O-System mit geringer Sauerstoffkonzentration bedeutet. Die Unterscheidung zwischen der α- und der β-Form von Si_3N_4 ist jedoch allgemein üblich, und wir benutzen sie deshalb. Eine Diskussion über α- und β-Si_3N_4 ist in [56] enthalten. Wie wir im weiteren sehen werden, findet man die β-, d. h. die Hochtemperaturphase, wenn man die Schichten nach einer Wärmebehandlung bei Temperaturen von 900 bis 1350 °C abkühlt, in der Regel als Mikrokristalle in einer Mischung mit der α-Phase vor (die Abkühlgeschwindigkeit beträgt 0,1 bis 100 K/s). Die α-Si_3N_4 -Modifikation besitzt wie auch β-Si_3N_4

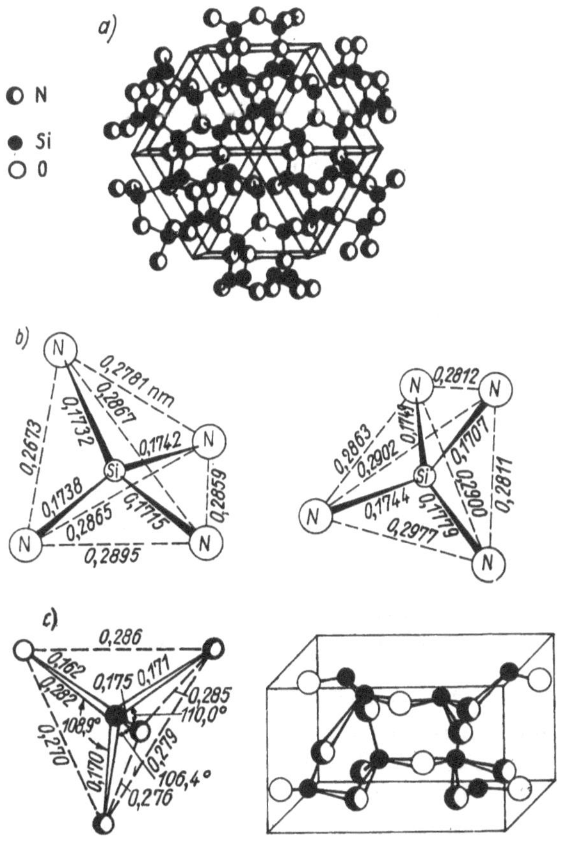

Abb. 2.1. Kristallines Siliciumnitrid und kristallines Siliciumoxynitrid; a) β-Siliciumnitrid [23] (in der Elementarzelle vom Phenacit-Typ sind die Atome durch Stickstoff- bzw. Siliciumatome ersetzt); b) zwei Typen von Tetraedergruppen in α-Si_3N_4 [28]; c) Elementarzelle von Siliciumoxynitrid Si_2ON_2 [40]

Elementarbausteine aus SiN_4-Tetraedern. Eine detaillierte Analyse zeigte, daß nicht alle Si—N- und N—N-Bindungen in den SiN_4-Tetraedern gleich sind (Abb. 2.1b)) [28]. Einer großen Streuung der Atomabstände im verzerrten SiN_4-Tetraeder entspricht natürlich auch eine starke Variation der Winkel im Tetraeder (s. Abb. 2.1b)).

Die Lage der Atome in den Elementarzellen von α-Si_3N_4 und β-Si_3N_4 und die Projektion der Atome der Elementarzelle auf die Basisebene werden in [23] angegeben. Da für die Strukturanalyse der Siliciumnitridphasen die Kenntnis der Netzebenenabstände Voraussetzung ist, geben wir diese in Tab. 2.2 an.

Die Stapelfolge ist in α- und β-Si_3N_4 unterschiedlich, in der α-Phase lautet sie ABCDABCD..., in der β-Phase ABAB... [29, 57]. In [29] wird ein Modell für den Übergang aus der α- in die β-Si_3N_4-Phase untersucht. Im wesentlichen können die Angaben der Arbeiten [23, 28] als Grundlage für die Strukturanalyse von Siliciumnitridschichten benutzt werden.

Im System Si—N—O, das bei Dotierung von Siliciumoxynitrid- oder Siliciumnitridschichten mit Sauerstoff auftritt, gibt es auch eine kristalline Verbindung, nämlich Si_2ON_2 [40] (Abb. 2.1c)). Die Elementarzelle von Si_2ON_2 vereinigt in sich die Besonderheiten der kristallinen Formen der Verbindungen SiO_2 und Si_3N_4. Die Parameter der Si_2ON_2-Elementarzelle sind [40, 58]:

Bindungslänge	Si—O	0,1645 nm,
	Si—N	0,170—0,173 nm;
Bindungswinkel	N—Si—N	107,0—112,3°,
	Si—N—Si	117,0—122,5°,
	Si—O—Si	149,5°.

Verschiedene Projektionen der Si_2ON_2-Elementarzelle sind in [58] angegeben.

2.2.2. Anwendung der radialen Verteilungsfunktion zur Analyse der Nahordnung von amorphem Siliciumnitrid

In der Arbeit [17] ist die Methode der radialen Verteilungsfunktion (RDF) der Atomdichte zur Analyse der Nahordnung von Siliciumnitrid benutzt worden. Dabei wurden Schichten untersucht, die aus einer Ammoniak-Silan-Mischung im Verhältnis 1:2 bis 20:1 (d. h. mit relativ hohem Silananteil) durch Plasmaabscheidung auf Kochsalz erhalten worden waren. Die in [17] festgestellte Unbestimmtheit bezüglich des Aufbaus der Schichten könnte unserer Auffassung nach daraus resultieren, daß die mittlere Streukurve unmittelbar aus der experimentellen Intensitätskurve $I_{exp}(s)$ bestimmt wurde. Dieselbe Meinung vertritt auch der Autor der Arbeit [26].

Es ist jedoch eine genauere Methode zur Konstruktion einer mittleren Streukurve bekannt [18], die auch von uns benutzt wurde. Analog zu [18], wo die VAJNŠTEJNsche Idee der Normierung der Intensität [19] realisiert wird, haben wir die Intensität der kohärenten Streuung mit Hilfe der $I_{\text{exp}}(s)$-Kurve bestimmt, ohne vorher den Untergrund zu berechnen. Wie noch ersichtlich wird, ist die auf diese Weise gewonnene Kurve $i(s)$, die starke Oszillationen besitzt, für eine genaue Berechnung wesentlich günstiger. Es gilt

$$i(s) = \frac{I_{\text{koher}}(s) - \sum_i f_i^2}{\sum_i f_i^2} = \frac{I_{\text{koher}}(s)}{\sum_i f_i^2} - 1 = \frac{1}{j}\left(\frac{I_{\text{exp}}}{\sum_i f_i^2} - \frac{I_{\text{mittel}}}{\sum_i f_i^2}\right), \tag{2.1}$$

wobei j ein Normierungsfaktor ist, dessen Wert in [18] bestimmt wird.

Im weiteren entspricht unsere Berechnung der RDF dem Standardverfahren, das in [17] benutzt wird. Die Arbeitsformel lautet

$$4\pi R^2 U(R) = 4\pi R^2 U_0 (K_m)^2 + \frac{2R}{\pi} (K_m)^2 \cdot \int_{s_{\min}}^{s_{\max}} s \cdot i(s) \sin sR \cdot \exp(-bs^2)\, ds. \tag{2.2}$$

Werte von s zwischen 10 und 88 nm^{-1} sind realistisch; in unserem Fall beträgt die Schrittweite von R 0,01 nm, die Schrittweite von s 0,34 nm^{-1}. Der Faktor $\exp(-bs^2)$ in der Formel (2.2) ist manchmal notwendig, um unrealistische Oszillationen zu vermeiden, die durch den Abbruch der Integration hervorgerufen werden. Da man den Einfluß des Abbruches auch auf andere Art und Weise beheben kann und die Intensitätsreduzierung mit Hilfe des „Temperaturfaktors" in einer Reihe von Fällen zum Verlust von Strukturinformationen führt, ist dieses Vorgehen jedoch nicht zwingend.

Das Integral aus Gleichung (2.2) wurde mit der Trapezmethode auf dem Rechner BESM-6 berechnet. Die Koordinationsradien wurden in unseren Experimenten mit einer Genauigkeit von $\pm 0{,}003$ nm bestimmt.

Eine Abschätzung bezüglich der Nahordnung ist natürlich auch durch einen Vergleich der experimentellen $i(s)$-Kurven mit denen für eine hypothetische Struktur möglich; auch diese Methode haben wir häufig benutzt. In diesem Fall wurde $i(s)$ eines hypothetischen Clusters mit der DEBYE-Formel

$$i(s) = \sum_i \sum_k \frac{\sin sR_{ik}}{sR_{ik}} \tag{2.3}$$

bestimmt.

2.2.3. Nahordnung von Siliciumnitridschichten, hergestellt aus einem Gemisch von Silan und Ammoniak bei 700 bis 1000 °C

In Abb. 2.2. sind die Funktion $s \cdot i(s)$, die RDF nach Formel (2.2) und der oszillierende Anteil der RDF (d. h. der zweite Term von (2.2)) für Siliciumnitridschichten dargestellt, die bei 700 bis 1000 °C aus einem Silan-Ammoniak-Gemisch hergestellt worden sind.

Die Lage des ersten Koordinationsmaximums (0,17 bis 0,18 nm) ist für alle Proben gleich, und die erste Koordinationszahl beträgt ungefähr 3,7 bis 3,9. Da nach den Angaben der Arbeit [28] die Si—N-Bindungslänge sogar für kristallines Siliciumnitrid von 0,171 bis 0,178 nm schwankt, kann praktisch von einer Übereinstimmung mit dem Si—N-Abstand des kristallinen α-Si_3N_4 gesprochen werden. Das gleiche kann man bezüglich des zweiten Koordinationsradius (N—N) sagen, der mit guter Genauigkeit 0,29 nm beträgt (nach [28] liegt der Wert der Bindungslänge von N—N zwischen 0,267 und 0,29 nm, während die Bindungslänge von Si—Si 0,30 nm beträgt, so daß das zweite Peak eine komplizierte Struktur besitzt) und damit in der Nähe des dritten und vierten Koordinationsradius des α-Si_3N_4 liegt. Der nächste (fünfte) Koordinationsradius von α-Si_3N_4 kann aus den experimentellen Daten nicht mehr genau bestimmt werden (s. Tab. 2.3).

Die Größe der Cluster beträgt bei einer Herstellungstemperatur von 700 bis 800 °C nicht weniger als 0,8 bis 1,0 nm und bei 1000 °C etwa 1,0 bis 1,5 nm (als maximale Clustergröße kann man 5,0 nm annehmen; dieses Resultat wurde jedoch nicht mit Hilfe der RDF gefunden, sondern aus Kristallisationsdaten, die im folgenden angegeben werden).

Die Untersuchung der Infrarotspektren bei einmaliger Schichtdurchstrahlung zeigte keinen Unterschied für Nitride, die bei verschiedenen Pyrolysetemperaturen hergestellt worden waren; die Absorptionsbanden bei 860 bis 870 cm^{-1} (Si—N) und bei etwa 1100 cm^{-1} (Si—O) besaßen die gleiche Intensität. Die mit Hilfe der ATR-Methode erhaltenen IR-Spektren von Schichten, die bei 700 bis 850 °C synthetisiert worden waren, hatten ein starkes Peak für die N—H-Bindung (3300 cm^{-1}), während das Maximum bei 2200 cm^{-1} (Si—H-Bindung) kaum feststellbar war.

2.2.4. Kristallisation von Siliciumnitrid

Das bei 750 bis 950 °C hergestellte Siliciumnitrid ist amorph und besitzt eine Nahordnung innerhalb eines Gebietes von 1,0 bis 2,0 nm (dieses Gebiet ist also größer als die Elementarzelle). Gewöhnlich beträgt die Zeitdauer, während der die Schicht der Synthesetemperatur ausgesetzt ist, nicht mehr als einige Minuten

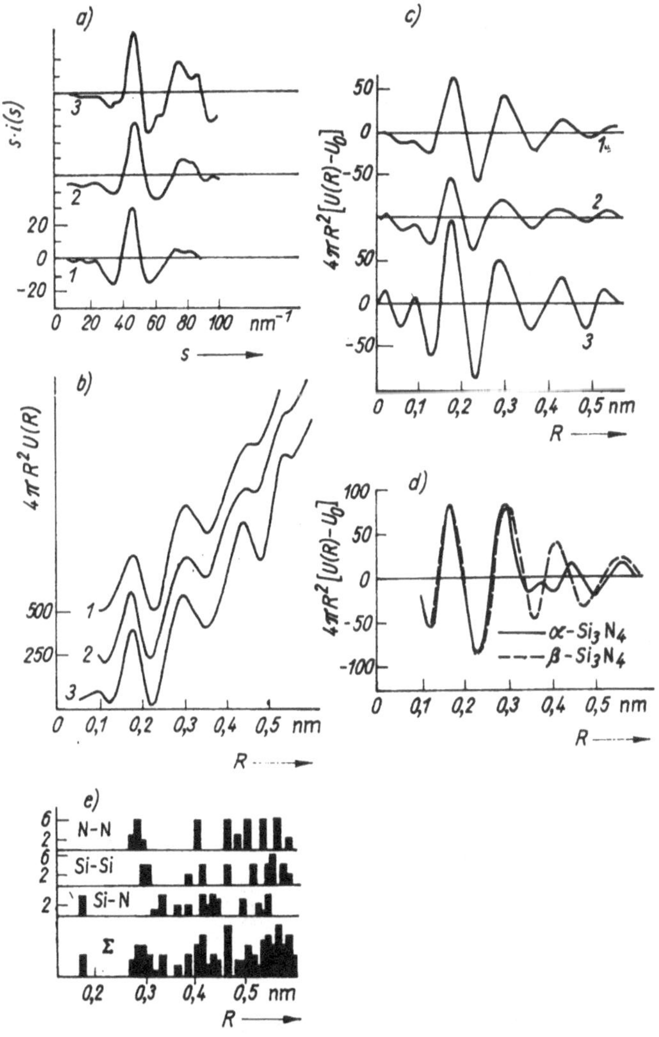

Abb. 2.2. Nahordnung im stöchiometrischen Siliciumnitrid: a) Faktor $s \cdot i(s)$ des Integranden aus (2.2) für Siliciumnitridschichten, die bei 700 °C (1), 900 °C (2) und 1000 °C (3) hergestellt worden sind; b) RDF, 1 bis 3 siehe a); c) strukturabhängiger Anteil der RDF, 1 bis 3 siehe a); d) strukturabhängiger Anteil der RDF für α- und β-Si_3N_4-Cluster, die aus 88 Atomen bestehen, Theorie; e) Histogramm für die Atomabstände im α-Si_3N_4

Tabelle 2.3. Koordinationsradien R (nm) von Siliciumnitriden und Siliciumoxynitriden. Die Genauigkeit beträgt $\pm 0{,}003$ nm. Die Zahlenangaben nach ON (Oxynitrid) drücken den relativen SiO_2-Anteil in Prozent aus

R	Si_3N_4 für T, °C				α-Si_3N_4 [23]	$Si_3N_4(Si)$ für $SiH_4:NH_3$			Si
	700	800	900	1000		1:10	2:1	10:1	
R_1	0,174	0,174	0,174	0,175	0,1707–0,1779 (Si–N)	0,175	0,176	0,175	0,235
R_2	0,305	0,300	0,300	0,300	0,2673–0,2902 (N–N) 0,2960–0,3071 (Si–Si)	0,302	0,302	0,293	0,384
R_3	0,42–0,44	0,43	0,44	0,44	—	—	—	—	0,450
R_4	—	0,55	0,555	0,54	—	—	—	—	0,543

R	$Si_xO_yN_z$					Si_2N_2O [23]	β-Cristobalit [23]	α-Quarz [23]
	ON-15	ON-40	ON-60	ON-75	ON-80			
R_1	0,173–0,174	0,174	0,172	0,168	0,170	0,1623 (Si–O) 0,170–0,175 (Si–N)	0,155 (Si–O)	0,165 (Si–O)
R_2	0,302	0,310	0,300	0,305 (komplizierte Struktur)	0,310 (komplizierte Struktur)	0,268–0,282 (O–N) 0,276–0,285 (N–N)	0,253 (O–O)	0,265 (O–O)
R_3	0,440	0,445	0,440	0,450	0,420	0,293–0,312 (Si–Si)	0,310 (Si–Si)	0,310 (Si–Si)
R_4	0,530	0,530	0,530	0,530	—	0,337 (O–O)	0,400 (Si–O)	0,360 (Si–O)

(mittlere Wachstumsgeschwindigkeit 10 bis 30 nm/min). Während dieser Zeit ändert das Nitrid seine Struktur nicht. Jedoch werden im anschließenden Diffusionsregime die Schichten eine Stunde lang auf 1000 bis 1200 °C erwärmt.

Für große Temperatur- und Zeitbereiche sind keine Daten über den strukturellen Zustand von Siliciumnitrid, das durch Ammonolyse erhalten wurde, vorhanden. Das bei direkter Nitridation von Silicium bei einstündiger Erwärmung auf 1130 °C erhaltene Siliciumnitrid ist bekanntlich teilweise kristallin, wobei $\{10\bar{1}0\}$ α-Si_3N_4 $\|$ $\{111\}$ gilt [20].

Die Resultate bezüglich der Kristallisation des synthetisierten Siliciumnitrids während des Abscheidens oder nach dem Tempern im Vakuum sind widersprüchlich. So erhält man nach [6] in den Siliciumnitridschichten schon bei 900 bis 1000 °C kleine α-Si_3N_4-Kristalle, während nach [12, 21, 22] die Kristallisation erst bei 1200 bis 1300 °C beginnt.

Wir wollen nun die Stabilität von Siliciumnitrid ermitteln. Dazu wird der Phasenzustand von Siliciumnitridschichten einer Dicke von etwa 100 nm, die durch Reaktion von Ammoniak und Silan bei 830 °C erhalten wurden, nach Tempern in einem Vakuum von etwa 10^{-4} bis 10^{-5} Pa betrachtet. In Abb. 2.3 sind die Resultate dieser Experimente dargestellt. Folgende Hauptergebnisse wurden erhalten:

1. Aus den elektronenmikroskopischen Untersuchungen folgt, daß amorphes Siliciumnitrid kristallisiert (Abb. 2.3a)). Die Kinetik der Kristallisation bei 1050 bis 1330 °C und einer Zeitdauer von einer Viertelstunde bis vier Stunden kann durch Kurven dargestellt werden, die einen Inkubations- und einen Sättigungsbereich aufweisen [27] (Abb. 2.3b)—d)). Die Größe

$$\eta(t) = 1 - \exp\left(-\int_0^t J(\tau)\,\frac{4}{3}\,\pi v^3 (t-\tau)^3\,\mathrm{d}\tau\right) \tag{2.4}$$

ist der Anteil des während der Zeit t kristallisierten Schichtvolumens, τ ist die Zeitvariable; $J(\tau)$ die Bildungsgeschwindigkeit von Wachstumszentren.

In der Näherung des selbständigen Wachstums quasisphärischer Cluster mit einer stationären Bildungsgeschwindigkeit $J(\tau) = I$ erhält man aus (2.4) nach Integration

$$\eta(t) = 1 - \exp\left(-\pi v^3 I t^4/3\right). \tag{2.5}$$

Setzen wir in (2.5) die experimentellen Werte von $\eta(t)$ für die Kristallisation der Schicht bei 1150 °C ein, so erhalten wir Übereinstimmung mit dem Experiment für $I = 10^8\ \mathrm{cm^{-3}\,s^{-1}}$ und $v = 3 \cdot 10^{-8}\ \mathrm{cm\,s^{-1}}$. Die Kristallisationsgeschwindigkeit hängt exponentiell von der Temperatur ab. Die Aktivierungsenergie für den Wachstumsprozeß der Kristalle beträgt 2,3 $\pm$ 0,2 eV.

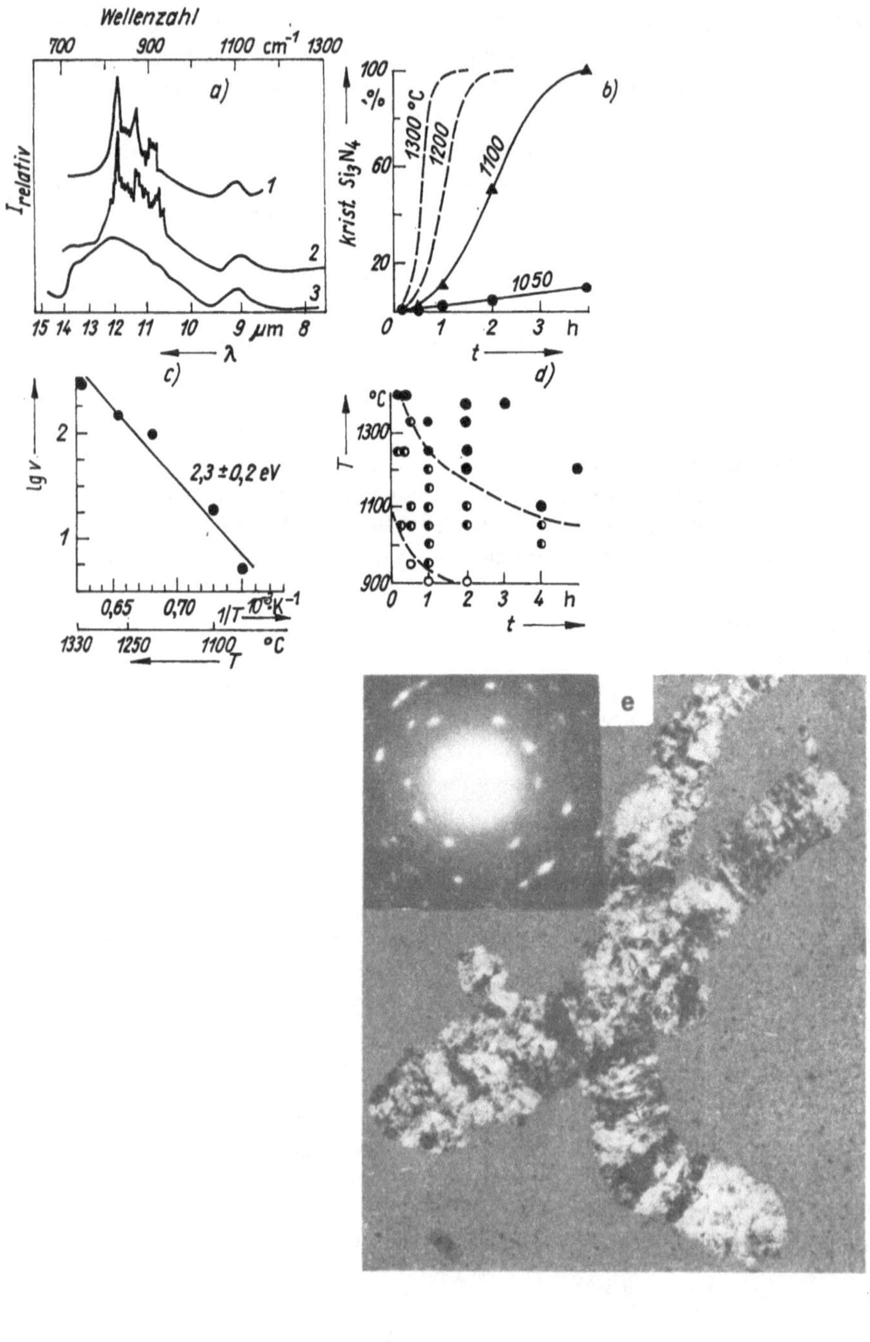
Wellenzahl
700
900
1100 cm⁻¹
1300
a)
$I_{relativ}$
1
2
3
15 14 13 12 11 10 9 µm 8
λ
100
%
krist. Si_3N_4
60
20
1300 °C
1200
1100
1050
b)
0 1 2 3 h
t
c)
lg v
2
1
2,3 ± 0,2 eV
0,65 0,70
1/T 10⁻³K⁻¹
1330 1250 1100 °C
T
d)
°C
1300
1100
900
T
0 1 2 3 4 h
t
e

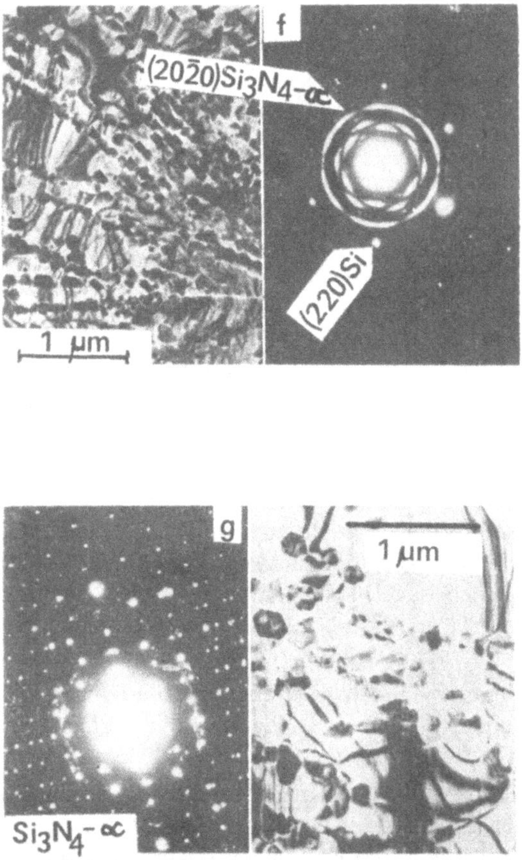

Abb. 2.3. Kristallisation von Siliciumnitridschichten auf Silicium nach Vakuumtempern bei ungefähr 10^{-4} Pa; a) Infrarotabsorptionsspektrum nach der Kristallisation (1 — 1200 °C, 2 h; 2 — 1200 °C, 1 h; 3 — Ausgangszustand; b) Kinetik der Kristallisation bei verschiedenen Temperaturen; der prozentuale Kristallanteil wurde aus der entsprechenden Fläche bestimmt; c) Abhängigkeit von lg v von $1000/T$; für die Geschwindigkeit v wurde ihr Maximalwert am Wendepunkt der Kurven von Abb. 2.3 b) eingesetzt; d) Struktureller Zustand von Siliciumnitridschichten für verschiedene Temperzeiten und Temperaturen (• vollständig kristallin, ◐ teilweise kristallin, ○ amorph); e) TEM-Mikrophotographie; Beginn der Kristallisation mit ersten α- und β-Si_3N_4-Kristallen; f) Vollständig kristallisierte Schicht; auf dem Elektronenbeugungsbild ist erkennbar, daß die Kristallisation von α-Si_3N_4 auf Silicium orientiert abläuft; (111) Si || (0001) α-Si_3N_4, [220] Si || [10$\bar{1}$0] α-Si_3N_4; g) Vollständig kristallisierte Schicht; orientierte Verwachsung von Silicium und α-Si_3N_4

2. Siliciumnitrid kristallisiert in der α-, seltener in der β-Struktur [23] (Abb. 2.3e), g)). Zuerst bilden sich kristalline Inseln, danach kristallisieren die Schichten vollständig. Bei hohen Temperaturen erreichen die Siliciumnitridkörner infolge der Rekristallisation eine Größe von 0,1 mm.

3. Bei der Kristallisation besteht eine orientierende Wirkung des Siliciumsubstrates auf die Lage der Siliciumnitridkristalle. Es wurden die Orientierungen $\{0001\}$ α-Si_3N_4 $\|$ $\{111\}$ Si (wobei $\langle 11\bar{2}0\rangle$ α-Si_3N_4 $\|$ $\langle 110\rangle$ Si oder $\langle 10\bar{1}0\rangle$ $\|$ $\langle 110\rangle$ Si in der Verwachsungsebene liegt) und $\{11\bar{2}0\}$ α-Si_3N_4 $\|$ $\{111\}$ Si (wobei $\langle 10\bar{1}0\rangle$ α-Si_3N_4 $\|$ $\langle 112\rangle$ Si in der Verwachsungsebene liegt) beobachtet (Abb. 2.3f), g)). Die erste Kombination ist die gewöhnlich auftretende; sie entspricht einer geringen gegenseitigen Deformation der kristallographischen Ebenen des Kristalls und des Substrates. Die zweite Kombination ist ungewöhnlich. Dazu ist eine erhebliche Rekonstruktion der $\{111\}$-Siliciumoberfläche notwendig, d. h. sogar die Veränderung ihrer Symmetrie.

4. Die Tendenz zur Kristallisation wird durch Anwesenheit von gasförmigem Sauerstoff reduziert. Es ist möglich, daß der Sauerstoff folgendermaßen wirkt: Er löst sich teilweise im Nitrid, wodurch dessen Orientierung aufgehoben wird und die Nitridcluster die für die Kristallisation notwendige Fähigkeit, sich zu drehen und geringfügig zu verschieben, verlieren; teilweise gelangt Sauerstoff an die Siliciumnitrid-Silicium-Interface, wobei er das Nitrid von dem orientierenden und das Wachstum der Kristalle stimulierenden Substrat trennt.

5. Im Infrarotabsorptionsspektrum von teilweise und vollständig kristallisiertem Siliciumnitrid treten Banden auf, die für die kristalline Phase von α-Si_3N_4 charakteristisch sind [24].

6. Die Ladung an der Siliciumnitrid-Silicium-Interface nimmt geringfügig ab, jedoch wächst auf Grund der Unvollkommenheit der Schicht die Anzahl der dielektrischen Durchbrüche erheblich (die Experimente wurden in Analogie zu [25] mit einer Quecksilbersonde durchgeführt).

Alle aufgeführten Effekte bei der Kristallisation von Siliciumnitridschichten wurden erstmals beobachtet. Wichtig ist offensichtlich auch die qualitative Seite der Resultate: Oberhalb von 1050 °C ist Siliciumnitrid, das im Vakuum oder in einer neutralen Atmosphäre erwärmt wurde, strukturell instabil.

2.3. Nichtstöchiometrisches Siliciumnitrid

Das stöchiometrische Siliciumnitrid, das in seiner Zusammensetzung dem Si_3N_4 nahekommt, ist hinreichend gut untersucht worden. Jedoch genügt dieses Material nicht allen Anforderungen. Deshalb untersucht man neuerdings

MIS-Strukturen mit vorgegebenem Anteil an nichtstöchiometrischem Siliciumnitrid.

Eine dieser MIS-Strukturen, nämlich MNOS-Bauelemente mit einstellbarer Leitfähigkeit und Dichte der Traps im Siliciumnitrid, kann zu Speicherzwecken angewendet werden. Die veränderliche Leitfähigkeit sowie der veränderliche Brechungsindex ergeben sich hierbei aus der Vergrößerung des Silan-Ammoniak-Verhältnisses in der Gasphase auf mehr als 1:100.

Ein anderes Beispiel ist Siliciumoxynitrid $Si_xO_yN_z$. Siliciumnitrid mit einem Überschuß an Silicium ist den Eigenschaften nach ein Zwischenprodukt zwischen Silicium und Si_3N_4. Das Material $Si_xO_yN_z$ dagegen besitzt Eigenschaften, die zwischen denen von Si_3N_4 und SiO_2 liegen, sowie eine Reihe zusätzlicher spezifischer Eigenschaften.

Es ist evident, daß die Gewinnung von Informationen über die Struktur beider nichtstöchiometrischer Nitride eine Aufgabe ersten Ranges ist, zumal es praktisch keine entsprechenden Literaturdaten gibt.

2.3.1. Siliciumnitrid mit Siliciumüberschuß

In der Literatur existieren Mitteilungen über die elektrische Leitfähigkeit von Siliciumnitrid, das aus einem Gemisch von Silan und Ammoniak in einem Verhältnis größer 1:10 bis 1:50 (bis 30:1) [30] hergestellt wurde. Mit wachsendem Silananteil in dem Gasgemisch nehmen der elektrische Widerstand und die Durchbruchsspannung für Nitridschichten stark ab. Ebenso wird gezeigt, daß sich das optische Gap von nichtstöchiometrischem Siliciumnitrid mit wachsendem Überschuß an Silicium kontinuierlich von 5 bis auf 2 eV ändert [31, 32].

Ein Siliciumnitrid dieser Art könnte wie folgt aufgebaut sein:

a) aus einem Gemisch von Silicium- und Siliciumnitridclustern (in [17] ist dieses Modell für nichtstöchiometrisches Siliciumnitrid vorgeschlagen, das durch ein Plasmaverfahren aus einem Gemisch mit Silanüberschuß abgeschieden wurde);

b) wie eine feste Lösung, d. h. durch Einbau von Silicium in das Lösungsmittel Siliciumnitrid;

c) wie eine feste Lösung, jedoch durch Ersetzung des Stickstoffs in den Siliciumnitridclustern, die wiederum das Gerüst des Isolators bilden, durch Silicium (dieses Modell ist in [34] für SiO_x vorgeschlagen);

d) als Siliciumnitridgerüst mit Gebieten zufällig orientierten Siliciums, das bei Erwärmung Cluster und Mikrokristalle bilden kann;

e) als Kombination der bereits aufgezählten Modelle.

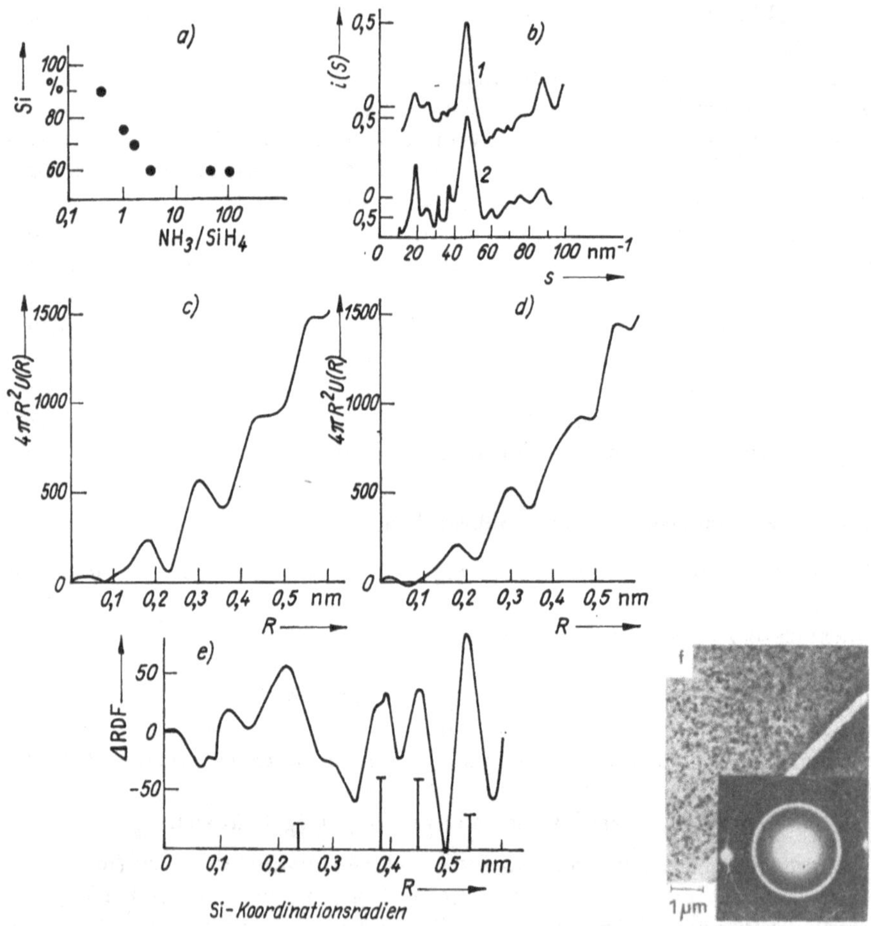

Abb. 2.4. Zusammensetzung und Struktur von Siliciumnitridschichten, die einen Siliciumüberschuß aufweisen; a) Abhängigkeit des Siliciumgehaltes der Schichten vom Ammoniak-Silan-Verhältnis in der Gasphase (Röntgenstrukturanalyse); b) Intensitätskurven für amorphe (1, theoretisch) und polykristalline (nach dem Tempern) (2) Schichten; c) RDF für Siliciumnitrid mit geringem Siliciumanteil (Proben-Nr. 4031); d) RDF für Siliciumnitrid mit Siliciumüberschuß (Proben-Nr. 4078); e) Δ-RDF von Siliciumnitrid Nr. 4078 und stöchiometrischem Siliciumnitrid Nr. 4058; es treten Peaks im Gebiet des Koordinationsradiusses des reinen Siliciums auf; f) Mikrostruktur der Schicht Nr. 4078 ($SiH_4:NH_3 = 1:0{,}5$) nach zweistündigem Tempern bei 900 °C (die Reflexe auf dem Ring des polykristallinen Siliciums stammen vom Siliciumsubstrat)

Si_3N_4(Si)-Schichten wurden in einem Niederdruckreaktor durch Synthese aus einem Silan-Ammoniak-Gemisch im Verhältnis 1:50 bis 5:1 bei 930°C gewonnen. Die Zusammensetzung der Schichten ist mit Hilfe der Röntgenstrukturanalyse ermittelt worden (Abb. 2.4a)). Zur Erhöhung der Genauigkeit dieses Verfahrens wurden spezielle Vergleichsschichten großer Dicke (1 bis 5 μm) hergestellt, während die Schichten, bei denen die Struktur untersucht wurde, eine Dicke von ungefähr 100 nm besaßen.

Die grundlegenden Strukturmerkmale von Si_3N_4(Si), die sich aus der Analyse der Funktionen $i(s)$, der RDF und auch den Unterschieden der RDF von Si_3N_4(Si) und stöchiometrischem Si_3N_4 ergeben, lassen folgende Schlüsse zu (s. auch Tab. 2.3):

1. Die stabilen Lagen von mindestens zwei bis drei Koordinationsradien in der RDF und von drei bis vier Peaks von $i(s)$ bei unterschiedlichsten Verhältnissen von Silan und Ammoniak während der Synthese bestätigen, daß die Grundstruktur des Si_3N_4(Si) aus einem stöchiometrischen Nitridskelett besteht. Ein Übergang von Si_3N_4 zu einem Si-Netzwerk[30]) durch Ersetzung der Stickstoffatome durch Silicium oder Deformation der grundlegenden Struktureinheit, des SiN_4-Clusters, durch die eingebauten Siliciumatome kann nicht bestätigt werden (Abb. 2.4b)—d)). Daraus folgt jedoch keinesfalls, daß in den Hohlräumen des Si_3N_4-Netzwerkes keine eingedrungenen Siliciumatome sein könnten. Allerdings ist in der Fehlergrenze bei der Bestimmung der Koordinationsradien ($\pm$0,003 nm) kein gesetzmäßiger Zusammenhang zwischen diesen Größen und dem Silan-Ammoniak-Verhältnis angebbar.

2. Bei einem Gehalt von mehr als 10 bis 20 Vol.-% Silicium in den Siliciumclustern, d. h. in einem sehr siliciumreichen Siliciumnitrid, hängen die RDF-Verläufe des Si_3N_4(Si) von den Siliciumclustern ab. Das kommt, wie bereits gezeigt [31, 33], in der Asymmetrie des ersten Koordinationspeaks der RDF zum Ausdruck, d. h. in dem Anheben der rechten Flanke des Peaks und der Vergrößerung der Peakfläche (Abb. 2.4c), d)). Eine gute Bestätigung für die Existenz eines Gemisches aus Silicium-Siliciumnitrid-Clustern liefern Differenz-RDF (Δ-RDF). In Abbildung 2.4e) ist die Δ-RDF von Nitrid, das bei einem Überschuß an Silan im Reaktor (Nr. 4078, Silan: Ammoniak = 2:1) erhalten wurde, und stöchiometrischem Siliciumnitrid dargestellt. Die Lage einiger Maxima der Differenz zwischen siliciumreichem Siliciumnitrid und

[30]) Die Funktion $i(s)$ wurde für alle möglichen x und y im Si—Si_xN_y-Modell ($x + y = 4$) berechnet. Dabei sind für die Si—Si- und Si—N-Bindungslängen die Werte der Endsubstanzen Silicium und Si_3N_4 verwendet und die Si—Si_xN_y-Tetraeder mit und ohne Verzerrung konstruiert worden (Abb. 2.4b)).

stöchiometrischem Nitrid fällt genau mit den Maxima der RDF des kristallinen Siliciums zusammen.

3. Die Intensitätsfunktion $i(s)$ ist empfindlich gegenüber zehn und mehr Prozent überschüssigem Silicium in Form von fünfatomigen Clustern.

4. In den Clustern des amorphen Siliciums war bei allen von uns für die Synthese von $Si_3N_4(Si)$ benutzten Silan-Ammoniak-Verhältnissen nicht mehr als 20% überschüssiges Silicium enthalten.

5. Ein Beweis für die Existenz großer Siliciumcluster im $Si_3N_4(Si)$ ergab sich aus der thermischen Bearbeitung der Schichten, bei der die Kristallisation des Siliciums vor der Kristallisation des Siliciumnitrids einsetzte (aus dem Gesagten geht hervor, daß die Temperung bei 900 bis 1000 °C durchgeführt werden mußte). Eine Zeitdauer von 0,5 bis 2 Stunden führte tatsächlich zum Abscheiden von Siliciumkörnern einer Größe von 50 bis 200 nm im $Si_3N_4(Si)$, das bei Silan-Ammoniak-Verhältnissen 1:1 und 5:1 hergestellt wurde (Abb. 2.4f)). Bei Abscheiden von polykristallinem Silicium veränderte sich die Form der Nitridmaxima der Intensitätskurven $i(s)$ nicht, was man auch als Folge der unabhängigen Existenz der $Si_3N_4(Si)$- und Si-Komponenten des zweiphasigen amorphen Gemisches betrachten kann.

In der Literatur sind nur wenige Daten über die Diffusion von Elementen in Si_3N_4 und keine über die Selbstdiffusion von Si enthalten. Deshalb nehmen wir an, daß der Selbstdiffusionskoeffizient von Silicium bei 900 °C nicht größer ist als der für Natrium [35] oder für Zink [36] mit dem charakteristischen Wert von 10^{-14} bis 10^{-16} cm^2/s. Für diesen Fall beträgt die Diffusionslänge jedoch 10^{-5} bis 10^{-6} cm (die Zeitdauer sei 2 h), d. h. etwa ein Zehntel der beobachteten Ausmaße der kristallinen Gebiete und der Abstände zwischen diesen Gebieten.

Nach den Angaben der Arbeit [71] ist der Selbstdiffusionskoeffizient des Stickstoffs im Siliciumnitrid noch kleiner als der angenommene Wert (10^{-24} cm^2/s). Deshalb sind Veränderungen des Diffusionscharakters im Siliciumnitrid unter den angegebenen Bedingungen wenig wahrscheinlich. Das bedeutet, daß in Si_3N_4 mit großem Siliciumanteil bereits nach der Herstellung Cluster aus amorphem Silicium der Größe 10 bis 100 nm enthalten sein können, die bei Temperung in Monokristalle übergehen.

Jedoch kann man innerhalb des Modelles des Si_3N_4—Si-Gemisches nicht die mit Erhöhung des Silanüberschusses (Siliciumüberschusses) auftretenden kontinuierlichen Veränderungen der elektrischen Leitfähigkeit und des optischen Gaps (diese Parameter können voneinander abhängen) im $Si_3N_4(Si)$ erklären, die von mehreren Autoren beobachtet wurden ([30, 31] und andere). Um die Struktur und die optischen Eigenschaften von nichtstöchiometrischem

Siliciumnitrid verknüpfen zu können, muß man in einem Modell einer festen Lösung mit einer Siliciumsubstitution im Siliciumnitrid annehmen, daß die Existenz einiger SiN_xSi_{1-x}-Gruppen möglich ist, die analog zu den SiN_4-Tetraedern aufgebaut sind. Dafür sind aber weitere experimentelle Daten erforderlich.

Siliciumnitrid, das mit Silicium angereichert ist, weist die Besonderheit auf, daß sogar bei den größten Verhältnissen von Silan zu Ammoniak (nach den Angaben von [30] bis zu 30:1) die Schichten hochohmig bleiben (der spezifische Widerstand ist um Größenordnungen größer als der des amorphen Siliciums), der Wert des optischen Gaps in den siliciumreichsten Nitriden auf höchstens 2 bis 2,2 eV absinkt und in den RDF die Peaks an den zum reinen Siliciumnitrid gehörenden Koordinationsradien erhalten bleiben. Aller Wahrscheinlichkeit nach resultiert diese Besonderheit aus der Existenz eines Siliciumnitridgerüstes.

Wenden wir uns nun wieder der Frage nach dem wahrscheinlichsten Strukturmodell des amorphen Siliciumnitrids mit einem Überschuß an Silicium zu, so müssen wir den Modellen a) oder d) den Vorzug geben (in beiden Modellen werden dem Wesen nach Phasengemische betrachtet). Die Modelle unterscheiden sich aber voneinander durch den Grad der Entwicklung der Phasengrenze. Als Nitrid tritt offensichtlich eine unterstöchiometrische Lösung auf, in der der Anteil an gelöstem Silicium oder Silicium, das sich auf Substitutionsplätzen befindet, 10 bis 20% nicht übersteigt. Der Bereich der Nahordnung im Nitridgerüst beträgt nicht weniger als 1,5 nm, während die nur selten anzutreffenden Gebiete geordneten Siliciums eine Größe von 1 bis 100 nm besitzen.

2.3.2. Siliciumoxynitrid

Es sind viele Methoden zur Herstellung von Oxynitridschichten durch Gasphasenreaktion bekannt, die sich hauptsächlich durch die Sauerstoffquelle unterscheiden. In unserer Arbeit [37] wird die Struktur von Schichten untersucht, die aus einem $SiCl_4-NH_3-CO_2$-Gemisch synthetisiert worden sind.

Eines der Hauptergebnisse der Arbeit [37] besteht im Nachweis einer äußerst geringen Empfindlichkeit der RDF gegenüber dem Sauerstoffgehalt im Siliciumoxynitrid im Bereich von 0 bis 50% SiO_2-Anteilen. In [37] wird angenommen, daß der Gehalt an SiO_2 der Veränderung $\Delta n/n_0$ des Brechnungsindexes der Schicht proportional ist, wobei $n_0 = n_{Si_3N_4}$ gilt und $\Delta n = n_0 - n_{SiO_2}$ ist. Die RDF unterscheidet sich bei diesen Sauerstoff- bzw. SiO_2-Konzentrationen im Siliciumnitrid bezüglich der Lage der Koordinationsradien und der ersten Koordinationszahl kaum von der RDF des reinen Siliciumnitrids; erst bei einem SiO_2-Gehalt von 82% nähert sich der erste Koordinationsradius (R_1) dem Wert 0,164 nm (für β-Cristobalit ist R_1 gleich 0,155 nm, in α-Cristobalit 0,159 nm und in Si_2ON_2 0,162 nm). Dabei wurden nach Tempern bei hohen Temperaturen Spuren von polykristallinem Si_2ON_2 beobachtet. Ausnahmslos in allen Fällen bestand der Hauptanteil der kristallinen Phase nach dem Tempern aus α- und β-Si_3N_4.

In der Arbeit [37] sind nur vorläufige Resultate über die Struktur des Siliciumoxynitrids enthalten, weil die untersuchten Schichten nicht genügend viele verschiedene Zusammensetzungen besaßen.

Wir haben später die Struktur von Siliciumoxynitridschichten auf Silicium untersucht, die aus einem SiH_4—NH_3—O_2-Gemisch bei 875 °C erhalten wurden. Anhand dieser Oxynitride, die mit Hilfe eines anderen als in [37] benutzten Systems hergestellt worden sind, wollten wir aufklären, ob die in [37] erhaltenen Resultate für Siliciumoxynitride Allgemeingültigkeit besitzen.

Wir haben für die Analyse der Struktur des Siliciumoxynitrids nicht nur die RDF oder ihre oszillierenden Anteile allein, sondern auch die $i(s)$- und $s \cdot i(s)$-Kurven aus ihrem Integranden herangezogen. Für den Vergleich mit dem Experiment wurden Modelle von Si_2ON_2-Clustern (25 und 88 Atome), β-Cristobalit (10, 25 und 88 Atome), α-Quarz (10, 38 und 88 Atome) und Gemische (α-Si_3N_4 + β-Cristobalit) im Verhältnis 1:3, 1:1 und 3:1 benutzt, für die mit der Debye-Methode die Funktionen $i(s)$ und $s \cdot i(s)$ auf Großrechnern berechnet wurden.

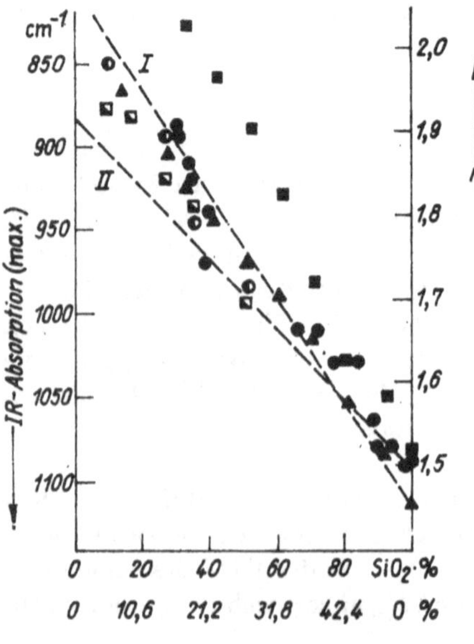

Abb. 2.5. Abhängigkeit der Peaklage der Infrarotabsorption von Siliciumoxynitridschichten und ihres Brechungsindex n vom Sauerstoffgehalt, der röntgenspektroskopisch bestimmt worden ist; I — mit *ZAF*-Korrektur (*Z* Ordnungszahl des Atoms, *A* Absorptionskoeffizient, *F* Fluoreszenzfaktor); II — ohne Korrektur: ▲ ■ Angaben von [38] für n und die Infrarotabsorption; ◐ ◪ dasselbe nach [5]; ● unsere Daten für n

Die zusätzliche Bestätigung für die Richtigkeit der für die Beschreibung der amorphen Siliciumoxynitride vorgeschlagenen Modelle sollte sich unserer Auffassung nach aus der Untersuchung der Hochtemperaturkristallisation ergeben, die in Analogie zu [37] im Vakuum durchgeführt wurde.

Die Lage des Maximums der Infrarotabsorption und der Wert des Brechungsindex der Schichten als Funktion ihrer Zusammensetzung ist entsprechend unseren Resultaten sowie nach den Angaben der Arbeiten [38] (Herstellung aus SiH_4-NH_3-NO) und [5] (Herstellung aus $SiCl_4-NH_3-CO_2$) in Abb. 2.5 dargestellt. Bezüglich des Einflusses der Sauerstoffkonzentration der Siliciumoxynitridschichten auf ihren Brechungsindex (der ellipsometrisch bei $\lambda = 632{,}8$ nm bestimmt wurde) ähneln sich die Resultate. Die Abhängigkeit $n(\mathrm{O})$ ist in einem großen Intervall der Schichtzusammensetzung fast linear; eine Ausnahme bildet der Bereich geringer Sauerstoffkonzentrationen, für den die Streuung der Werte sehr groß ist.

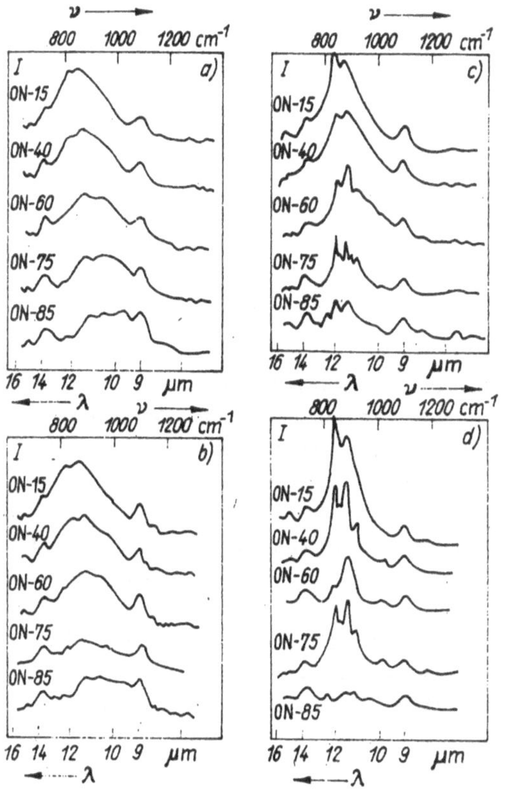

Abb. 2.6. Veränderung von Infrarotspektren bei der thermischen Bearbeitung von Siliciumoxynitrid. Die Zahlenangaben entsprechen dem relativen SiO_2-Anteil im Oxynitrid (ON) in Prozent; a) Ausgangsschichten; b) 1150 °C, 1 h; c) 1150 °C, 4 h; d) 1350 °C, 1 h

Was die Abhängigkeit der Lage des Maximums der Infrarotabsorption von der Zusammensetzung der Schicht betrifft, so ist es — wie aus Abb. 2.6 folgt — praktisch unmöglich, diese mit Bestimmtheit anzugeben, besonders bei hohen Sauerstoffkonzentrationen der Schichten. Nach unseren Ergebnissen verschiebt sich das mehr als 100 cm^{-1} breite Infrarotabsorptionsband mit wachsender Sauerstoffkonzentration in Richtung des Si—O-Peaks, wobei es allmählich immer verschmierter wird.

Um die Zusammensetzung und das mit ihr gewöhnlich in Beziehung stehende energetische Spektrum der Elektronen detaillierter zu analysieren, haben wir eine Reihe von Katodolumineszenzspektren dicker Oxynitridschichten auf Silicium (der Dicke 1 μm) bei einer Beschleunigungsspannung an der Elektronenquelle von 20 keV aufgenommen. Es ist kein Zusammenhang zwischen dem Sauerstoffgehalt der Oxynitride und der Struktur der Spektren, die stets zwei Emissionsbanden bei 1,89 bis 1,91 eV (I) und bei 3,05 bis 3,06 eV (II) enthielten, festgestellt worden. Das Verhältnis der Intensitäten I_{I}/I_{II} hatte für alle Proben einen Wert von ungefähr acht.

Die Ergebnisse der Untersuchung der in den Siliciumoxynitridschichten bestehenden Nahordnung sind in Abb. 2.7 und in Tab. 2.3 dargestellt.

Mit Erhöhung des Sauerstoffgehaltes im Siliciumoxynitrid verändert sich die RDF folgendermaßen:

1. Der erste Koordinationsradius nimmt von 0,175 bis 0,178 bis auf 0,170 nm in sauerstoffreichen Schichten ab;

2. an der linken Flanke des zweiten Koordinationspeaks bildet sich ein Knick aus (bei etwa 0,27 nm);

3. der dritte Koordinationspeak verschiebt sich nach links, und zwar von 0,445 nach 0,42 nm;

4. es verringert sich das Verhältnis der Intensitäten des ersten und zweiten Koordinationspeaks bei einer deutlichen Erniedrigung der Amplitude des zweiten Peaks sowie seiner Verbreiterung; in sauerstoffreichen Schichten nimmt der Grad der Nahordnung und deshalb auch die Amplitude der Dichteschwankungen ab; der Koordinationspeak bei 0,525 bis 0,53 nm verschwindet.

Alle diese Fakten stimmen mit dem Modell der Bildung einer β-Cristobalit- oder Si_2ON_2-Struktur anstelle einer α-Si_3N_4-Struktur überein. Das erste Koordinationspeak ist bei einem Großteil der Nitride jedoch trotzdem stabil; d. h., in den Siliciumnitridclustern wird der Stickstoff durch den Sauerstoff substituiert, ohne daß sich der Si—N-Abstand verringert, so daß er auch für α-Si_3N_4 charakteristisch bleibt. Der erste Koordinationspeak behält seine GAUSS-Form, es stellt keine Überlagerung von Peaks dar, die von Si_3N_4- und SiO_4-Tetraedern herrühren. Folglich weisen auch die Modellfunktionen $s \cdot i(s)$

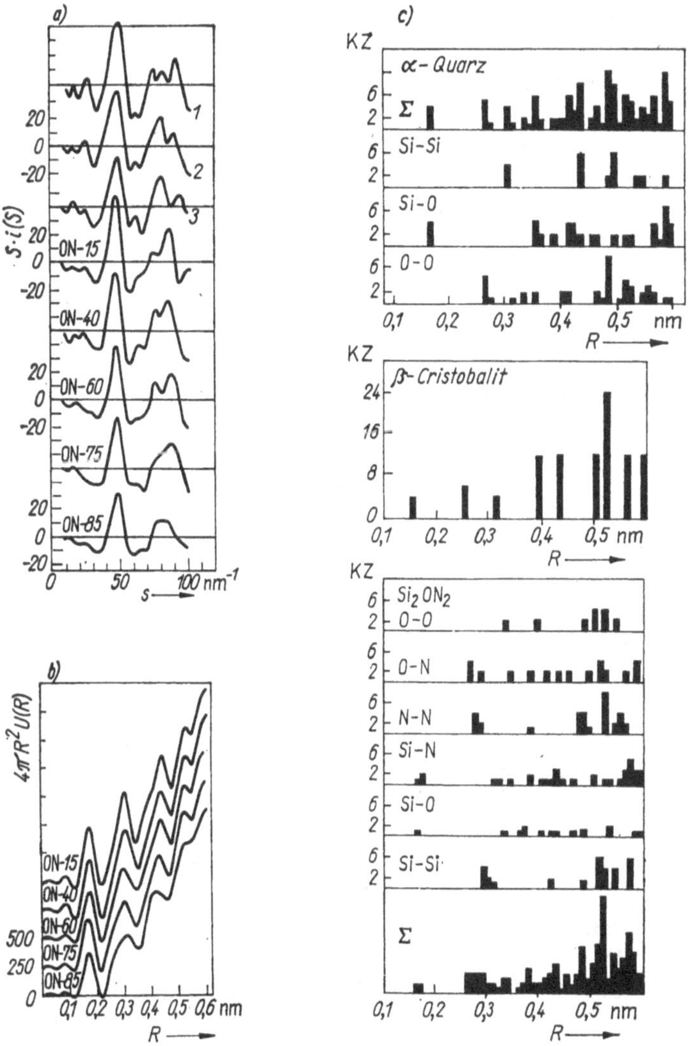

Abb. 2.7. Analyse der Nahordnung in Siliciumoxynitridschichten (Experiment). Die Ziffer nach der Materialbezeichnung ON (Oxynitrid) entspricht der relativen SiO_2-Konzentration in %; a) $s \cdot i(s)$ für Gemische aus α-Siliciumnitrid (88 Atome) und β-Cristobalit (10 Atome). Modellkurven: 1 — 3/4 α-Si_3N_4 + 1/4 β-SiO_2; 2 — 1/2 α-Si_3N_4 + 1/2 β-SiO_2; 3 — 1/4 α-Si_3N_4 + 3/4 β-SiO_2; b) RDF für Siliciumoxynitride; c) Histogramm für die Abhängigkeit der nach den Angaben von [23, 39, 40] berechneten Koordinationszahl (KZ) vom Abstand für α-Quarz, Si_2ON_2 und β-Cristobalit

ebenso wie die Funktion $4\pi R^2[U(R) - U_0]$ für die Gemische 88atomiger α-Si_3N_4-Cluster und 10atomiger β-Cristobalit-Cluster (im Verhältnis 1:3, 1:1, 3:1) nicht die notwendige Ähnlichkeit mit den entsprechenden experimentellen Funktionen auf.

Faßt man die Daten zur Nahordnung im amorphen Siliciumoxynitrid zusammen, so kann man annehmen, daß die Struktur dieses Materials aus einem Nitridgerüst besteht, in dem Sauerstoff verteilt ist. Durch die Substitution von N durch O im Oxynitrid wird der Atomabstand in der Nitrid-Matrix nur unwesentlich verändert, ebenso wie bei Eindringen von Sauerstoff auf Zwischengitterplätze. Das Gesagte gilt für Oxynitride, die bis zu 85% SiO_2 enthalten. Daß in einzelnen Fällen in der Nitrid-Matrix Gebiete vorhanden sein können, die ihrer Zusammensetzung nach dem SiO_2 ähneln, ist nicht ausgeschlossen (wie wir im weiteren sehen werden, treten derartige Strukturanomalien manchmal bei der Kristallisation auf). Jedoch sind mikroskopische Silikatgebiete nur sehr selten anzutreffen. Amorphes Oxynitrid ist kein Gemisch aus Si_3N_4 und SiO_2, sondern offensichtlich eine Lösung von O in Si_3N_4, d. h. $Si_3N_4(O)$.

2.3.3. Kristallisation von Siliciumoxynitrid

Die dargestellten strukturellen Besonderheiten der Oxynitride als feste Lösung von Sauerstoff in Si_3N_4 lassen die Annahme zu, daß die Temperatur des Übergangs von Oxynitrid in den kristallinen Zustand bei gleichen Temperzeiten höher sein muß als die des Übergangs von reinem Siliciumnitrid, da die experimentell bestimmte Kristallisationstemperatur von SiO_2 (und die Energie des Aufbrechens einer Si—O-Bindung) höher ist als diejenige von Si_3N_4 (Si—N-Bindung).

Es wurde eine Wärmebehandlung der Siliciumoxynitridschichten auf Silicium in einem Vakuum von ungefähr 10^{-4} Pa durchgeführt. Dabei wurden die Schichten benutzt, deren Struktur im amorphen Zustand in Abschnitt 2.3.2. beschrieben worden ist.

Infrarottransmissionsspektren von Oxynitridschichten nach Wärmebehandlung sind in Abb. 2.6 dargestellt. Es ist ersichtlich, daß die Spektren einen Bandencharakter aufweisen. Einzelne Absorptionsbanden stimmen bereits gut mit den experimentellen und theoretischen Daten für kristallines Siliciumnitrid [41] überein.

Die Umwandlung von amorphem Siliciumoxynitrid in polykristallines Siliciumnitrid durch Wärmebehandlung wurde bei der Untersuchung von getemperten Schichten mit Hilfe der TEM-Methode beobachtet (Abb. 2.8). Aus dem kinetischen Ablauf folgt, daß Siliciumoxynitrid gegenüber einer Kristallisation stabiler ist als stöchiometrisches Siliciumnitrid (Abb. 2.8a), b)). Wenn man die offensichtlich zufällige Kristallisation von SiO_2 und Si_3N_4 in der Probe ON-15 bei 1250 °C (Abb. 2.8c)—e)), die durch die Inhomogenität der Ausgangsschicht hervorgerufen wird, unberücksichtigt läßt, weist die kristalline Phase in allen anderen Fällen nur α- und β-Si_3N_4 auf (überwiegend die α-Phase). In Abb. 2.8f), g) sind solche kristallinen Gebiete dargestellt. Um die Analyse der Mikrodiffraktionsbilder zu erleichtern, wurde auf die untersuchte Schicht

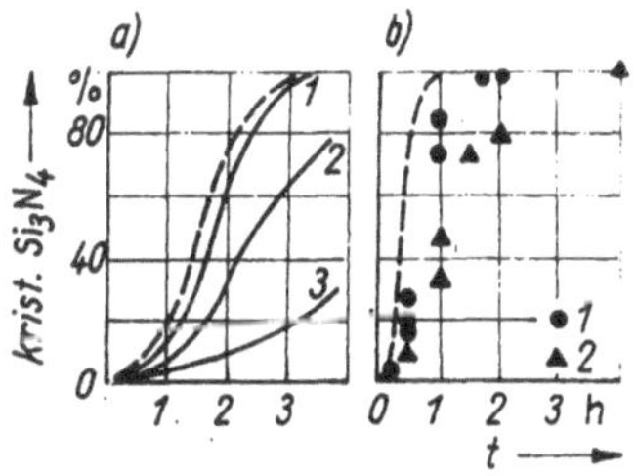

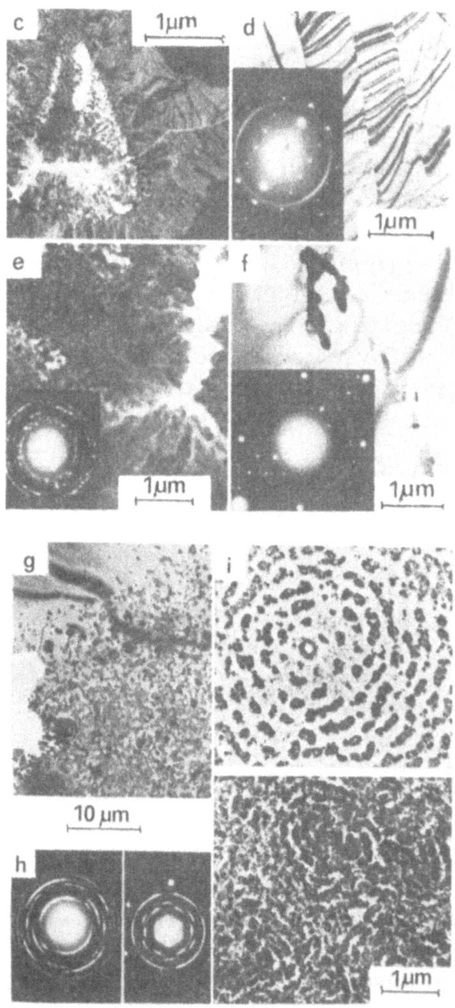

Abb. 2.8. Kristallisation von Siliciumoxynitrid; a) Kristalliner Anteil der Schicht (pro Flächeneinheit) in Abhängigkeit von der Temperatur, $T = 1150$ °C: 1 – ON-15, 2 – ON-40, 3 – ON-75; b) das gleiche bei $T = 1350$ °C: • ON-15, ▲ ON-40; c) Mikrostruktur des Gebietes, auf dem gleichzeitig die Kristallisation von α-Si_3N_4 (im Zentrum) und β-Cristobalit (SiO_2, am Rand) beobachtet wurde, ON-15, 1250 °C, 1 h; d) das gleiche, Randgebiet, β-Cristobalit; e) das gleiche, Zentrum, α-Si_3N_4; f) einzelner α-Si_3N_4-Kristall im Oxynitrid ON-40, 1350 °C, 1 h; g) das gleiche Regime, ON-40, Bereich sehr starker Kristallisation, α-Si_3N_4; h) Mikrodiffraktionsaufnahme einzelner Abschnitte der bei 1150 °C kristallisierenden Schichten von ON-15, 1 h, links: α-Si_3N_4-Textur (0001), rechts: α-Si_3N_4-Monokristall; i) „Schockkristallisation" von Siliciumoxynitrid, ON-30, 1300 °C, 1 h

mitunter eine dünne Goldschicht (erster ausgeprägter Ring: (111); 0,235 nm) aufgetragen, die bei der Strukturermittlung als Bezugssystem diente. Die theoretischen Netzebenenabstände sind in Tabelle 2.2 angegeben. Wie aus Abb. 2.8a) ersichtlich ist, verteilt sich in einzelnen Fällen das Siliciumnitrid, das aus dem Oxynitrid ausgeschieden wurde, auf dem Siliciumsubstrat in orientierter Form.

In den Oxynitriden ON-25 und ON-30 wurde nach einstündigem Tempern bei 1300 °C die uns schon aus Kapitel 1. bekannte „Schockkristallisation" beobachtet, für die die Bildung kristalliner Zonen um das Kristallisationszentrum herum (Abb. 2.8i)) charakteristisch ist.

In Übereinstimmung mit unseren ursprünglichen Vorstellungen über die Struktur des amorphen Siliciumoxynitrids bestätigen die Experimente zur Kristallisation im wesentlichen das Modell der Nitridmatrix. Im allgemeinen kristallisiert nur Siliciumnitrid.

Das Vakuumtempern des Systems $Si-Si_xO_yN_z$ führt zu einer Wechselwirkung zwischen dem im Siliciumoxynitrid enthaltenen Sauerstoff und dem Siliciumsubstrat, wodurch sich gasförmiges SiO bildet. Die Kinetik der Abnahme der Schichtdicke verschiedener Oxynitride (Ausgangsdicke 100 nm) infolge einer Wärmebehandlung bei 1250 °C ist in Abb. 2.9 dargestellt. In dem Experiment ist eine deutliche Abnahme (um mehr als 20%) der Dicke der sauerstoffreichen Oxynitridschichten (ON-75, 80, 85, 90) während des Temperns bei Temperaturen von mehr als 1100 °C zu beobachten.

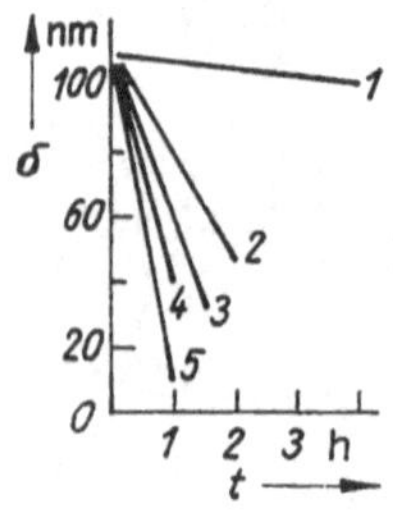

Abb. 2.9. Abnahme der Schichtdicke von Siliciumoxynitrid infolge der Bildung von gasförmigem Siliciummonoxid nach Tempern bei 1250 °C als Funktion der Zeit (1—5: ON-15; 40; 60; 75; 85)

2.4. Oxydation von Siliciumnitrid. Technologische Defekte

Bei dem Versuch, Strukturprobleme zu lösen, interessierte uns insbesondere die Frage, ob der Oxydationsprozeß des Siliciumnitrids ein einfacher Übergang von Nitrid zum Siliciumdioxid [42—44] ist oder ob die häufig geäußerte Annahme bezüglich der Oxydation des Siliciumnitrids über ein Zwischenprodukt, das Siliciumoxynitrid ([45—47] und andere Arbeiten), gültig ist.

Eine thermodynamische Betrachtung schließt keine dieser beiden Möglichkeiten vollständig aus. Die vorliegende Untersuchung ermöglicht die Beobachtung der Zwischenprodukte der Oxydation mit Hilfe von Strukturuntersuchungs- und spektroskopischen Methoden, die eine direkte Identifizierung der Zwischenprodukte zulassen.

Die Frage nach dem Oxydationsverlauf des Siliciumnitrids besitzt einen praktischen Aspekt. Wenn sich bei der Oxydation ein solch unikales Reaktionsprodukt wie das Siliciumoxynitrid bildet, so sollte z. B. durch einfache thermo-chemische Bearbeitung die Herstellung von Lichtleiterschichten möglich sein, die für die Optoelektronik wichtig sind. Andererseits würde durch die Bildung einer zusätzlichen Schicht im System Silicium-Siliciumnitrid, die in den Standardreagenzien der Photolithographie eine unbestimmte Lösungsgeschwindigkeit besitzt (die Lösungsgeschwindigkeit von Oxynitriden verschiedener Zusammensetzung in Säuren ist z. B. in [5] untersucht), die isoplanare LOCOS-Technologie bei der Herstellung von Schaltkreisen wesentlich erschweren.

Wir richten unser Augenmerk auch auf die Verunreinigung von Siliciumnitridschichten durch Kohlenstoff. Diese Besonderheit ist für schwachoxydierende oder reduzierende Reaktionen in der Gasphase bei tiefen Temperaturen typisch, für die eine Entfernung des Kohlenstoffes aus den sich bildenden Schichten schwierig ist; d. h., sie ist für Bedingungen typisch, bei denen Nitridschichten, Oxynitridschichten oder sogar Tieftemperaturschichten aus Siliciumdioxid abgeschieden werden.

2.4.1. Oxydation von Siliciumnitrid

Es wurden Siliciumnitridschichten untersucht, die durch die Umsetzung von Silan mit Ammoniak bei 830 °C auf einer (111)-Siliciumoberfläche, die vorher einer chemisch-mechanischen Standardpolitur und einer Feinreinigung unterzogen wurde, abgeschieden worden sind.

Die wichtigsten Daten wurden für Silicium-Siliciumnitrid-Strukturen einer Dicke von 60, 100 oder 200 nm nach deren viertel- bis fünfzigstündiger Oxydation im feuchten Sauerstoff bei 1150 °C erhalten. Einige Oxydationen wurden auch bei 1050 und 1300 °C (ebenfalls in feuchtem Sauerstoff) durchgeführt.

Mit Hilfe der Infrarotspektroskopie sind folgende Resultate erzielt worden. Wie aus Abb. 2.10 ersichtlich, führt die Oxydation zu einer Verstärkung der Absorption im Bereich der Si—O-Valenzschwingung ($\approx 9\ \mu m$) und zu einer Abnahme der analogen Absorption für die Bindung Si—N ($\approx 12\ \mu m$). Dieses Ergebnis stimmt mit den Aussagen vieler anderer Arbeiten überein. Bei

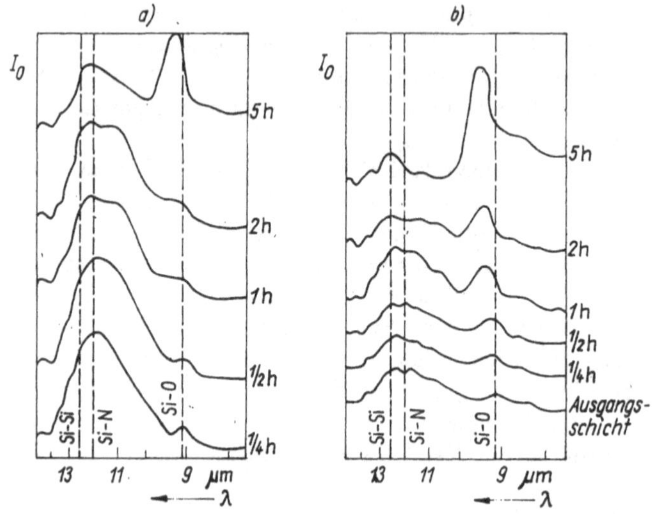

Abb. 2.10. Infrarottransmissionsspektrum von Siliciumnitrid nach Oxydation; a) die Dicke der Siliciumnitridausgangsschicht beträgt 100 nm; b) das gleiche für 60 nm (die Oxydation wurde bei 1150 °C in feuchtem Sauerstoff durchgeführt)

Abschätzung der Dicke der Siliciumnitridschicht, die vollständig zu Siliciumdioxid oxydiert ist, erhält man einen Wert von etwa 60 nm für 5 h bei 1150 °C. Bei Oxydation der Si_3N_4-Schichten einer Dicke von 100 nm beobachtet man eine merkliche Zunahme der Si—O-Absorption, wenn die Oxydation bei 1150 °C fünf Stunden und länger dauert und wenn das Verhältnis der Dicken von SiO_2 zu Si_3N_4 fast 3 : 1 beträgt. Einige Besonderheiten im Infrarotabsorptionsspektrum lassen darauf schließen, daß die Bildung einer geringen Menge Siliciumoxynitrid nicht auszuschließen ist. Es ist z. B. gut zu erkennen, daß sich die Si—N-Bande für Si_3N_4-Schichten der Dicke 100 nm bei 1150 °C zur Si—O-Bande hin verbreitert.

Es wird eine schichtweise Lösung in einem Pufferätzmittel vorgenommen. Nach [5] besitzen die Isolatorschichten folgende Lösungsgeschwindigkeiten in einem Pufferätzmittel (aus einem Teil 48%igem HF und zehn Teilen 40%igem NH_4F): Siliciumdioxid 100 nm min^{-1}, Siliciumnitrid 0,5 nm min^{-1}, Siliciumoxynitrid 1 bis 5 nm min^{-1} (in der angegebenen Arbeit sind relativ sauerstoffarme Siliciumoxynitride untersucht worden). Wir haben für Kontrollproben Lösungsgeschwindigkeiten der gleichen Größenordnung erhalten.

Die schichtweise Auflösung der Isolatorschichten in dem Pufferätzmittel wurde anhand des Gewichtsverlustes kontrolliert, der mit einer Genauigkeit von $\pm 2 \cdot 10^{-5}$ g (das Gewicht einer Siliciumnitridschicht der Dicke von 100 nm beträgt ungefähr $30 \cdot 10^{-5}$ g pro Scheibe) bestimmt werden konnte. Abb. 2.11 enthält Angaben zur Kinetik der Oxydation einer Si_3N_4-Schicht und die Ergebnisse der schichtweisen Auflösung (ΔP ist der Gewichtsverlust des Isolators) in verschiedenen Regimen oxydierter Si_3N_4-Schichten mit einer Dicke von 60 und 100 nm (für die Schichten einer Dicke von 100 nm wird das Anfangsstadium der Oxydation gezeigt).

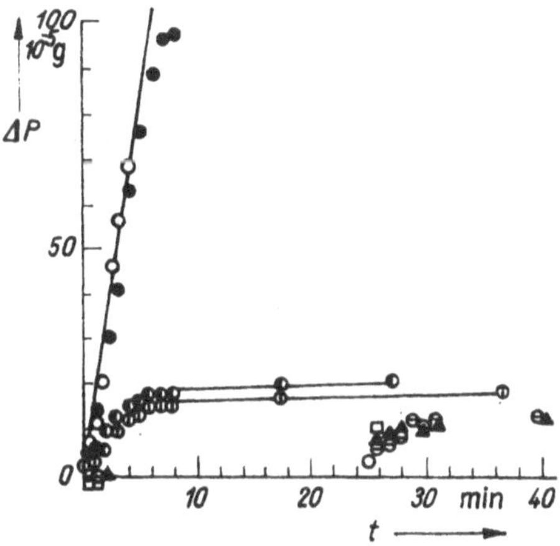

Abb. 2.11. Gewichtsverlust (ΔP) einer oxydierten Siliciumnitridschicht in Abhängigkeit von der Zeit (t) ihrer Auflösung in einem Pufferätzmittel (die Dicke der Ausgangsschicht aus Siliciumnitrid beträgt 60 nm; 1150 °C, feuchter Sauerstoff); ○ SiO_2-Vergleichsschicht; Temperzeiten: ● 10 h, ◐ 2 h, ⦶ 1 h, ⊖ 1/2 h, ▲ 1/4 h, □ Si_3N_4

Aus den experimentellen Daten folgt, daß die äußere Schicht, d. h. das Produkt der Oxydation des Siliciumnitrids, eine bedeutend höhere Lösungsgeschwindigkeit besitzt als die innere, näher dem Substrat gelegene Schicht. Die Lösungsgeschwindigkeiten betragen 80 bis 130 bzw. 0,2 bis 1 nm $\min^{-1}$. Das Oxydationsprodukt besteht folglich im wesentlichen aus Siliciumdioxid.

Die Dicke der Zwischenschicht zwischen Si_3N_4 und SiO_2 beträgt nicht mehr als 10 nm mit einer Lösungsgeschwindigkeit von ungefähr 1 bis 30 nm $\min^{-1}$, die dem charakteristischen Wert für Siliciumoxynitrid annähernd gleich ist.

Aus den Kurven für die schichtweise Auflösung ist ersichtlich, daß der Prozeß der Auflösung des oxydierten Siliciumnitrides in der Regel mit einer

Inkubationszeit der Größenordnung von 10 s bis 20 min vor sich geht. Das Siliciumnitrid oxydiert bei 1150 °C im Verlaufe von ungefähr einer Viertelstunde noch nicht zu Siliciumdioxid (s. Abb. 2.11). Wie die Lösungsverläufe zeigen, entsteht danach auf der Oberfläche des Siliciumnitrids eine Schicht, die in ihrer Zusammensetzung dem Siliciumdioxid nahekommt. Sie besitzt eine Lösungsgeschwindigkeit, die größer als 50 nm min^{-1} ist. Der Inkubationsmechanismus konnte nicht aufgeklärt werden.

Die Resultate der schichtweisen Ätzung, die der Oxydationsgleichung

$$Si_3N_4 + 3O_2 \rightarrow 3SiO_2 + 2N_2 \tag{2.6}$$

des Siliciumnitrids entsprechen, sind von uns zur Konstruktion der Oxydationskurve bei 1150 °C [62] benutzt worden. Aus (2.6) und auch aus unseren Untersuchungen folgt, daß das Gewicht der Schicht nach der Oxydation auf das 1,3fache und die Dicke auf das 1,9fache ansteigt, während z. B. nach [55], wo die Oxydation des Si_3N_4 in Wasserdampf durchgeführt ist, das experimentelle Dickenverhältnis mit 1,6 angegeben wird.

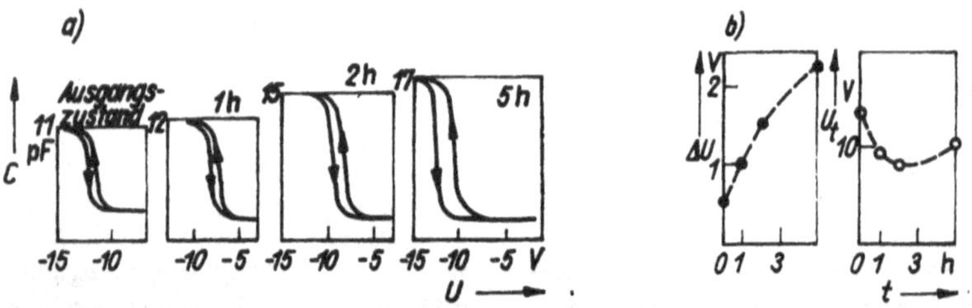

Abb. 2.12. C-V-Kurven (a)) und Resultate ihrer Auswertung (b)) für Si—Si_3N_4-Strukturen (das SiO_2 ist von der Siliciumnitridoberfläche entfernt worden); die Ausgangsdicke des Si_3N_4 betrug 100 nm; 1150 °C, feuchter Sauerstoff; U_f — Flachbandspannung, ΔU — Hysteresis

Die Messungen der C-V-Charakteristik von Si—Si_3N_4-Strukturen, die unter den bereits genannten Bedingungen oxydiert worden waren, wurden mit einer Quecksilbersonde bei einer Frequenz von 100 kHz durchgeführt [25]. Aus Abb. 2.12 ergeben sich folgende Hauptpunkte:

1. Tempern im Sauerstoff hat zu einer Abnahme der Flachbandspannung U_f geführt.

2. Die Oxydation bewirkte eine starke Zunahme der Hysteresis (ΔU) der Si—Si_3N_4-Struktur.

3. Die aus den C-V-Kurven bestimmten Dicken des sich bei Oxydation herausbildenden SiO_2 und des Si_3N_4 stimmen gut mit den entsprechenden Lösungsdaten (s. o.) überein und weisen ebenfalls eine gewisse Inkubationszeit aus.

Die Erniedrigung von U_t kann man auf mindestens zweierlei Weise erklären. Die erste basiert auf der Grundlage von gut bekannten Literaturdaten über einen analogen Effekt in $Si—SiO_2$-Strukturen nach dem Tempern. Die Siliciumoxydation, die meistens bei mehr als 1000 °C durchgeführt wird, hat die Erzeugung einer beträchtlichen Anzahl von Punktdefekten und Defektkomplexen in der Silicium-Siliciumdioxid-Interregion zur Folge. Das Abscheiden des Siliciumnitrids und das anschließende Tempern (beide Prozesse werden bei einer deutlich niedrigeren Temperatur durchgeführt) müßten demnach zu einem wesentlich geringeren Effekt führen, als wir beobachtet haben. Bei diesem „Ausheilen" kann auch das Anwachsen der Hysteresis ΔU nicht erklärt werden.

Ein anderer Mechanismus zur Deutung der Abnahme von U_t und der Zunahme von ΔU im Silicium-Siliciumnitrid-System ist wahrscheinlicher. Anscheinend wird der Sauerstoff beim Eindringen in das Siliciumnitrid teilweise gelöst (vgl. die entsprechenden Strukturuntersuchungen). Durch Diffusion von gelöstem Sauerstoff durch das Siliciumnitrid hindurch zur $Si—Si_3N_4$-Interface hin kann das Silicium oxydiert werden, wodurch eine perfekte Interface, nämlich die $Si—SiO_2$-Interface, entsteht. Die zusätzliche $SiO_2—Si_3N_4$-Interface und die Störstellen, die von der $Si—Si_3N_4$-Grenzschicht in das $SiO_2—Si_3N_4$-Gebiet transportiert wurden, begünstigen die Zunahme der Hysteresis der $Si—SiO_2—Si_3N_4$-Struktur.

Durch den Umstand, daß bei den Lösungsexperimenten keine Siliciumdioxidschicht in der $Si—Si_3N_4$-Interface gefunden wurde, wird die Gültigkeit des oben vorgeschlagenen Modells nicht verworfen, da die Abnahme von U_t und die Zunahme von ΔU bereits durch eine sehr dünne SiO_2-Schicht der Stärke von 2 bis 10 nm hervorgerufen werden kann, die durch Ätzen nicht feststellbar ist (das Gewicht einer Siliciumdioxidschicht mit einer Dicke von 10 nm beträgt etwa $2 \cdot 10^{-5}$ g pro Scheibe).

Auch die Ergebnisse der elektronenmikroskopischen Untersuchung von $Si—Si_3N_4$-Strukturen nach Oxydation unterstützen das vorgeschlagene Modell eines „von Sauerstoff durchdrungenen Nitrids".

Die erste Gruppe von Experimenten betraf die Struktur von Si_3N_4, das zwar einer oxydierenden Behandlung unterworfen wurde, aber noch nicht vollständig oxydiert ist. Wie bereits gezeigt, führt eine Vakuumtemperung des Siliciumnitrids bei 1100 °C zur Kristallisation in der α- oder β-Si_3N_4-Struktur. Nach zwei Stunden ist die Ausgangsschicht bis zur Hälfte kristallisiert. Im Falle der oxydierenden Temperaturbehandlung fehlt im Si_3N_4 jede Spur von $\alpha(\beta)$-Si_3N_4-Kristallen. Speziell durchgeführte Experimente an dicken Siliciumnitridschichten (bis 1 µm), die in Sauerstoff bei 1300 °C getempert wurden, haben zu keiner Änderung dieses Resultates geführt. Offensichtlich besitzt das durch das Eindringen von Sauerstoff stark ungeordnete Si_3N_4 keine Neigung zum Übergang in den kristallinen Zustand.

Die zweite Gruppe der Experimente bezog sich auf die teilweise Kristallisation des sich bildenden SiO_2 (hauptsächlich zu Quarz und Cristobalit) vor dem Abschluß der vollständigen Oxydation des Si_3N_4. Dabei wurde wie in [48] eine von der Siliciumoberfläche ausgehende, orientierte Kristallisation beobachtet. Abb. 2.13 zeigt Beispiele für diese Art von Kristallisation. Die „Schockkristalli-

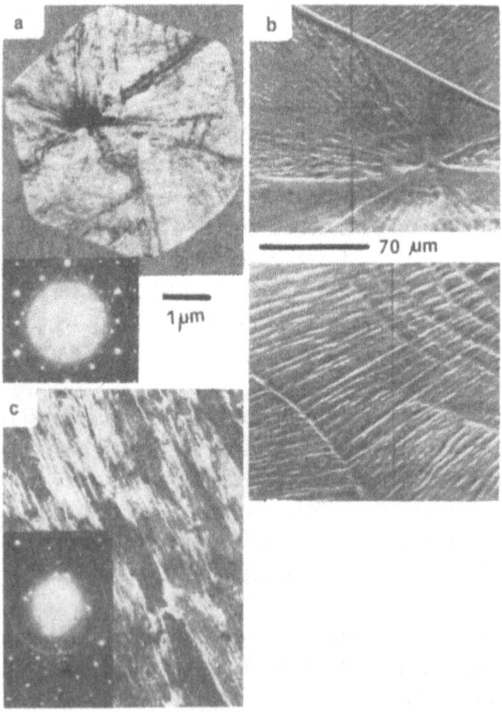

Abb. 2.13. Kristallisation von SiO_2, das sich durch Oxydation von Siliciumnitrid gebildet hat; a) einzelner β-Quarzkristall (auf dem Elektronenbeugungsbild ist auch der (111)-Beugungsring der Referenzschicht aus Gold zu sehen); b) „Schockkristallisation" von SiO_2, REM, 2000fach vergrößert; c) Ausschnitt aus dem Bereich der „Schockkristallisation" von SiO_2, TEM, β-Cristobalit, 20000fach vergrößert

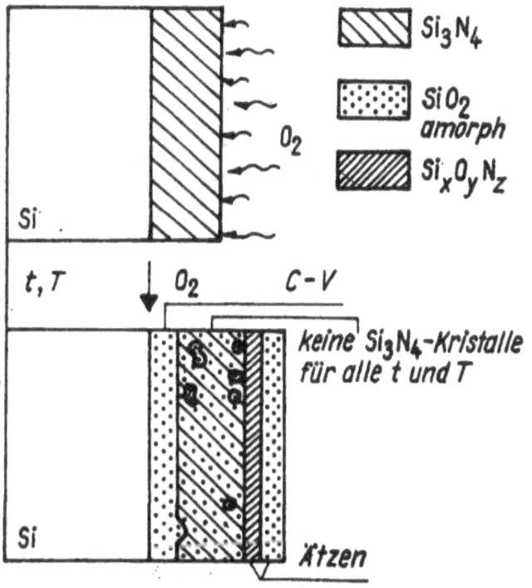

Abb. 2.14. Schematische Darstellung der Oxydation einer $Si-Si_3N_4$-Struktur;

sation“ des Siliciumdioxids ist wie auch die des Siliciumnitrids in unserer Arbeit [49] sowie im Kapitel 1 dieses Buches diskutiert. Natürlich ist bei Eintritt des Sauerstoffs durch Poren und Risse des Siliciumnitrids die Bildung von großen SiO_2-Mengen auf dem Siliciumsubstrat und ihre anschließende Kristallisation möglich.

Auf der Grundlage des Ausgeführten kann man für die Oxydation einer $Si-Si_3N_4$-Struktur ein sehr wahrscheinliches Modell konstruieren, über das Abb. 2.14 eine Vorstellung vermittelt.

2.4.2. Technologische Defekte in Siliciumnitrid

Wir haben oft in Siliciumnitridschichten, die durch Ammonolyse von Silan und Chlorsilan hergestellt wurden, und vor allem in Siliciumoxynitridschichten auf Silicium, flache kristalline Teilchen einer Größe von 1 μm beobachtet, deren Wesen nicht festgestellt werden konnte (Abb. 2.15a)). Eine gewisse Zeitlang haben wir angenommen, daß diese Phase dem System Si—N—O zuzuordnen ist [50]. Später haben wir analoge Teilchen beobachtet, deren Fläche mit einer sechszähligen Drehachse parallel zum (111)-Siliciumsubstrat in ultradünnem Tieftemperatur-SiO_2 eine stabile Lage besitzt (Abb. 2.15b); die Oxydation erfolgte bei 600 °C in trockenem Sauerstoff). Darauf basierend, haben wir vorgeschlagen, daß die Entstehung dieses Defektes unabhängig von der Zusammensetzung des Reaktorgases, in dem die dielektrische Schicht synthetisiert wird, ist, aber ein Zusammenhang mit der chemischen Bearbeitung des Siliciumsubstrats besteht. Als Verunreinigungen kommen nicht beseitigte Teilchen des Ionenaustauschers in Frage, die aus dem entionisierten Wasser auf die Siliciumoberfläche gelangt sind.

Die AUGER-Spektren nach unterschiedlicher Behandlung des Siliciumsubstrates mit entionisiertem Wasser sowie des Siliciumnitrids zeigten, daß sich auf den Oberflächen viel Kohlenstoff und eine gewisse Menge Schwefel befinden (Peaks bei 272 und 149 eV) [51]. Die Spektren sind in Abb. 2.15c) dargestellt. Eine vollständige Identifizierung des Defektes war dadurch möglich, daß er in einer reduzierenden oder schwach oxydierenden Atmosphäre, die der bereits behandelten Synthese des Isolators bei 800 °C entspricht, aus

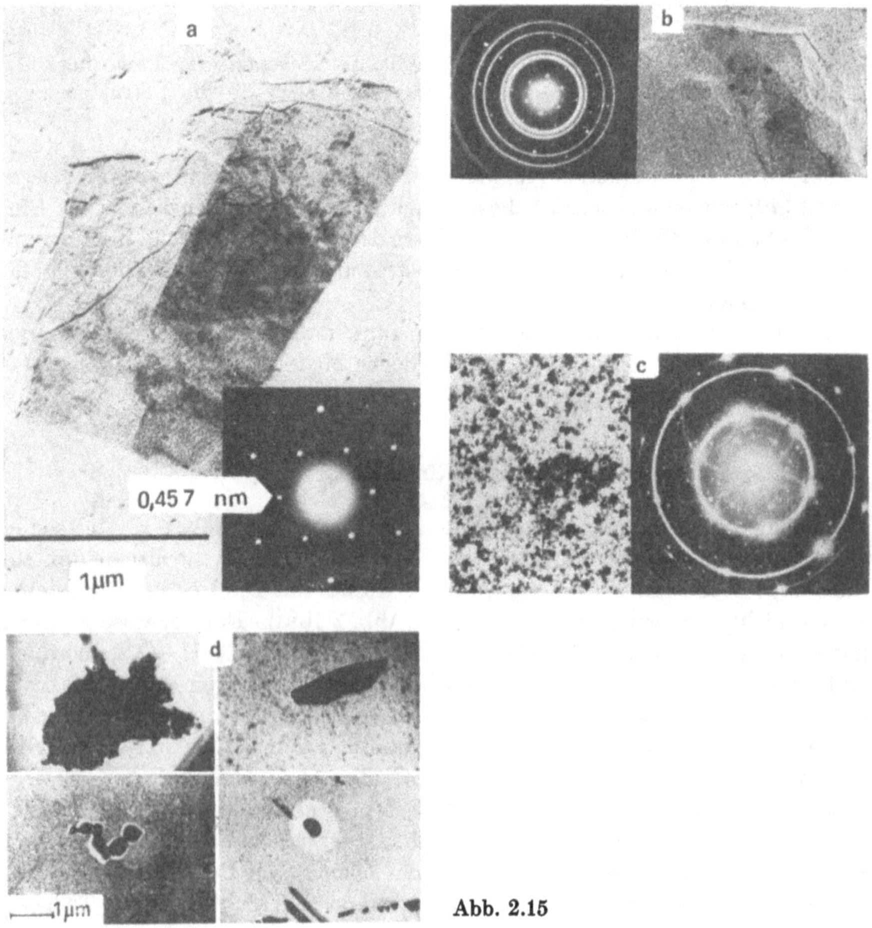

Abb. 2.15

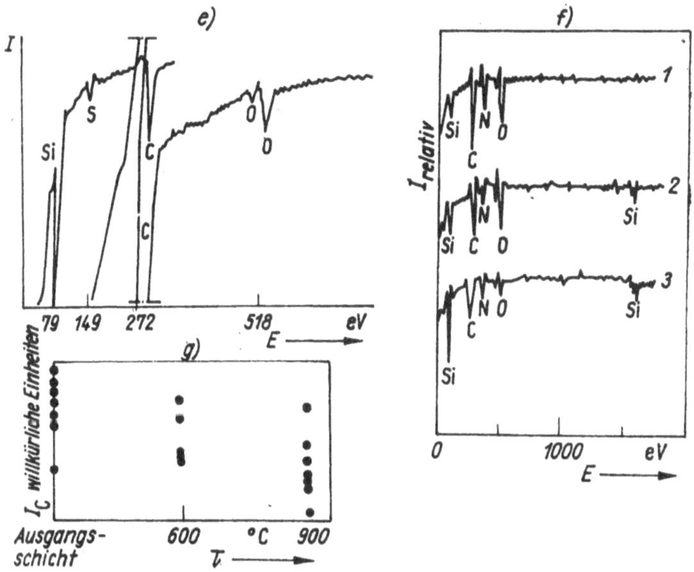

Abb. 2.15. Kohlenstoff in Siliciumnitrid; a) typische Mikrophotographie eines rußartigen Einschlusses, TEM; b) rußartiger Einschluß (TEM), herausgelöst aus einer sehr dünnen Siliciumdioxidschicht mit Hilfe eines Goldabdruckes; der Ring mit dem kleinsten Durchmesser entspricht dem (111)-Reflex des Goldes; c) Siliciumkarbidteilchen im Inneren von Siliciumnitrid, TEM, 13000fach vergrößert; 1 h im Vakuum bei 1100 °C getempert; d) Mikrophotographie (TEM) typischer nichtkristalliner Störstellen im Siliciumnitrid; e) AUGER-Spektrum der Siliciumoberfläche nach ihrer Bearbeitung mit entionisiertem Wasser, das bei einem Porendurchmesser von 2 bis 5 μm gefiltert worden ist; f) AUGER-Spektren von Siliciumnitrid im Ausgangszustand (nach der Synthese) (1) und nach einstündigem Tempern in einem Vakuum von ungefähr 10^{-6} Pa bei 600 °C (2) und 900 °C (3); g) Veränderung der relativen Intensität des AUGER-Überganges von Kohlenstoff für verschiedene Siliciumnitridproben als Funktion der Ausheiltemperatur

Teilchen des ionenaustauschenden Harzes abgesondert werden konnte [52]. Es zeigte sich, daß sich Ruß bildet, genauer gesagt, das Oxid des Graphites [53]. In thermischen Hochtemperaturoxiden sind keine derartigen Rußteilchen vorhanden.

Die Reaktion von Kohlenstoff mit Silicium, die bei hohen Temperaturen im Vakuum möglich ist, begünstigt in Nitridschichten auch die Bildung einer Vielzahl von Einschlüssen aus Siliciumkarbid (Abb. 2.15d)). In Siliciumnitrid, das bei Temperaturen unterhalb 1000 °C synthetisiert wurde, ist praktisch kein Siliciumkarbid enthalten.

Durch die Umsetzung von Harzteilchen und die Desorption gasförmiger kohlenstoffhaltiger Produkte von den Silicium- und Siliciumnitridoberflächen könnte sich beim Tempern der $Si-Si_3N_4$-Strukturen der in ihnen enthaltene Anteil an Kohlenstoff verringern. Beim Tempern in einem Vakuum von ungefähr 10^{-6} Pa ist die Kohlenstoffbeseitigung jedoch nur unbedeutend (Abb. 2.15e), f)). Die im Siliciumnitrid enthaltenen Strukturdefekte, besonders die kristallinen, rußartigen (bei einer Synthese unterhalb von 1000 °C entsteht kein α- und kein β-Si_3N_4) verschlechtern die Isolationseigenschaften der Schichten beträchtlich.

Die Spannung des ersten dielektrischen Durchbruchs (SED, U_1) und die mittlere Durchbruchsspannung (MDS, $\overline{U}$), die von der Dichte der kristallinen und amorphen Defekte abhängen, sind in Tab. 2.4 angegeben. Der Begriff „Spannung des ersten Druchbruchs" wird in der Arbeit [59] benutzt. Er hat folgenden Sinn: Wenn an eine MIS-(oder MIM)-Struktur eine elektrische Spannung angelegt wird, so findet in den Bereichen der Struktur, in denen sich unter der metallischen Elektrode ein Defekt befindet (ein leitendes Gebiet, eine Pore usw.) ein lokaler Durchschlag statt, d. h. ein Mikrodurchschlag, der ein starkes Ansteigen des Stromes, eine örtliche Erwärmung und eine gewisse Verschmelzung der Störstelle zusammen mit einem Teil des Isolators und des metallischen Kontaktes bewirkt. Trotzdem bleiben der gesamte Kon-

Tabelle 2.4. Spannung des ersten dielektrischen Durchbruchs (SED), mittlere Durchbruchsspannung (MDS), Defektdichte und mittlere Anzahl n von Durchbrüchen

„Wassertechnik"						„Wasserfreie Technik"					
Nr. der Probe	SED (V)	MDS (V)	n	$n_{kristallin}$ (cm^{-2})	n_{amorph} (cm^{-2})	Nr. der Probe	SED (V)	MDS (V)	n	$n_{kristallin}$ (cm^{-2})	n_{amorph} (cm^{-2})
3515	35	50	480	—	$2 \cdot 10^8$	7	37	50	470	—	$1 \cdot 10^8$
3525	21	49	1420	$1 \cdot 10^8$	$3 \cdot 10^8$	06	35	50	207	—	$1 \cdot 10^7$
1427	40	50	452	—	$1 \cdot 10^8$	3500	33	50	525	—	$2 \cdot 10^8$
3837	17	50	1078	$1 \cdot 10^8$	$4 \cdot 10^8$	3308	37	51	460	—	$1 \cdot 10^8$
3368	23	50	1048	$1 \cdot 10^8$	$4 \cdot 10^8$	3875	21	50	1020	$5 \cdot 10^7$	$1,5 \cdot 10^9$
3664	21	50	1015	$1 \cdot 10^8$	$2 \cdot 10^8$	3625	39	50	445	—	$1 \cdot 10^8$
3485	20	51	1030	$1 \cdot 10^7$	$9 \cdot 10^7$	1624	39	50	462	—	$2 \cdot 10^8$
						1628	35	50	348	—	$2 \cdot 10^7$

takt und die MIS-Struktur im wesentlichen funktionsfähig. Der nächste Durchschlag wird in einem Bereich beobachtet, der weniger Störstellen enthält. Somit existiert eine Abhängigkeit der Durchbruchsspannung von den verschiedenen technologischen Parametern, d. h. der Bearbeitungszeit, der Art und Weise der Bearbeitung, der Temperatur und anderen. Die Spannung des ersten Durchbruchs bildet die untere Grenze der Feldstabilität der Struktur.

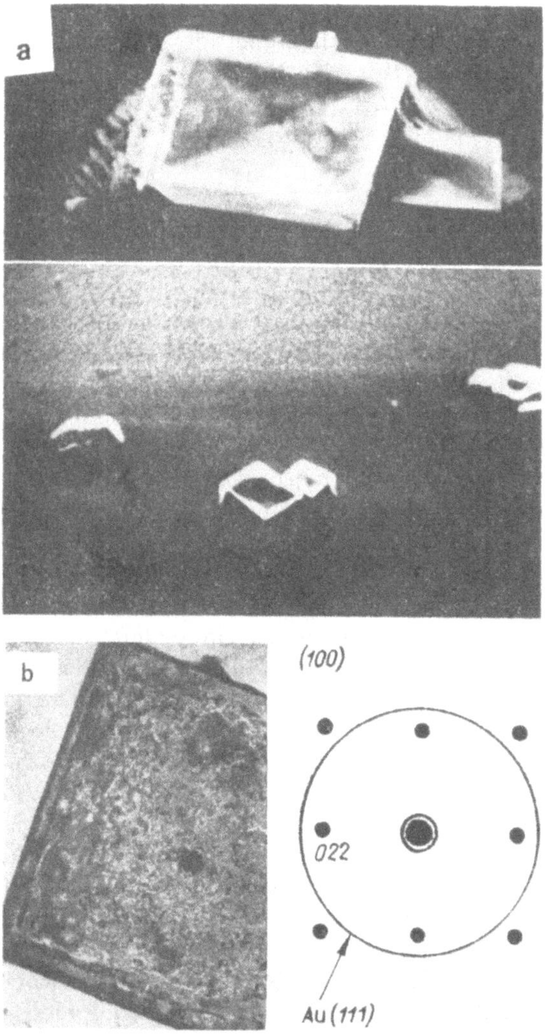

Abb. 2.16. $2 NH_3 \cdot H_2O$-Kristalle auf der Oberfläche von Siliciumoxynitrid; a) REM (500fach vergrößert — übliches Aussehen, 2500fach vergrößert — einzelner Kristall); b) TEM und Mikrodiffraktion, 12000fach vergrößert.

In Si_3N_4-Schichten auf Silicium, die ohne Bearbeitungsgang mit entionisiertem Wasser hergestellt wurden, sind die Defektdichte und U_1 bedeutend niedriger als im Falle einer „Wassertechnik" [54]. In Abb. 2.15g) werden Formen nichtkristalliner Defekte im Siliciumnitrid gezeigt, deren Konzentration in Tab. 2.4 angegeben ist. Die Natur dieser Defekte konnte bisher noch nicht aufgeklärt werden.

Zur Kategorie der „exotischen" Defekte, die in Siliciumoxynitrid auftreten, zählen auch $2NH_3 \cdot H_2O$-Kristalle, die infolge einer schlechten Hermetisierung des Reaktors auf die Oberfläche der Schicht fallen und mit Hilfe der TEM-Methode identifiziert worden sind (Abb. 2.16).

Ein Großteil der in den Abschnitten 2.2. bis 2.4. angegebenen Originalresultate ist in den Arbeiten [60—62] publiziert worden.

2.5. Schichten aus Siliciumnitrid und breitbandigen Halbleitern

Die im folgenden betrachteten Schichten werden auf der Oberfläche von einkristallinem Silicium durch Ionenimplantation erhalten. Die Ionenimplantation ist eine von zwei Hauptmethoden zur Herstellung von dotierten Schichten auf der Halbleiteroberfläche; die zweite Methode besteht in der Diffusion aus einer gasförmigen oder festen Phase. Die Vorzüge der Implantation gegenüber der thermischen Diffusion aus einer äußeren Quelle sind hinreichend bekannt (die niedrige Temperatur, die Möglichkeit, praktisch jede Dotantenart zu realisieren usw.), die Mängel ebenfalls (nach der Implantation muß getempert werden, um die durch den Beschuß hervorgerufenen Schäden zu beseitigen; es sind Kanalierungseffekte möglich, die ein nicht kontrollierbares Eindringen der Beimischung in die Tiefe des implantierten Halbleiters bewirken, u. a. m.).

In letzter Zeit wurde eine interessante Variante der Anwendung der Implantation vorgeschlagen, und zwar zur Bildung chemischer Verbindungen in der Schicht, in die die Dotierung eingeführt wird [63—66]. Der Vorzug dieser Methode besteht in ihrer Kompatibilität mit der Implantationstechnologie und in der Möglichkeit, auf der Oberfläche (oder in einzelnen Oberflächengebieten) Verbindungen zu bilden, deren übliche Herstellungstechnologie (in erster Linie durch CVD-Verfahren) sehr hohe Temperaturen, eine Vielzahl von Reaktionspartnern und Transportgase sowie einen hohen technischen Aufwand erfordert. So besitzen insbesondere die beiden Halbleiter Siliciumkarbid und Aluminiumnitrid in der Optoelektronik eine Perspektive, da sie im blau-gelben Bereich des sichtbaren Lichtes lumineszieren. Durch die Kombination von einem dieser Halbleiter mit einem Siliciumschaltkreis kann man ein monolithisches System mit einer Lichtquelle und deren Steuerung herstellen. Andererseits können diese Halbleiter, da sie eine breite verbotene Zone besitzen und in reiner Form hochohmig sind, die Funktionen des Isolators in MIS-Strukturen übernehmen. Schließlich ist Aluminiumnitrid auch eines der perspektivreichsten Piezoelektrika, die mit einer bestimmten Textur oder im monokristallinen Zustand auf der Oberfläche eines Halbleiters (Silicium, Germanium) abgeschieden werden. Unter Ausnutzung der bereits erwähnten Vorzüge wurde die Herstellung von Siliciumkarbid (β-Modifikation, kubisch), Siliciumnitrid und Aluminiumnitrid durch Implantation untersucht und von einer Reihe von Autoren, unter anderen auch von uns [67–70], technologisch bearbeitet.

Wie bereits erwähnt, zählt Siliciumnitrid nicht zu den Isolatoren mit einer einfachen Herstellungstechnologie. Eines der wesentlichsten Probleme seiner Synthese aus wasserstoffhaltigen Mitteln (wie Silan und anderen) besteht im Einbau von Wasserstoff oder wasserstoffhaltigen Gruppen (z. B. Polysilane) in die Siliciumnitridschicht, besonders während der Niedertemperatursynthese. Deshalb kann Niedertemperatursiliciumnitrid instabil sein; d. h. im Betrieb der MIS (MNOS)-Struktur verändern sich solche Parameter des Isolators wie der Brechungsindex, das Vorzeichen der Ladungen im Volumen und auf der Grenzfläche zwischen Oxid und Halbleiter, die Ladungsdichte und der spezifische Widerstand. Die Herstellung von Siliciumnitrid durch Implantation würde dagegen wasserstoffreie Schichten ermöglichen.

In der Arbeit [70] werden die Struktur und einige Eigenschaften von Siliciumnitrid diskutiert, das durch Implantation von 40 keV-Stickstoffionen (Ionendosis 10^{18} cm^{-2}) in Siliciumoberflächen mit (100)- und (111)-Orientierung erhalten wurde. Wie die Strukturanalyse und Infrarottransmissionsspektren zeigen, ist das Siliciumnitrid stöchiometrisch; beim Tempern der Silicium-Siliciumnitrid-Struktur bei 850 °C blieb die Nitridschicht amorph (das Tempern ist notwendig, um durch die Ionenimplantation hervorgerufene Strahlenschäden der Oberfläche zu beseitigen).[31])

---

[31]) Neuere Ergebnisse über Siliciumnitrid, das durch Implantation hergestellt worden ist, befinden sich in [72]. (Anmerkung des Herausgebers)

3. Schichten aus polykristallinem Silicium

3.1. Allgemeine Eigenschaften und Anwendung

Polykristallines Silicium (kurz poly-Si genannt) ist ein relativ neues und äußerst perspektivreiches Material der modernen Mikroelektronik. Es stellt gewissermaßen ein Paradoxon dar. Nach der langjährigen Anwendung von monokristallinem Silicium, dessen Technologie heute ein Beispiel für Reinheit, Perfektion und einen hohen Grad an theoretischer Durchdringung darstellt, die in vielen Ländern die Produktion von großen, sehr vollkommenen Monokristallen einer Länge von etwa 1 m und eines Durchmessers von ungefähr 10 cm sowie von Millionen von Einzelscheiben ermöglichte, geht man nun zur Herstellung von poly-Si über. Das poly-Si hat die Monokristalle natürlich nicht aus der Elektronik verdrängt, wenn sie auch in einer Reihe von Gebieten mit ihnen konkurrieren, z. B. als aktives Material für Dioden und Transistoren (vor allem für Systeme, für die die Ladungsträgerbeweglichkeit keine allzu große Bedeutung besitzt, aber geometrische Abmessungen sowie die Ökonomie und die technologische Einfachheit der Produktion eine Rolle spielen, wie z. B. bei Solarzellen) und in anderen Fällen. Das Hauptanwendungsgebiet von poly-Si ist die Metallisierung von hochintegrierten Schaltkreisen, wo es vollständig oder teilweise das Aluminium verdrängt. Unter „Metallisierung von integrierten Schaltkreisen" verstehen wir ein System von Leitbahnen an der Oberfläche des Schaltkreises (des Chips). Die Außenanschlüsse des Chips werden durch Kontakte mit dem Aluminium oder poly-Si realisiert. Jedoch nicht für alle Typen von Halbleiterschaltkreisen sind poly-Si-Schichten erforderlich. Für Schaltkreise mit geringem und mittlerem Integrationsgrad, für die kein selbstjustierendes Gate oder keine mehrschichtige Metallisierung notwendig wird, ist Aluminium ausreichend. Aber diese Schaltkreistypen bilden einen immer geringeren Teil aller Halbleiterschaltkreise. Im Prinzip ist ohne poly-Si die Herstellung von mehrschichtigen hochintegrierten Schaltkreisen und Schaltkreisen nach dem CCD-Prinzip (charge coupled devices) nicht möglich. Eine Übersicht über den heutigen Stand der Konstruktion von integrierten Schaltkreisen für die Rechentechnik ist in [54] enthalten.[32]) Außer den poly-Si-

Gates für MIS-Transistoren sind auch Gates aus Molybdän möglich. Sie haben jedoch keine große Verbreitung gefunden (zu Reaktionen im System Molybdän-Siliciumdioxid siehe Kapitel 1.).

Durch Verwendung von poly-Si-Gates in MIS-Transistoren werden folgende Effekte ausgenutzt:

1. Die Schwellspannung des Transistors verringert sich infolge der Erniedrigung der elektronischen Austrittsarbeit bezüglich des Halbleitereinkristalls.

2. Eine poly-Si-Schicht, die sich auf der Oberfläche der Isolatorschicht befindet, kann gemeinsam mit dem Isolator während der Bildung von Source-Drain-Gebieten die Rolle einer Diffusionsmaske erfüllen. Da poly-Si und der Isolator gleichzeitig geätzt werden können, ist ihre geometrische Übereinstimmung nahezu ideal, so daß bedeutend weniger parasitäre Kapazitäten durch Schichtüberlappungen auftreten und die Arbeitsgeschwindigkeit sowie Packungsdichte von integrierten Schaltkreisen anwachsen.

3. Das Abscheiden von poly-Si kann bei der Herstellung von integrierten Schaltkreisen innerhalb eines Zyklus zusammen mit anderen Operationen, d. h. mit der Siliciumoxydation und der Siliciumnitridsynthese, erfolgen. Dabei bleibt der Isolator unter der poly-Si-Schicht weitgehend unbeeinflußt, und die Güte und Stabilität des Schaltkreises nehmen zu.

Es treten jedoch beim Übergang zur poly-Si-Technologie auch einige Schwierigkeiten auf, z. B. folgende:

1. Die Reproduzierbarkeit der poly-Si-Herstellung erfordert eine genaue Kenntnis der Reaktionsgeschwindigkeit v_p beim Abscheiden in jedem Punkt des Reaktors. Es ist natürlich wünschenswert, über den gesamten Reaktorraum einen bestimmten Wert von v_p zu sichern. Die Größe v_p ist ihrerseits eine Funktion einiger technologischer Parameter, vor allem der Temperatur im Reaktor sowie der Stärke und Geometrie der Gasströme. Mit Aluminium war dieses Problem natürlich einfacher zu bewältigen.

2. Reine poly-Si-Schichten sind nach dem Abscheiden äußerst hochohmig. Für das Gate eines MIS-Transistors und Leitbahnen bedeutet das einen Leistungsverlust. Das poly-Si wird deshalb dotiert, und zwar mit Bor und anderen Elementen in einer Konzentration, die der Löslichkeitsgrenze im Silicium entspricht. Das führt jedoch zu einer inhomogenen Verteilung der Dotanten und zur Entstehung neuer Phasen unter ihrer Mitwirkung. Zusätzliche Schwierigkeiten treten bei der Dotierung von texturiertem poly-Si auf, für das die Diffusionskoeffizienten der Dotanten anisotrop sind, sowie bei amorphen

[32]) Eine allgemeine Einschätzung des gegenwärtigen Standes und der voraussichtlichen Entwicklung wird in [96] gegeben. (Anmerkung des Herausgebers)

Siliciumschichten, wo Kompensationseffekte wirksam werden und die Schicht relativ hochohmig bleibt.

3. Wesentliche Bedeutung besitzen im Zusammenhang mit der nachfolgenden Photolithographie und der Beschichtung des poly-Si mit Isolatorschichten (z. B. im Falle von mehrschichtigen poly-Si-Strukturen in CCD-Schaltkreisen und anderen) die morphologischen Besonderheiten der Schicht, d. h. die Größe und Form der Körner, das Relief und das Vorhandensein fadenförmiger Auswüchse.

Die Geschichte des selbstjustierenden Gates ist kurz; sie beginnt offensichtlich mit den Arbeiten [1—4]. Die Abnahme der Schwellspannung U_t des Transistors durch den Ersatz von Aluminium durch poly-Si kann mit Hilfe des Ausdrucks [2]

$$U_t = E_{ms} + 2E_{Fb} - Q_{ss}/C_0 - C_b/C_0 \tag{3.1}$$

abgeschätzt werden. In ihm bedeutet E_{ms} den Unterschied zwischen den elektronischen Austrittspotentialen des Metallgates und des Halbleiters; E_{Fb} ist das durch die Dotierung festgelegte FERMI-Niveau im Volumen des Halbleiters ($E_{Fb,n}$ im n-Halbleiter, $E_{Fb,p}$ im p-Halbleiter) in V; Q_{ss} ist die Oberflächenladung, in C/cm²; $Q_b = 2(\varepsilon N E^*_{Fb})^{1/2}$ (ε ist die Dielektrizitätskonstante des Halbleiters in F/cm, N die Konzentration der Donatoren oder Akzeptoren in cm^{-3} und E^*_{Fb} die FERMI-Energie in eV) die Volumenladung pro Einheitsfläche in C/cm²; C_0 bedeutet die spezifische Kapazität des Isolators unter dem Gate in F/cm². Im Falle eines Aluminiumgates ist

$$E_{ms} = -0{,}6 - E_{Fb}. \tag{3.2}$$

Für einen p-Kanal-MIS-Transistor gilt

$$\begin{aligned} U_t &= U_{t,Al} - U_{t,Si} = E_{ms} - E_{ss} = -0{,}6 - E_{Fb,n} \\ &\quad - (E_{Fg,p} - E_{Fb,n}) = -0{,}6 - E_{Fg,p}. \end{aligned} \tag{3.3}$$

Hier ist $E_{Fg,p}$ das FERMI-Potential einer poly-Si-Schicht, die p-dotiert ist.
Für einen n-Kanal gilt

$$U_t = -0{,}6 - E_{Fb,p} - (E_{Fg,n} - E_{Fb,p}) = -0{,}6 - E_{Fg,n}. \tag{3.4}$$

In stark dotiertem poly-Si ist $E_{Fg,n} = -0{,}5$ V und $E_{Fg,p} = 0{,}5$ V (in der Arbeit [2] wird der Wert von E_F bezüglich der Mitte der verbotenen Zone angegeben, und $E_{Fn,p}$ befindet sich an den Rändern der verbotenen Zone).

Die Austrittspotentiale verändern sich für das Silicium (Kanal)-poly-Si-System von $-0{,}55 - E_{Fb}$ bis auf $+0{,}55 - E_{Fb}$, so daß die Gesamtänderung $-1{,}1$ eV beträgt, d. h. gleich der Breite der verbotenen Zone von Silicium ist.

Die Dotierungskonzentration des poly-Si-Gates beträgt 10^{18} bis 10^{19} cm^{-3} und ist durch den Grenzwert der Löslichkeit der Dotanten im Silicium begrenzt. Somit gilt für einen *p*-Kanal-Transistor mit *p*-Gate $U_t = -1{,}1$ V und für einen *n*-Kanal-Transistor mit *n*-Gate $U_t = -0{,}1$ V. In beiden Fällen ist der Ersatz von Aluminium durch eine poly-Si-Schicht sinnvoll, da sich die Schwellspannung am Gate verringert.

In letzter Zeit hat sich herausgestellt, daß poly-Si-Widerstandselemente [30] in monolithischen Schaltkreisen mit hohem Integrationsgrad effektiver sind als entsprechende Diffusions- oder Implantationsschichten in Silicium. Der Ausgangswiderstand von poly-Si-Schichten (mehr als 10^4 Ωcm) ist gewöhnlich größer, als für Widerstandselemente nötig ist. Während des Abscheidens wird die poly-Si-Schicht dotiert; dadurch erhält man poly-Si-Widerstandselemente mit einem Widerstand von 1 bis $50 \cdot 10^3$ Ωm, die 10^{17} bis 10^{13} Elektronen oder Löcher pro cm^3 enthalten. Wie die Experimente zeigen, beträgt die HALL-Beweglichkeit der Elektronen und Löcher in diesem Fall ungefähr 1 bis 10 $cm^2/(V \cdot s)$. Der Temperaturkoeffizient des Widerstandes eines poly-Si-Widerstandes ist gewöhnlich negativ (bei Diffusionselementen ist er positiv). Es ist möglich, über die Silanzersetzung die Parameter der poly-Si-Widerstandselemente in einem großen Intervall zu variieren, denn außer der Konzentration der Dotierung kann man auch die Korngröße und die Schichtdicke um Größenordnungen verändern.

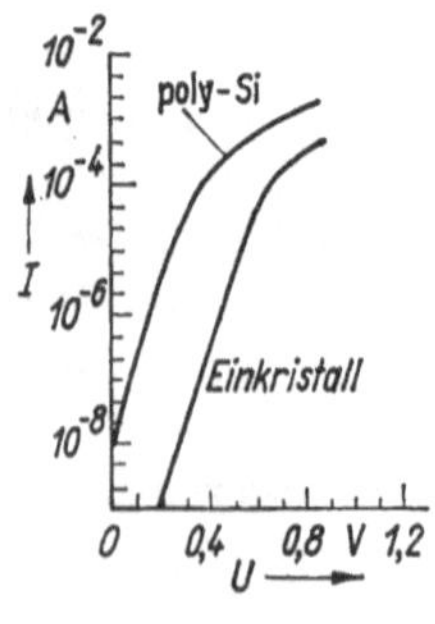

Abb. 3.1. Strom-Spannungs-Charakteristik eines *p-n*-Überganges im poly-Si [31]

Die Möglichkeit, poly-Si-Schichten auf isolierenden Substraten beliebig großer Fläche abzuscheiden, regt natürlich dazu an, diese Schichten mit *p-n*-Übergängen zu versehen [31, 49] und vor allem für Dioden und Transistoren zu benutzen.

Die Größe der Durchlaß- und Sperrströme in poly-Si-Dioden ist zwei- bis dreimal größer als in Planardioden aus einkristallinem Silicium (Abb. 3.1), was aus den starken Generations-Rekombinations-Prozessen, die an den Korngrenzen und den zahlreichen Defekten des poly-Si ablaufen, resultiert. So beträgt die Lebensdauer von Überschußladungsträgern im poly-Si nur $2 \cdot 10^{-11}$ bis $2 \cdot 10^{-10}$ s. Poly-Si-Dioden sind besonders für Schwachstromimpulssysteme geeignet.

Bei MIS-Transistoren auf poly-Si-Basis handelt es sich um die Anwendung von poly-Si als Hauptmaterial für Transistoren, insbesondere um die Modulation der Leitfähigkeit eines Kanals im poly-Si.

Bekanntlich ist die Beweglichkeit von Ladungsträgern in der Nähe einer Oberfläche gering. Sie ist in Inversionsschichten von MIS-Transistoren mit einer Dicke der Größenordnung 10 nm durch die spezifischen Streumechanismen und transversale Quanteneffekte an der Oberfläche bedingt (in der Übersichtsarbeit [34] und in späteren Arbeiten werden die Ursachen der Oberflächenstreuung detailliert betrachtet). Die Oberflächenbeweglichkeit beträgt praktisch den fünften bis zehnten Teil der entsprechenden Beweglichkeit im Volumen und liegt in der Nähe der oben angegebenen Ladungsträgerbeweglichkeit für poly-Si-Schichten. Es ist deshalb natürlich, daß man MIS-Strukturen auch auf poly-Si und nicht nur auf einkristallinem Silicium herstellt.

Über diesen MIS(poly-Si)-Transistor machten als erste die Autoren von [32] eine Mitteilung. Nach ihren Angaben ist ein poly-Si-Transistor mit einem p-Kanal nicht schlechter als ein gewöhnlicher Transistor. Die poly-Si-Schichten wurden durch Reduktion von Siliciumtetrachlorid durch Wasserstoff bei 1150 °C hergestellt. Die Beweglichkeit der Löcher im Inversionskanal betrug 100 $cm^2/(V \cdot s)$, die Schwellspannung 4 V [32, 33].

In den danach erschienenen Publikationen wurden die Eigenschaften von MIS(poly-Si)-Transistoren allerdings immer ungünstiger eingeschätzt. So wird in einer ausführlichen Arbeit zum Feldeffekt im poly-Si und in poly-Si-Transistoren [35] über n- und p-Kanalbeweglichkeiten von etwa 30 $cm^2/(V \cdot s)$ berichtet und über eine ziemlich hohe Schwellspannung (im Mittel 10 bis 20 V), die mit der Existenz tiefer Akzeptorniveaus im poly-Si zusammenhängt (mit einer Zunahme der Zersetzungstemperatur des Silans von 650 auf 1100 °C wurde der Wert von U_t kleiner). Die Dotierungskonzentration im poly-Si betrug 10^{16} bis 10^{17} cm^{-3}.

Die starke Abhängigkeit der Bauelementeigenschaften von der Struktur und der Zusammensetzung der poly-Si-Schichten, die relativ schlechten und — was nicht weniger wichtig ist — nicht stabil reproduzierbaren Parameter der SiO_2-poly-Si-Interface, erlauben für die nächste Zukunft noch keine umfangreiche Anwendung von MIS(poly-Si)-Transistoren.

Wesentlich perspektivreicher ist die Anwendung undotierter poly-Si-Schichten für die Isolation von integrierten Schaltkreisen, mit der eigentlich auch die „poly-Si-Epoche" in der Mikroelektronik begonnen hat.[33])

Poly-Si-Schichten für die Isolation der Bauelemente integrierter Schaltkreise stellen also ein weiteres Anwendungsgebiet dar. Bis vor kurzem erfolgte die innere Isolation der meisten Schaltkreise durch Diffusion. Es sind verschiedene Verfahren zur Isolation durch Diffusion bekannt: die Isolation durch einen gesperrten p-n-Übergang (p^+-Diffusion), eine isolierende Kollektor- oder Basisdiffusion, die Selbstisolation eines n-Gebietes (Doppeldiffusion) und andere.

Die Isolation mit Hilfe der angegebenen Methoden ist kompatibel mit der Herstellungstechnologie hochintegrierter Schaltkreise, insbesondere mit der Bipolartechnologie, begünstigt eine Erhöhung der Packungsdichte und der Arbeitsgeschwindigkeit der Schaltkreise, besitzt jedoch auch einige Nachteile, vor allem folgende:

1. Die Diffusion erfordert — mitunter wiederholt — hohe Temperaturen (mehr als 1000 °C).

2. Die Isolation mit Hilfe von p-n-Übergängen garantiert keine minimalen Verlustströme und parasitären Kapazitäten und folglich keine maximale Arbeitsgeschwindigkeit der Schaltkreise.

Offensichtlich war das erste Verfahren, in dem die poly-Si-Isolation einzelner Bauelemente in integrierten Schaltkreisen angewandt wurde, der in [36, 37] beschriebene Prozeß, dessen Schema in Abb. 3.2a) dargestellt ist. Durch die Isolation mit polykristallinem Silicium in Kombination mit einer darauf befindlichen Oxidschicht verringerten sich im Vergleich zur Isolation durch Diffusion die Verluste in der Unterlage um mehrere Größenordnungen (nach den Angaben von [37] um sechs Größenordnungen) und die parasitären Kapazitäten des Schaltkreises um wenigstens ein bis zwei Größenordnungen. Ein offensichtlicher Nachteil dieser Isolationsmethode besteht jedoch in ihrer komplizierten Technologie, d. h. in der Notwendigkeit, das monokristalline Substrat mechanisch zu entfernen.

Die zweite Methode — genannt VIP-Methode — ist einfacher (Abb. 3.2b)). Hierbei wird ausgenutzt, daß die Ätzgeschwindigkeit der (100)-Oberfläche des Siliciums in einigen Ätzmitteln etwa einhundertmal größer ist, als die Ätzgeschwindigkeit der (111)-Oberfläche. Somit können auf (100)-Ebenen von monokristallinem Silicium pyramidenförmige Ätzkanäle mit schrägen (111)-

[33]) Folgende Hauptetappen der kurzen Geschichte der poly-Si-Schichten sind entsprechend den Publikationen über ihre Hauptanwendungsgebiete zu verzeichnen: 1963 bis 1964 — poly-Si-Isolation in integrierten Schaltkreisen; 1966 — MIS(poly-Si)-Transistoren; 1968 — poly-Si-Gate für MIS-Transistoren auf Einkristallbasis.

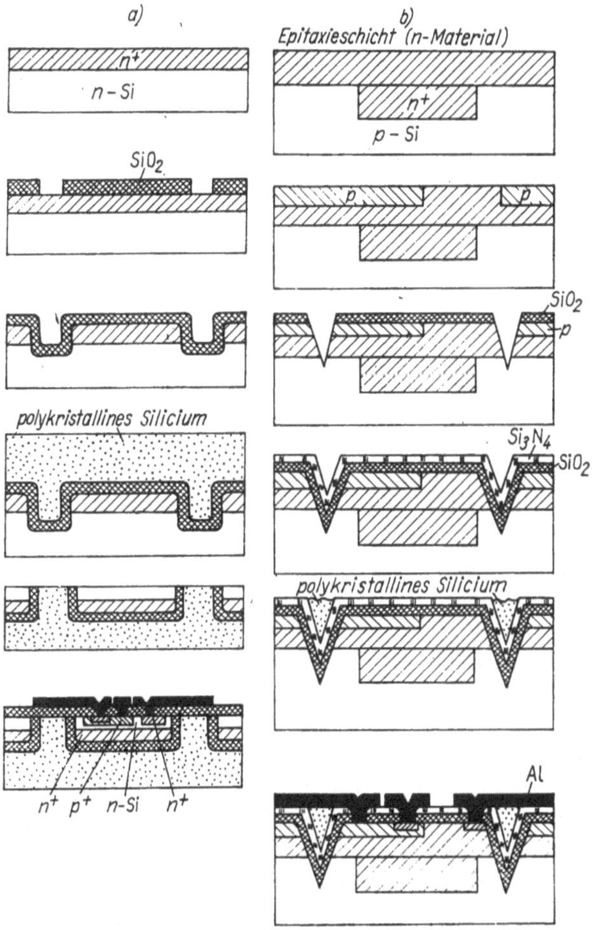

Abb. 3.2. Isolation von Schaltkreiselementen mit Hilfe von poly-Si-Schichten; a) Verfahren nach [36, 37]; b) VIP-Verfahren

Wänden und einer Tiefe von ungefähr 0,7 a hergestellt werden (a ist die Kanalbreite). Die Kanalbreite wird photolithographisch vorgegeben, so daß die Tiefe dadurch bestimmt ist. Die Oberfläche des Kanals kann nun oxydiert werden; die Isolation des Transistors durch Oxid und Luftspalt ist ausreichend. Jedoch treten in diesem Fall technologische Probleme mit dem Abscheiden von Metallisierungsschichten auf stark geformten Oberflächen auf. Deshalb werden die V-artigen Kanäle mit poly-Si gefüllt, das selber auch noch zur Isolation beiträgt.

Es wurde auch eine Methode zur Isolation von Bauelementen integrierter Schaltkreise mittels porösem oxydiertem Silicium vorgeschlagen [38]. Diese Methode besitzt eine gewisse Perspektive, erfordert jedoch eine anodische Oxydation des fast fertigen Schaltkreises. Es ist deshalb schwierig, Voraussagen über ihren weiteren Einsatz zu treffen.

Konkurrenzfähiger sind LOCOS- oder Isoplanar-Verfahren mit einer Tiefenoxydation des Siliciums bei Maskierung mit Siliciumnitrid. Hohe Temperaturen und lange Oxydationszeiten können dadurch vermieden werden, daß man die Oxydation bei erhöhtem Sauerstoffdruck durchführt [39, 40].

Der gegenwärtige Stand der Technologie und die Parameter integrierter Schaltkreise mit poly-Si-Isolation sind z. B. in den Arbeiten [41, 42] dargestellt.

Schichten aus polykristallinem Silicium finden auch in MNOS-Speicherelementen Anwendung. Ein Grundproblem solcher MNOS-Bauelemente ist die Zeitdauer der Speicherung einer Ladung in einer ultradünnen Oxidschicht. Diese Zeit kann dadurch vergrößert und stabilisiert werden, daß an der Grenze zwischen der Siliciumdioxidschicht und Siliciumnitrid eine Anzahl von Haftstellen (Traps) erzeugt wird, die die getunnelten Ladungsträger einfangen. Die Funktion dieser Traps können sehr dünne (ungefähr 10 nm bei einer Gesamtmenge des Materials von 10^{14} bis 10^{16} Atomen pro cm^2), im Hochvakuum aufgestäubte, granulierte Metallschichten übernehmen, z. B. aus Wolfram [43, 44]. Die Speicherkonstante beträgt, wie die Autoren von [44] annehmen, bei 80 °C 500 Jahre und bei −40 °C mehr als 10^7 Jahre.

Jedoch steht eine Vakuumabscheidung eines Metalls auf die Grenzfläche zweier Isolatoren im gewissen Widerspruch zur übrigen Herstellungstechnologie integrierter Schaltkreise; gefährlich sind auch Manipulationen mit sehr dünnen Oxiden. Deshalb erscheint die Abscheidung einer poly-Si-Schicht zwischen zwei Isolatorschichten perspektivreich. Offensichtlich müssen derartige poly-Si-Schichten sehr dünn, granuliert und stark dotiert sein (oder, wie aus [15] ersichtlich ist, Verunreinigungen enthalten).

MNOS-Elemente mit einer poly-Si-Zwischenschicht weisen nach den Angaben der Arbeit [15] Parameter auf, die analog zu der in [43, 44] beschriebenen Charakteristik von Ladungsspeichern mit Metallschichten sind.

In letzter Zeit wurden zahlreiche Versuche unternommen, poly-Si-Schichten für effiziente Solarzellen auszunutzen [45]. Schichtmaterialien sind für die Umwandlung von Lichtenergie in elektrische Energie deshalb sehr vorteilhaft, weil die Absorptionsfähigkeit mit zunehmender Dicke der Siliciumschicht eine Sättigung erreicht:

Schichtdicke, in µm	1	5	10	100	300
absorbierte Energie, in %	38	70	80	92	94

Außerdem gilt, daß die thermische Akkomodation um so besser ist, je dünner die poly-Si-Schicht ist.

Offensichtlich sind poly-Si-Schichten mit einer Dicke von 5 bis 10 μm hinreichend effektiv. Den Autoren von [45] ist es gelungen, poly-Si-Schichten auch auf Aluminiumschichten einer Dicke von 0,3 bis 0,8 mm abzuscheiden, wobei das poly-Si eine zur Schichtebene normale (111)-Textur besaß. Dies ermöglichte eine minimale Ladungsträgerstreuung bei ihrer Bewegung zum *p-n*-Übergang längs der Achse der säulenförmigen Textur. Die Anwendung von poly-Si-Schichten für Solarzellen ist auch in der Übersichtsarbeit [46] erwähnt.

Bei der Anwendung von poly-Si zur Dehnungsmessung spielen das Abscheiden von dünnen poly-Si-Schichten auf isolierende Substrate und die Stabilität ihrer Eigenschaften eine Rolle. In den Arbeiten [47, 48] wird über Sensoren mit dünnen poly-Si-Schichten, die nach unterschiedlichen Prinzipien arbeiten, berichtet. Die Dehnungsempfindlichkeit (bis 50) ist für Drucke im Intervall zwischen 133 und 1330 Pa konstant und durch

$$G = \Delta R/R \cdot 1/\varepsilon_0 \tag{3.5}$$

bestimmt. Hier bedeutet R den Widerstand und ε_0 die relative Deformation (für entsprechende Metallschichtsensoren besitzt G einen Wert von 2 bis 3).

Der poly-Si-Schicht-Sensor ist in seinem Zentrum durch Ionenimplantation dotiert worden. In dem implantierten Bereich von 25 μm Breite, 2,5 μm Dicke und 5000 μm Länge floß ein konstanter Strom von 0,9 mA. Es wurde mitgeteilt, daß für poly-Si-Schichten, die in Sensoren angewandt werden, für den ohmschen Widerstand ein Rekordwert von $\varrho = 10^9$ Ωcm gemessen wurde.

Weitere Angaben über die Anwendung, Technologie und Struktur von Schichten aus polykristallinem Silicium, die der Entwicklung bis zum Jahre 1976 entsprechen, befinden sich in den Arbeiten [50, 52, 53, 57].

3.2. Silanpyrolyse

Es existieren verschiedene Methoden zur Herstellung von polykristallinen Siliciumschichten. Meistens werden sie auf der Oberfläche von Siliciumscheiben, die bereits mit einer dielektrischen Schicht bedeckt sind, abgeschieden. Das Abscheiden erfolgt durch Zersetzung siliciumhaltiger Dämpfe bei hohen Temperaturen. Dazu werden gasförmige Verbindungen, z. B. Siliciumtetrachlorid, Silan, Disilan, Dichlorsilan und ähnliche Derivate von Silan oder Siliciumtetrachlorid, verwandt. Bei Benutzung der letztgenannten Verbindung beim Abscheiden von Schichten aus poly-Si sind ein gasförmiges Reduktionsmittel (Wasserstoff) und Reaktortemperaturen von mehr als 1000 °C notwendig. Das Siliciumtetrachlorid ist billig und nicht explosionsgefährlich; Silan dagegen ist teuer und explosiv. Jedoch ist es mit Hilfe von Silan möglich, die Temperatur der Pyrolyse und folglich des ganzen Abscheideprozesses des poly-Si auf 700 °C und weniger zu verringern. Obwohl die Erniedrigung der bei jedem Herstellungsschritt eines Schaltkreises erforderlichen Temperatur generell erstrebenswert ist (zur Herabsetzung von Restspannungen und unerwünschter Dotierungs- und Verunreinigungsdiffusion), besitzt im Falle von poly-Si-Schichten der Übergang zu einem Niedertemperaturprozeß besondere Bedeutung. Wie im weiteren gezeigt wird, kann man nämlich nur bei hinreichend tiefen Temperaturen eine für hochintegrierte Schaltkreise annehmbare feine, kleinkörnige Struktur des poly-Si erhalten. Das hat zur Folge, daß die Abscheidung von poly-Si-Schichten aus Silan heute zunehmend Bedeutung erlangt. Würde man jedoch ganz von der Verwendung chlorhaltiger Siliciumverbindungen abgehen; so würden nicht nur ökonomische Parameter und die Sicherheit bei verschiedenen Arbeitsgängen sinken, sondern auch die Qualität der poly-Si-Schichten. Das ist darauf zurückzuführen, daß eine bestimmte Menge an Chlor, die in entsprechenden Schichten unvermeidlich enthalten ist, bekanntlich sowohl das poly-Si als auch den unter der poly-Si-Schicht befindlichen Isolator stabilisiert, und zwar durch Bindung von Kationen der Alkalimetalle (insbesondere des Natriums). Diese Ionen können die Ursache der Ladungsinstabilität eines Gateisolators sein. Sie kann vermieden werden, wenn man während der Synthese der Isolatorschicht Chloride beifügt.

Die physikalischen und thermodynamischen Eigenschaften des Silans werden in der Arbeit [51], in der auch eine umfangreiche Bibliographie enthalten ist, ausführlich dargestellt.

Die wichtigsten technologischen Parameter bei der Herstellung von Schichten aus polykristallinem Silicium sind die Wachstumsgeschwindigkeit v_p (genauer gesagt, die Geschwindigkeit des normalen Wachstums, d. h. der Zunahme der Schichtdicke in cm/s) und die Korngröße D (in μm).

Die Wachstumsgeschwindigkeit v_p hängt hauptsächlich von der Temperatur in der Abscheidezone des poly-Si und von der Silankonzentration ab. Auch die für die Dotierung von poly-Si-Schichten notwendigen Beimischungen üben auf die Größe v_p einen Einfluß aus.

Die Temperaturabhängigkeit von v_p kann unterschiedlich sein und wird durch den Mechanismus der Silanzersetzung bestimmt. Der Zerfall von Silan bei gleichzeitiger Bildung von Siliciumclustern in der Dampfphase (Homogenreaktion) erfordert eine höhere Aktivierungsenergie als die Zersetzung bei gleichzeitiger Bildung thermodynamisch stabiler Atomgruppen auf dem

Substrat (heterogene Reaktion).[34]) Über beide Arten der Zersetzung von Silan liegen entsprechende Daten vor.

Die homogene Zersetzung[35]) von Silan verläuft bei niedrigen Temperaturen (bis 500 °C) und relativ hohen Drücken [5—8]. Die Zersetzung in Silicium und molekularen Wasserstoff ist mit der Bildung von Silanzwischenprodukten (Disilan, Trisilan und ähnlichen) verbunden. Die Geschwindigkeit der Bildung von Silicium ist proportional zu

$$\mathrm{d}(H_2)/\mathrm{d}t \sim \exp\left(-(51200 \pm 3100)/RT\right) \times (\mathrm{SiH_4}). \tag{3.6}$$

Die Aktivierungsenergie bei der homogenen Zersetzung von Monosilan beträgt nach den Angaben der Arbeiten [5, 6] und der darin zitierten Literatur etwa 2,2 bis 2,4 eV. Die Reaktionsgeschwindigkeit ist auch dem Anfangsdruck von Silan proportional.

Nach den Angaben von [6] existiert eine Inkubationszeit bis zum Beginn der Zersetzung des Monosilans. Mit wachsender Temperatur nimmt sie exponentiell mit einer Aktivierungsenergie von 2,6 eV ab (bei einem Temperaturanstieg von 342 °C auf 437 °C von 1200 s auf 15 s).

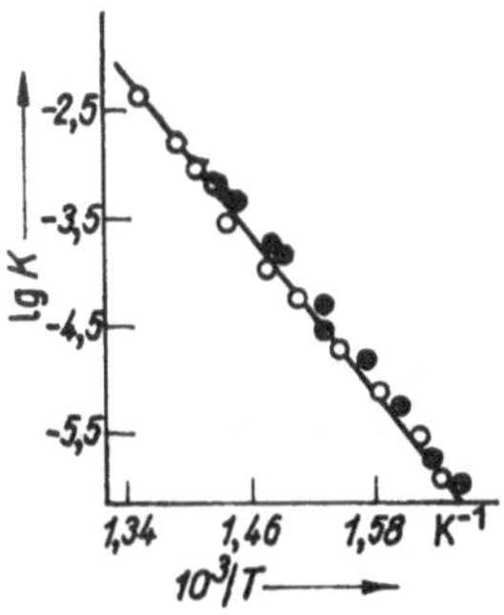

Abb. 3.3. Homogene Silanzersetzung in einem Niederdruckreaktor [6] (K – Reaktionskonstante); ○ Glasreaktor; ⊕ mit einer Siliciumschicht bedeckter Reaktor; ● dasselbe, wobei die Reaktoroberfläche siebenfach vergrößert worden ist

Für die Abscheidung von poly-Si-Schichten in einem Niederdruckreaktor bei 600 bis 800 °C wurde der Wert von v_p in [9] bestimmt. Die Aktivierungsenergie betrug 2,4 eV, was einer homogenen Zersetzungsreaktion entspricht.

In [6] wurde eine homogene Monosilanzersetzung bei Anwesenheit von

---

34) Bei sphärischer Keimform beträgt das Verhältnis von heterogener zu homogener Bildungsenergie $E_{\mathrm{het}}/E_{\mathrm{hom}} = (2 - 2\cos\vartheta - \sin^2\vartheta \cdot \cos\vartheta)/4$, wobei ϑ der Kontaktwinkel zwischen Schicht und Substrat ist.

35) Der Begriff „homogene Zersetzung" betrifft nur das erste Stadium des Schichtwachstums, nämlich die Keimbildung; das weitere Wachstum erfolgt heterogen.

polykristallinen Siliciumschichten durchgeführt, die sich auf der Reaktorwand und auf zusätzlichen Substraten (335 bis 480 °C) befanden (Abb. 3.3). Die in [9] enthaltene Abschätzung der Größe eines stabilen Siliciumkeims, die von der Aktivierungsenergie und dem bekannten Wert der Oberflächenspannung ausgeht, ergibt einige zehntel Nanometer, d. h., thermodynamisch stabil bezüglich des weiteren Wachstums können praktisch fünf- bis zehnatomige Cluster sein.

Eine große Bedeutung für das Verständnis des Silanzerfalls bei hohen Temperaturen (bis 1000 °C) besitzen die Arbeiten von Eversteijn und Mitarbeitern. In ihrer Arbeit [11] sind offensichtlich drei Resultate sehr wichtig.

Erstens bildet sich beim Einführen des Wasserstoff-Silan-Gemisches in den Reaktor im Wasserstoffstrom ein Nebel aus Siliciumclustern (Tröpfchen) über dem Substrat; die homogene Keimbildung setzt ein. Es wird gezeigt, daß die Nebelbildung beim Erreichen einer bestimmten kritischen Silankonzentration im Gemisch möglich wird.

Zweitens wird die an die Reaktorwand angrenzende Dampfschicht ausführlich beschrieben. Diese Schicht besitzt eine geringe Beweglichkeit, ist viskos, und der radiale Temperaturgradient in ihr erreicht einen Wert von 100 K/mm. Die Dicke und die Lage der Schicht hängen sowohl von der Silankonzentration im Reaktor als auch von der Temperatur ab.

Das dritte Resultat ist für die Zersetzung des Monosilans am wesentlichsten; es besteht in der Ermittlung des Zersetzungsgrades des Silans in den verschiedenen Punkten der isothermen Zone des Reaktors bei verschiedenen Temperaturen (Abb. 3.4). Das Druckverhältnis $p_{SiH_4}/p^{\circ}_{SiH_4}$ ist variabel, wobei p_{SiH_4} am Ausgang des Reaktors oder für einen bestimmten Punkt des Reaktors bestimmt worden ist und $p^{\circ}_{SiH_4}$ am Eingang. Die Temperaturabhängigkeit dieses Verhältnisses (siehe Abb. 3.4b)) ist durch

$$p_{SiH_4}/p^{\circ}_{SiH_4} = \exp 1{,}3\ \mathrm{eV/kT} \tag{3.7}$$

gegeben.

Für Temperaturen oberhalb 755 °C ist p_{SiH_4} so gering, daß ein entsprechender Nachweis schwierig wird; oberhalb 755 °C wird Silan also fast vollständig zersetzt. Die Daten für Temperaturen im Bereich von 755 °C wurden durch Extrapolation gewonnen.

In Abb. 3.4c) ist gut zu erkennen, daß der Grad des Silanzerfalls in den verschiedenen Punkten des Reaktors innerhalb der isothermen Zone unterschiedlich ist. Dementsprechend wird für einen bestimmten Ort auf dem Substrat bei verschiedenen Temperaturen eine unterschiedliche Menge an zersetztem Silan festgestellt. Das Maximum des Zerfallsgrades verschiebt sich mit Erhöhung der Temperatur zum Anfang der Zone hin.

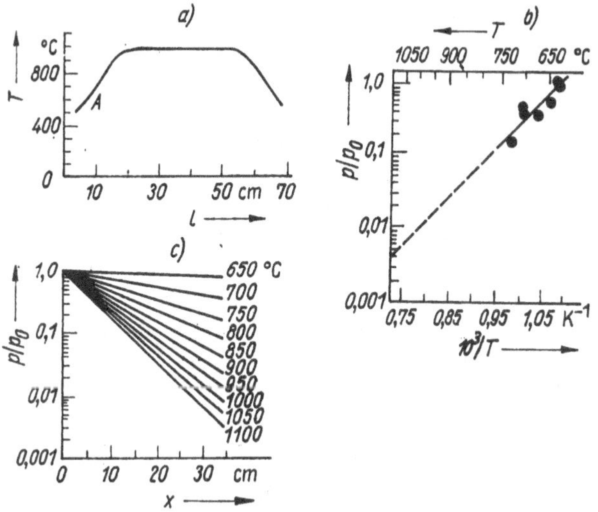

Abb. 3.4. Homogene Silanzersetzung im Wasserstoffdurchflußreaktor [11]; a) Temperaturprofil des Reaktors (Beginn des isothermen Bereiches im Punkt A, $x = 0$); b) Verhältnis des Dampfdruckes von Silan am Reaktorausgang (p) zum Druck am Reaktoreingang (p_0). Dieses Verhältnis charakterisiert den Grad des Silanzerfalls ($p_0 = 133$ Pa); c) p/p_0 für verschiedene Punkte des isothermen Bereiches des Reaktors

Die kritische Silankonzentration hängt exponentiell von der Temperatur ab, wobei die Aktivierungsenergie 1,6 eV beträgt.

Bezüglich der heterogenen Silanzersetzung ist folgendes festzustellen: Der Zersetzungsmechanismus wird in der Regel mit Hilfe der Aktivierungsenergie der Zerfallsgeschwindigkeit bestimmt. Falls die Reaktionsgeschwindigkeit mit Hilfe der Konzentration des Ausgangsstoffes (Silan) und der Reaktionsprodukte am Ausgang des Reaktors (Wasserstoff, Silan) gemessen wird, werden die Aktivierungsenergie und folglich auch der ihr entsprechende elementare Vorgang relativ genau abgeschätzt. Macht man den Versuch, die Aktivierungsenergie durch Messung der Temperaturabhängigkeit von v_p zu bestimmen, so sind die Resultate weniger genau. Die Ursache dafür ist die Kompliziertheit des Schichtwachstums. Schließlich wird v_p nicht durch einen Elementarprozeß bestimmt, sondern mindestens durch zwei Vorgänge — durch die Keimbildung, d. h. die Entstehung eines sich im thermodynamischen Gleichgewicht befindlichen Clusters (das ist für sich genommen bereits kein Elementarprozeß; beim Silanzerfall entsteht zunächst ein Siliciumatom, was dann infolge der Diffusion auf andere Atome trifft und mit ihnen Bindungen eingeht) und durch das sich dann anschließende Wachstum entsprechend dem heterogenen Mechanismus. Das eigentliche Schichtwachstum erfolgt im zweiten Stadium des Prozesses.

Wenn der Zersetzungsprozeß des Silans homogen verläuft, so ist der Unterschied zwischen der Zersetzungsenergie und der Diffusionsenergie der Siliciumatome in der Gasphase oder an der Oberfläche wesentlich. Wenn dieser Prozeß jedoch heterogen verläuft, so unterscheiden sich diese Energien nur geringfügig, und es ist komplizierter, den Mechanismus aufzudecken, durch den v_p bestimmt wird. So wird in der Arbeit [13], die dem Abscheideprozeß von poly-Si auf einem nichtorientierenden Substrat gewidmet ist, ein dreistufiger Wachstumsprozeß betrachtet: 1. die chemische Adsorption von SiH_4; 2. die Zerlegung von SiH_4 und die Bildung eines freien Siliciumatoms; 3. die Desorption des molekularen Wasserstoffs. Bei diesem Prozeß sind nach Meinung des Autors die ersten beiden Etappen die bestimmenden. Die für sie geltenden Aktivierungsenergien sind von der Größenordnung 0,5 bis 1,3 eV.

Mit zunehmendem Überschuß an Wasserstoff verringert sich die Zersetzungsgeschwindigkeit des Silans im Wasserstoffstrom, so daß in diesem Fall v_p geringer ist als bei entsprechenden Prozessen in einem Niederdruckreaktor ([9] und andere Arbeiten).

Es sind viele Arbeiten, vor allem die von Joyce und Mitarbeitern (z. B. [10], eine Bibliographie befindet sich in [12, 13]) bekannt, in denen eine Vakuumabscheidung von epitaktischen Siliciumschichten auf einem monokristallinen Substrat durch Silanpyrolyse beschrieben wird. Wie in diesen Arbeiten gezeigt wird, ist die Wachstumsgeschwindigkeit der Schichten bei relativ niedrigen Temperaturen durch den Ausdruck

$$v_p = K_1(p^\circ_{SiH_4})^{1,3} \tag{3.8}$$

bestimmt; und bei Temperaturen zwischen 1160 °C und 1240 °C gilt

$$v_p = K_2\big(\exp(p^\circ_{SiH_4}) - 1\big) \tag{3.9}$$

(K_1 und K_2 sind Konstanten).

Die Kurve $v_p(T)$ besitzt bei 1100 °C einen Knick. Oberhalb dieser Temperatur hängt v_p nur schwach von der Temperatur ab, darunter nimmt sie exponentiell mit T zu. Die in [10] bestimmte Aktivierungsenergie besitzt einen Wert von 1,6 eV (Abb. 3.5). Auf einen analogen Knick im $v_p(T)$-Verlauf bei ungefähr 900 °C wird bei homogener Silanzersetzung in der Arbeit [9] hingewiesen.

In den folgenden Arbeiten von Joyce und Mitarbeitern treten für die erwähnte Aktivierungsenergie in Abhängigkeit von den verschiedenen Besonderheiten beim Wachstum des epitaktischen Siliciums sehr unterschied-

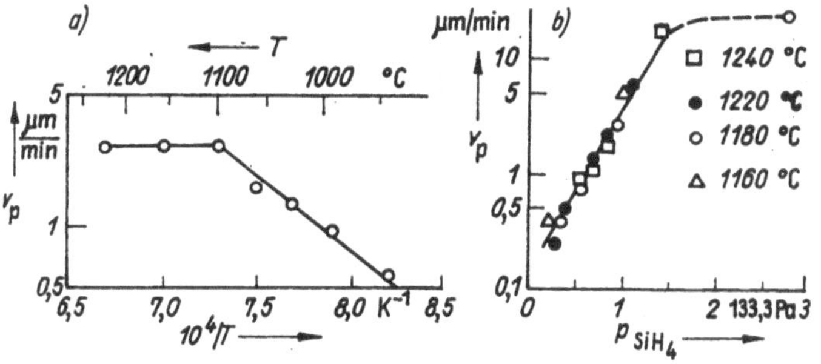

Abb. 3.5. Temperaturabhängigkeit (a)) und Konzentrationsabhängigkeit (b)) der Wachstumsgeschwindigkeit einer monokristallinen Siliciumschicht bei heterogener Silanzersetzung in einem Niederdruckreaktor (6,65 · 10^{-4} Pa) [10]

liche Werte auf; sie liegen zwischen 1,6 und 0,4 eV. Diese Aktivierungsenergie entspricht dabei stets der Zersetzungsenergie des Silans.

Zur Ursache für die Entstehung des Knickes im v_p-Verlauf ist folgendes zu bemerken (wir stützen uns dabei auf die Ergebnisse der Arbeit [11]): Die Zerfallsgeschwindigkeit des Silans ist bei hohen Temperaturen groß. Wir schätzen nun unter Benutzung der Angaben aus [9, 10] die davon abhängende Wachstumsgeschwindigkeit v_p bei hohen Temperaturen ab. Wenn wir die Werte von v_p in den Temperaturbereich von 1200 °C extrapolieren, so erhalten wir für die Wachstumsgeschwindigkeit Werte von $v_p = 10$ bis 10^3 μm/min (für den heterogenen [10] bzw. den homogenen [9] Zerfallsmechanismus). Im zweiten Fall liegt bereits eine Abschätzung des Siliciumstromes vor (s. [12]): Einem Silandruck von 75 Pa entsprach eine Stromdichte von $2{,}3 \cdot 10^{18}$ mol/cm² · s. Diese Abschätzung stimmt gut mit dem Grenzwert von v_p überein. Tatsächlich ist für die Herstellung einer Monolage Silicium innerhalb einer Sekunde bei vollständigem Siliciumzerfall ein Strom von ca. 10^{15} mol/cm² · s erforderlich. Einem Wert von $2 \cdot 10^{18}$ mol/cm² · s entspricht eine Wachstumsgeschwindigkeit von $v_p = 0{,}2$ bis 0,5 μm/s, wie auch in den Arbeiten [9, 14] beobachtet ist. Bei 1200 °C könnte der Silanzerfall einen Wert von $v_p = 10^3$ μm/min zur Folge haben. Dafür wären aber Stromdichten der Größenordnung 10^{22} mol/cm² · s oder ein Silandruck der Größenordnung 10^6 Pa und eine entsprechende Apparatur erforderlich. Daraus wird ersichtlich, daß die existierenden Reaktoren bezüglich v_p einen Grenzwert v_L besitzen (Abbn. 3.6 und 3.7), der dadurch bedingt ist, daß nur eine begrenzte Menge an Silan zur Verfügung steht.

Für das weitere Verständnis unserer Resultate ist es notwendig, folgendes zu bemerken: Historisch gesehen, wurde die Abscheidetechnik für poly-Si-Schichten unter Ausnutzung der bei der „Entdeckung" des poly-Si für die Mikroelektronik bereits vorhandenen Technologien entwickelt. Deshalb sind aus bekannten, für das epitaktische Wachstum monokristalliner Siliciumschichten geeigneten Reaktoren mit induktiver Heizung des Substrats (die peripher an einem Graphitträger angebracht ist) die Reaktoren für die Abscheidung von poly-Si-Schichten auf Siliciumscheiben entwickelt worden. Diese Reaktoren können jedoch nur bedingt als „induktiv" bezeichnet werden.

In induktiven Reaktoren ist die Temperatur im Gebiet des Substratträgers

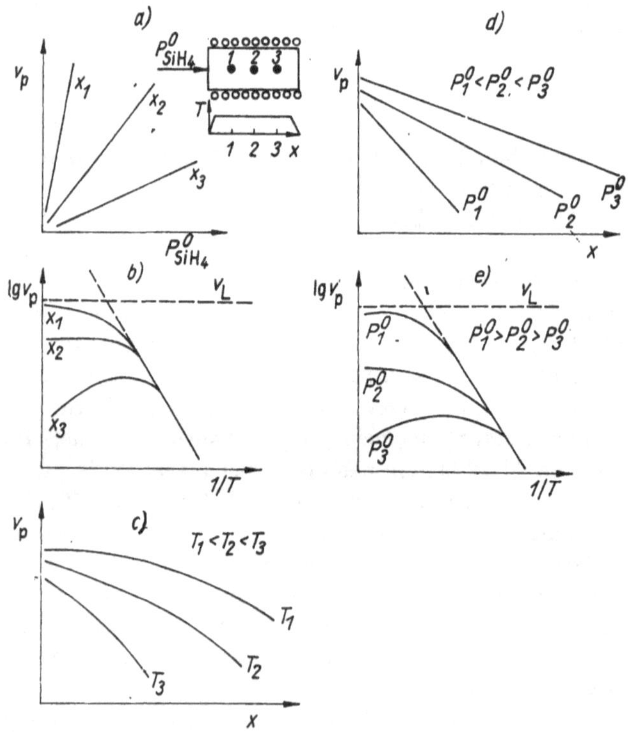

Abb. 3.6. Qualitative Wachstumskurven für poly-Si-Schichten, bestimmt nach den in [9 bis 11] enthaltenen Angaben über Grenzgeschwindigkeiten v_L und über die Abhängigkeit des Silanzerfalls von x, T und p_0; a) $v_p(p_0, x)$, $T = \text{const}$; b) $\lg v_p(1/T, x)$, $p_0 = \text{const}$; c) $v_p(T, x)$, $p_0 = \text{const}$; d) $v_p(x, p_0)$ Wachstumsverlauf längs des Reaktors; e) $\lg v_p(1/T, p_0)$, $x = \text{const}$

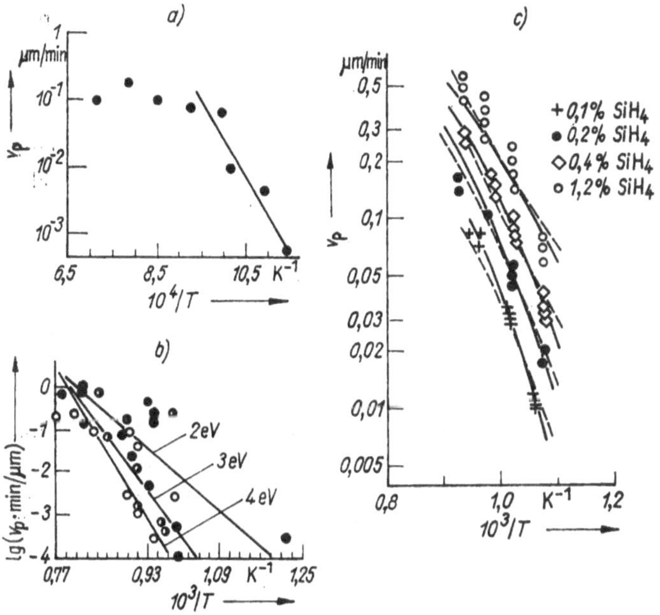

Abb. 3.7. Temperaturabhängigkeit der Wachstumsgeschwindigkeit von poly-Si-Schichten; a) Niederdruckreaktor [9]; b) Niederdruckreaktor [14]; c) Reaktor mit Atmosphärendruck [13], Argon-Silan-Gemisch

hoch, und in einiger Entfernung von ihm, d. h. an den Wänden der Quarzröhre des Reaktors, um vieles geringer. Durch die HF-Heizung wird die Möglichkeit einer Evakuation des Reaktors ausgeschlossen, da das verdünnte Gas leicht ionisiert würde und im Innern des Reaktors nicht kontrollierbare Plasmaentladungen entstehen könnten; der Abscheideprozeß würde instabil werden. Der Hauptvorteil des Induktionsreaktors bei der poly-Si-Abscheidung besteht offensichtlich in der Möglichkeit, eine heterogene Silanzersetzung durchzuführen. Dabei bewegt sich das Silan aus einer Silan-Edelgas-Mischung bei Atmosphärendruck in das Innere des Reaktors hin zum Substratträger. Der Silanzerfall, der unmittelbar auf der Substratscheibe im Bereich der Heizung eintritt, ermöglicht, auf der Scheibenoberfläche die für die Silanzersetzung minimale Temperatur aufrechtzuerhalten. Folglich erhält man sehr feinkörniges poly-Si oder sogar Schichten aus amorphem Silicium. Positiv wirkt sich auch die Möglichkeit aus, für die Abscheidung von Schichten aus polykristallinem Silicium bewährte und in ausreichendem Maße zur Verfügung stehende Epitaxieanlagen zu benutzen. Jedoch überwiegen bei der Anwendung von Induktionsreaktoren für den poly-Si-Prozeß die Nachteile. Sie bestehen in folgendem:

1. Die Erwärmung der Substratscheibe erfolgt inhomogen, da der Substratträger praktisch immer uneben ist (er ist mit Produkten der Silanzersetzung bedeckt sowie mit Reaktionsprodukten, die bei der Wechselwirkung von Silan und Graphit anfallen, d. h. mit poly-Si und Siliciumkarbidkristallen). Für epitaktische Prozesse, die bei hohen Temperaturen von ungefähr 1200 °C ablaufen, ist das nicht so ausschlaggebend, da der größte Teil der Wärme vom Substratträger zum Substrat durch Strahlung übertragen wird. Bei den Niedertemperaturprozessen zur Abscheidung von poly-Si (ca. 700 °C) wird jedoch der größte Teil der Wärme durch den direkten Kontakt mit dem Substratträger an das Substrat übertragen (nach dem STEFAN-BOLTZMANN-Gesetz fällt mit abnehmender Temperatur die durch Strahlung übertragene Wärmemenge mit der vierten Potenz der Temperatur). Deshalb kommt eine große Streuung der Zersetzungsgeschwindigkeit des Silans auf der Scheibe und in der Dicke der poly-Si-Schichten von etwa ± 10 bis 15% zustande, die aber nicht zulässig ist.

2. Eine pyrometrische Kontrolle der Heizertemperatur ist kompliziert, und die Kontrolle mit Thermoelementen ist ungeeignet, da der Heizer in der Regel eine sehr komplizierte Form besitzt, die ebene Teile, spitze Winkel, Stufen, Hohlräume usw. aufweist. Daraus folgt auch die ungenügende Reproduzierbarkeit der Enddicke und der Struktur der poly-Si-Schichten.

3. Nach Auffassung der Produzenten besteht der Hauptmangel jedoch in der relativ geringen Produktivität, die dadurch zustande kommt, daß sehr viele Scheiben großen Durchmessers auf der Oberfläche des Substratträgers untergebracht werden müssen. Deshalb besitzen horizontale, isotherme Niederdruckreaktoren in Röhrenform mit direkter Heizung (gewöhnlich eine Widerstandsheizung [55, 56]) eine wesentlich größere Perspektive.

4. Ein weiterer Nachteil des Induktionsreaktors resultiert aus der Kondensation von Zwischenprodukten des Silanzerfalls (Polysilane) an den kalten Reaktorwänden, die von dort abbröckeln und in die poly-Si-Schichten geraten können.

Aus diesen Gründen tritt an die Stelle des Induktionsverfahrens, auf dem der Abscheideprozeß des poly-Si zunächst basierte, immer stärker die Abscheidung in den oben genannten Niederdruckreaktoren (das silanhaltige Gemisch wird in eine auf 10 bis 1 Pa evakuierte Reaktionsröhre eingeführt). Wir selber haben Schichten aus polykristallinem Silicium untersucht, die mit beiden Methoden hergestellt worden sind.

3.3. Bildung von Schichten aus polykristallinem Silicium. Texturen, Rekristallisation

Die Mechanismen der Bildung von Schichten aus polykristallinem Silicium[36]) sind nicht nur von theoretischem Interesse. Granulierte Strukturen finden schon seit langem in der Mikroelektronik Anwendung. Dazu gehören insbesondere MNOS-Speicherbauelemente mit steuerbarem Einfang von Ladungsträgern, die durch eine ultradünne Oxidschicht (1,5 bis 3 nm) hindurchtunneln, die sich auf der Siliciumoberfläche befindet.

Obwohl man für elektronische Rechenmaschinen bereits Bauelemente und Schaltkreise benutzt, die nach diesem Speicherprinzip arbeiten, existiert bis zum heutigen Tage offensichtlich noch keine klare Vorstellung über die physikalischen Strukturen, die konkreten Haftstellen, durch die eine Ladung hinreichend lange gespeichert werden kann und dadurch ein Gatesignal im Gedächtnis bleibt. Auf der Suche nach einer steuerbaren und reproduzierbaren Speicherung wurde vorgeschlagen, kleine vereinzelte Siliciumkörnchen zu benutzen, die auf dem Oxid unter dem Nitrid abgeschieden wurden [15, 16]. Um jedoch eine bestimmte Dichte an Trapzuständen zu erhalten, sind ganz bestimmte Bedingungen für die Herstellung des poly-Si im Anfangsstadium des Wachstums und bis zur Verwachsung zu einer kontinuierlichen Schicht notwendig.

Darüber hinaus wird durch die Reliefbildung im Anfangsstadium des Schichtwachstums die zukünftige Unebenheit der Schichtoberfläche bestimmt. Die Unebenheit einer poly-Si-Schicht hängt wiederum mit der Durchbruchstendenz eines Isolators zusammen, der sich zwischen zwei Leitbahnen aus poly-Si befindet. Deshalb wollen wir das Anfangsstadium des poly-Si-Wachstums detailliert beschreiben, wobei wir uns vor allem auf unsere eigenen Arbeiten zur Abscheidung von poly-Si-Schichten im horizontalen (isothermen) Niederdruckreaktor und im induktiven (vertikalen, epitaktischen) Reaktor stützen. Wir diskutieren Probleme des Siliciumgates im Anfangsstadium der Kristallbildung, aber auch einige praktische Resultate, die polykristalline Zwischenschichten für MNOS-Speicher betreffen.

In den Arbeiten [9, 12] ist von uns das Anfangsstadium des poly-Si-Wachstums in einem Niederdruckreaktor bei verschiedenen Wachstumsdauern untersucht worden. Der Druck am Eingang des Reaktors hatte Werte von ungefähr 13 bis 133 Pa, die Temperatur der Kristallbildung betrug 700 bis 1200 °C. Die poly-Si-Schichten wurden auf Siliciumscheiben abgeschieden, die

[36]) Siehe auch Zitat [97]. (Anmerkung des Herausgebers)

mit thermischem Siliciumdioxid oder mit Siliciumnitrid einer Dicke von 50 bis 300 nm bedeckt waren.

Die Temperaturabhängigkeit von v_p im Temperaturbereich unterhalb 900 °C könnte einer homogenen Silanzersetzung entsprechen (Abb. 3.7). In frühen Wachstumsstadien weisen die poly-Si-Schichten einzelne kuppelförmige Gebilde auf (Abb. 3.9).

Die Kinetik beim Abscheiden der poly-Si-Schichten ist in Abb. 3.8 dargestellt. Es ist zu sehen, daß die Dichte N der Korninseln (in sehr grober Näherung kann man sie der Keimdichte gleichsetzen) stark von der Dauer des Anfangsstadiums des Abscheidens und von der Temperatur beim Abscheiden abhängt. Die Temperaturabhängigkeit der Kristallbildungsgeschwindigkeit für die Silanpyrolyse im Niederdruckreaktor ($p^\circ_{\mathrm{SiO_4}}$ = 75 Pa) ist in Tab. 3.1 angegeben.

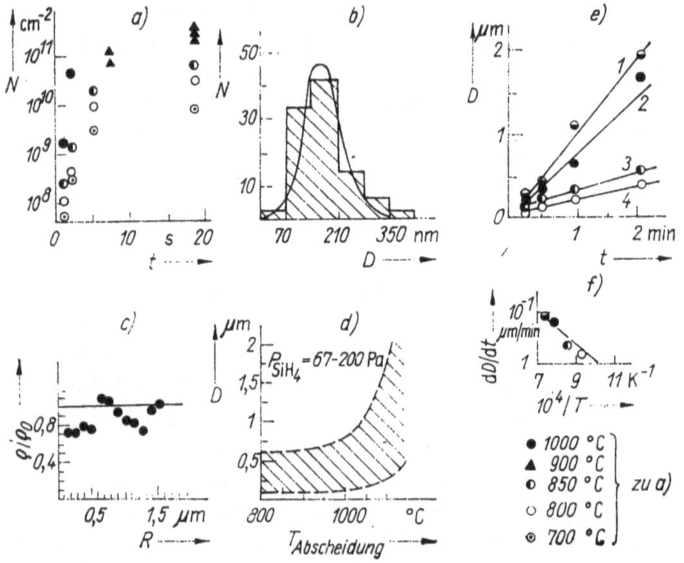

Abb. 3.8. Kinetik der Strukturbildung von poly-Si-Schichten [12, 18]; a) Zunahme der Anzahl der Körner im Anfangsstadium des Wachstums als Funktion von Zeit und Temperatur; b) Verteilungsfunktion der Keim- bzw. Korndichte auf der Oberfläche (800 °C, 5 s); c) Verteilung der Abstände zwischen den Kornpaaren; d) Temperaturabhängigkeit der Korngröße beim Abscheiden von poly-Si in einem Normaldruckreaktor mit einem Silanpartialdruck von 66,5 bis 200 Pa (untere und obere Grenze); e) Temperaturabhängigkeit der Korngröße während der Rekristallisation (1 — 1100 °C, 2 — 1000 °C, 3 — 900 °C, 4 — 800 °C); f) Temperaturabhängigkeit der Rekristallisationsgeschwindigkeit des poly-Si

Abb. 3.9. Mikrostruktur einer poly-Si-Schicht im Anfangsstadium des Wachstums; 800 °C, 5 s; das Substrat besteht aus Siliciumdioxid

Tabelle 3.1. Parameter bei der Bildung von Schichten aus polykristallinem Silicium

T (°C)	I	v_p	t_m	d_m	d
	$cm^{-2} \cdot s^{-1}$	µm/min	s	µm	
750	$8 \cdot 10^7$	0,06	40	0,04	0,08
800	$2 \cdot 10^7$	0,08	20–30	0,026–0,040	0,15
900	$5 \cdot 10^7$	0,13	5	0,011	0,13
1000	$5 \cdot 10^8$	0,16	2	0,005	0,065
1100	10^9	0,25	1	0,004	0,06

Daneben sind auch die Parameter des Anfangsstadiums des Schichtwachstums aufgeführt, d. h. v_p (Mittelwert), die Zeitdauer t_m bis zur Bildung einer geschlossenen Schicht und die Dicke d_m des poly-Si im Augenblick des Verwachsens zu einer geschlossenen Schicht (experimenteller Wert). Der der Größe d_m entsprechende theoretische Wert d wurde mit Hilfe des Ausdrucks [17]

$$d = 0{,}8(v_n^3/v_t^2 I)^{1/3} \tag{3.10}$$

bestimmt, in dem v_n die Geschwindigkeit des normalen und v_t die Geschwindigkeit des tangentialen Wachstums eines Kornes darstellt.

Die mit Hilfe der experimentellen Werte von v_p und I (Keimbildungsgeschwindigkeit) berechneten Werte für d fallen mit denen von d_m zusammen

(d_m wurde direkt aus mikroskopischen Meßwerten bestimmt), falls $v_t = 2$ bis $4 \cdot v_n$ beträgt. Ähnliche Verhältnisse wurden früher beim epitaktischen Schichtwachstum beobachtet.

Die Aktivierungsenergie der Keimbildung beträgt $1 \pm 0{,}2$ eV. Diese Abschätzung ergibt keine Übereinstimmung mit der entsprechenden Aktivierungsenergie des Wachstums einer poly-Si-Schicht im Niedertemperaturbereich (bis 900–1100 °C) ($v_p(T)$, s. Abbn. 3.5 und 3.7). Die Ursache für diese Diskrepanz besteht offensichtlich in der Art und Weise, wie $v_p(T)$ und $I(T)$ bestimmt wurden. Im ersten Fall wird der die Abscheidereaktion bestimmende Elementarprozeß zuverlässiger aus dem Volumen des poly-Si abgeschätzt, was die Zersetzung direkt charakterisiert. In zweiten Fall wird keine direkte Ermittlung der Anzahl der Keime im Dampf und des Grades ihrer Aggregation vor dem Abscheiden auf dem Substrat durchgeführt, so daß die mittels $I(T)$ bestimmte Energie eher eine Reaktionskonstante ist und die physikalische Erscheinung streng genommen nicht charakterisiert. Der Variationsbereich von $I(T)$ überschreitet nicht einmal zwei Größenordnungen, wodurch auch die begrenzte Bedeutung der Aktivierungsenergie unterstrichen wird, die mittels $I(T)$ bestimmt wurde.

Die Vereinigung der Keime kann auch auf dem Substrat erfolgen, was durch das starke Maximum der Funktion $N(D)$ belegt wird (s. Abb. 3.8b)). In einzel-

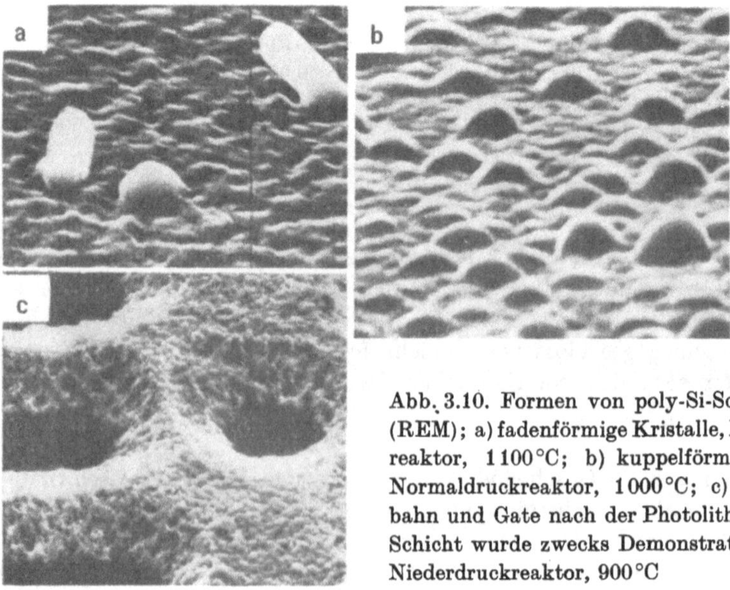

Abb. 3.10. Formen von poly-Si-Schichten (REM); a) fadenförmige Kristalle, Normaldruckreaktor, 1100 °C; b) kuppelförmige Kristalle, Normaldruckreaktor, 1000 °C; c) poly-Si-Leitbahn und Gate nach der Photolithographie; die Schicht wurde zwecks Demonstration angeätzt; Niederdruckreaktor, 900 °C

nen Fällen bilden sich beim Wachstum polykristalliner Siliciumschichten fadenförmige Kristalle, aber am häufigsten besitzen die Körner eine Kuppelform (Abb. 3.10, s. auch Abschn. 3.7.).

Während sich bei 1000 °C und einem Silanstrom von $2 \cdot 10^{18}$ mol cm^{-2} s^{-1} die geschlossene Schicht mit einer charakteristischen Korngröße von etwa 0,2 μm innerhalb von 10 s bildet, vollzieht sich im Falle geringer Ströme von 10^{16} mol cm^{-2} s^{-1} das Wachstum äußerst langsam; selbst bei 1200 °C beträgt

Abb. 3.11. Struktur von poly-Si-Schichten (Oberflächenabdrücke); a) 0,05% SiH_4, 850 °C, 12 s (Siliciumnitridsubstrat); b) 0,2% SiH_4, 850 °C, 6 s (Substrat aus thermischem Siliciumdioxid), 10000fach vergrößert

die Korngröße nicht mehr als 0,05 μm, und die Schicht bleibt inselartig. Betrachten wir die Untersuchungsergebnisse über das Anfangsstadium der Silanpyrolyse im vertikalen Durchflußreaktor, wobei der Transport durch Wasserstoff erfolgt, der das Silan verdünnt. Als Substrat wurden induktiv erwärmte Siliciumscheiben benutzt, die mit Siliciumnitrid, Siliciumoxynitrid, thermischem und pyrolytischem Siliciumdioxid beschichtet waren. Die poly-Si-Schichten wurden mit Hilfe von Kohlenstoff-Gold-Abdrücken der Oberfläche und mit Hilfe der Transmissionselektronenmikroskopie [64] untersucht.

In Abb. 3.11 sind die für die angegebenen Substrate charakteristischen Formen der poly-Si-Schichten dargestellt. Die Pyrolysetemperatur betrug

750 bis 1000 °C, die Silankonzentration im Gemisch mit Wasserstoff 0,05 bis 0,2 Vol.-%, die Zeitdauer 1 bis 200 s.

Im Temperaturbereich zwischen 750 und 850 °C wächst die Anzahl der Siliciumkörner mit der Zeit und der Silankonzentration im Gasgemisch. Wesentlich ist, daß die Korngröße mit der Zeit nur gering zunimmt; die Koaleszenz ist nur schwach entwickelt. Die Bereiche, in denen eine Clusterbildung durch Diffusion erfolgt, überschreiten nicht das Doppelte bis Dreifache des Durchmessers eines einzelnen Kornes. Dabei ist jedoch der Unterschied in der Form der Schichten, die auf thermischem bzw. auf pyrolytischem Oxid (poly-Si—O) und auf Siliciumnitrid (poly-Si—N) abgeschieden wurden, auffällig. Die Schichten aus poly-Si—O haben die Form von gestauchten Tropfen (das Verhältnis der Höhe des sich beim Abscheiden bildenden Kornes zu seinem Durchmesser beträgt etwa 0,5, die Höhe wurde mit Hilfe üblicher geometrischer Berechnungen ermittelt), und die Schichten aus poly-Si—N sind stark abgeflacht. Außerdem tritt in den poly-Si—N-Schichten bei niedrigen Abscheidetemperaturen in einer Reihe der Fälle überhaupt kein Relief auf; die Schichten sind homogen und äußerst feinkörnig. Zur Herstellung äußerst glatter Deckschichten mit Körnern der Größe von 10 bis 20 nm sind Schichten aus poly-Si—N also geeigneter als poly-Si—O-Schichten.

Oberhalb von 900 °C nimmt, wie bereits bemerkt [12, 18], die Koaleszenz zu. In einzelnen Fällen (besonders bei niedrigen Silankonzentrationen) führt die Koaleszenz zur Entstehung begrenzter oder nadelförmiger Kristalle (s. Abb. 3.11). Die Geschwindigkeiten der Koaleszenz sind groß, und die kleinen Hohlräume zwischen den Körnern von der Größenordnung 0,1 bis 0,2 μm werden innerhalb von Sekunden durchlaufen (d. h., die Geschwindigkeit der Oberflächenmigration der Cluster ist von der Größenordnung 10^{-2} bis 10^{-3} cm s^{-1}). Eine Abschätzung der Aktivierungsenergie der Oberflächendiffusion mit Hilfe der Resultate über die Vergrößerung eines „Hohlraumes" bei zunehmender Temperatur und Zeit liefert einen Wert von etwa 0,8 bis 1,2 eV (d. h. einen etwas geringeren Wert für poly-Si—O und einen etwas höheren für poly-Si—N).

Die Koaleszenz tritt in Verbindung mit einem starken Abfall der Korndichte pro Zeiteinheit N^{**} auf (Abb. 3.12). Im Anfangsstadium des poly-Si-Schichtwachstums beträgt N^{**} 10^8 bis 10^{11} cm^{-2} s^{-1}, infolge der Koaleszenz verringert sich N^{**} auf ein Zehntel dieses Wertes. Aus der Temperaturabhängigkeit $N^{**}(T)$ wurde für die Aktivierungsenergie der Keimbildung bei einer Silankonzentration von 0,2% ein Wert von etwa 0,8 eV erhalten.

In homogenen Schichten aus poly-Si, die bei einem Silandruck von 75 Pa abgeschieden werden, erhält man für Temperaturen oberhalb von 900 bis 1000 °C und Abscheidezeiten von mehr als 10 bis 20 s eine starke Rekristallisation.[37]) Wie aus Abb. 3.8 ersichtlich, nimmt die Korngröße im Stadium der Rekristallisation etwa proportional zur Zeit zu, und die Rekristallisationsgeschwindigkeit wächst exponentiell mit der Temperatur (die Aktivierungsenergie beträgt 1,2 bis 1,7 eV).

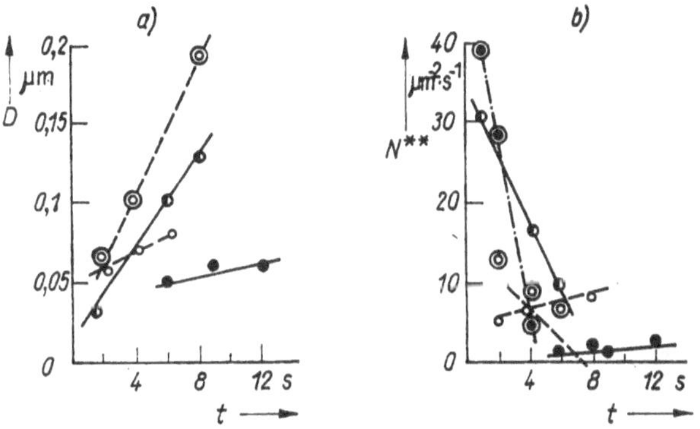

Abb. 3.12. Kinetik der Strukturveränderungen in poly-Si-Schichten; a) D – mittlere Korngröße auf einer Fläche 4 bis 5 $µm^2$: ◎ 0,2% SiH_4, T = 900°C; ◐ 0,05%, 900°C; ○ 0,2%, 850°C; ● 0,05%, 850°C; b) N^{**} – mittlere Korndichte auf dem Substrat (thermisches Siliciumdioxid): ⊙ 0,05% SiH_4, T = 950°C; ◐ 0,2%, 850°C; ◎ 0,2%, 900°C; ○ 0,05%, 900°C; ● 0,05%, 850°C

Nach der Größe der Aktivierungsenergie der Rekristallisation zu urteilen, muß der für diesen Prozeß entscheidende Mechanismus die Migration von Siliciumatomen auf der poly-Si-Oberfläche sein. In der Arbeit [18] haben wir versucht, den die Rekristallisation bestimmenden Mechanismus durch Messung der Abstände zwischen den einzelnen Körnern [19] zu bestimmen. Es konnte gezeigt werden, daß der Massetransport an der Oberfläche den Rekristallisationsprozeß bestimmt.

Wie bekannt, sind die im Tetrachloridprozeß erhaltenen Schichten aus poly-Si grobkörnig. Der Grund dafür liegt in der durch die Zwischenprodukte stimulierten Koaleszenz der Körner bis zum Erreichen großer Ausmaße. Eine andere Ursache ist das Wachsen eines Kornes durch seine eigene Rekristallisation. So wächst bei den für den Tetrachloridprozeß charakteristischen

[37]) Da die reale Dicke einer poly-Si-Schicht selbstjustierender Gates etwa 1 µm beträgt und die Wachstumsgeschwindigkeit eine Größenordnung von 0,1 µm/min besitzt, beträgt die Wachstumsdauer ungefähr 10 min, d. h., eine Rekristallisation kann sich bereits entscheidend bemerkbar machen.

Temperaturen (1100 °C) ein Korn infolge der Rekristallisation während des Abscheidens des poly-Si im Vergleich zu den Silanschichten (900 °C) auf das Zehnfache an.

Im Extremfall wird durch eine Hochtemperaturrekristallisation die vor der Rekristallisation existierende homogene Schicht infolge des Materialtransportes an die Oberfläche der einzelnen Körner in eine inselförmige poly-Si-Schicht (Abb. 3.13) umgewandelt [20]. Diese Erscheinung unterscheidet sich von der gewöhnlichen Rekristallisation durch Kornwachstum. Im Zusammenhang mit unseren Temperexperimenten an poly-Si-Schichten, die im Vakuum und in einer oxydierenden Atmosphäre auf Siliciumnitrid abgeschieden wurden, kommen wir noch einmal auf die Rekristallisation von poly-Si zurück.

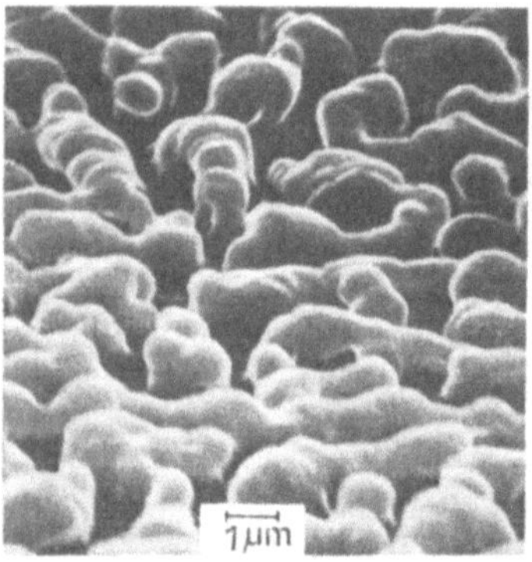

Abb. 3.13. Extremfall der Rekristallisation inselartiges poly-Si (REM)

Eine der schwer erklärbaren Erscheinungen bei der Bildung von Schichten aus poly-Si ist das Auftreten von Texturen auf nichtorientierenden Substraten. Diese Texturen können zu verschiedenen Zeitpunkten der Herstellung einer poly-Si-Schicht entstehen: bereits während des Abscheidens (nach [12, 18] wurde eine (110)-Textur sogar in inselförmigen Schichten, die bei einem Silandruck von 12 Pa im Niederdruckreaktor abgeschieden worden waren, beobachtet), infolge der Rekristallisation während des anschließenden Temperns oder sogar noch im Stadium des Dickenwachstums der poly-Si-Schichten.

Bei den bereits erwähnten und in vielen anderen Untersuchungen traten die Texturen mit einer (110)-Orientierung senkrecht zum Substrat auf.

Im allgemeinen sind folgende Orientierungen der Texturen in poly-Si-Schichten bekannt: (100), (110), (111), (331). Nach [7] überwiegen bei Wachstumstemperaturen bis 1000 °C (110)-Texturen, bei Temperaturen zwischen 1000 und 1200 °C (100)-Texturen, und oberhalb dieser Temperaturen liefern

(111)-Orientierungen einen beträchtlichen Beitrag („Beitrag“ bedeutet hier: zu poly-Si-Schichten, die zwar unter analogen Bedingungen, aber zu verschiedenen Zeitpunkten hergestellt worden sind; bei einer poly-Si-Schicht ist gewöhnlich ein bestimmter Texturtyp vertreten). Nach den Angaben von [14] liegt jedoch eine andere Situation vor: Bei niedrigen Temperaturen treten die Orientierungen (111) und (331) auf und bei hohen Temperaturen (110)- und (100)-Orientierungen. Bei unseren Untersuchungen traten in allen Fällen (110)-Texturen auf.

Die Frage nach der Natur der Texturen ist also offensichtlich nicht geklärt, und der Zusammenhang zwischen Wachstumstemperatur und Textur ist widersprüchlich. In einer Reihe von Arbeiten [58—63] werden die Gesetzmäßigkeiten bei der Herausbildung der Struktur von poly-Si beschrieben, das größtenteils in induktiven Reaktoren hergestellt wurde. Hierbei zeigten sich die bereits erwähnten Besonderheiten ebenfalls.

Zunächst einige Schlußfolgerungen:

Wir haben uns bisher mit den Besonderheiten beim Abscheiden und mit der Struktur von poly-Si-Schichten für große Intervalle der Temperatur und des Silandrucks sowie mit verschiedenen Substraten und der Herstellung im isothermen und im induktiven Reaktor beschäftigt. Folgende Fakten können als hinreichend bestätigt angesehen werden:

1. Das Abscheiden der poly-Si-Schichten erfolgt in zwei Stadien. Im ersten Stadium besitzen die Schichten die Form von vereinzelten Siliciuminseln, deren Größe durch die Wachstumsbedingungen bestimmt wird (durch den Silandruck, die Temperatur usw.). In der zweiten Etappe verwachsen die Schichten, und ihre Dicke nimmt zu. Die Besonderheiten des Siliciumtransports an der Schichtoberfläche während des Anfangsstadiums des Wachstums haben wir in [20, 64] diskutiert.

2. Die Bildung der Schichten aus polykristallinem Silicium hängt empfindlich von der Zusammensetzung des Substrates ab. Die glattesten Schichten mit der am wenigsten strukturierten Oberfläche bilden sich auf Si_3N_4; gröbere Schichtstrukturen entstehen auf SiO_2 [64]. Deshalb sind homogene Schichten auf Si_3N_4, die unter den gleichen Bedingungen hergestellt wurden wie homogene Schichten auf SiO_2, stets glatter als letztere [13]. Analoge Resultate wurden auch nach [65] aus Lichtstreuexperimenten erhalten.

3. Schichten aus polykristallinem Silicium sind strukturell instabil. Eine Erwärmung der Schichten führt zur Rekristallisation, durch die die Korngröße wächst. Die Rekristallisation setzt bereits während des Schichtwachstums ein. Deshalb sind die Körner der Schicht um so größer, je dicker die Schicht ist [12]. Mit zunehmender Temperatur und Zeitdauer nimmt die Rekristallisation zu.

Wir haben festgestellt [66], daß eine Rekristallisation bereits bei 640 °C möglich ist.

4. Für Temperaturen unterhalb von 650 bis 675 °C sind die im Niederdruckreaktor hergestellten Schichten amorph (in diesem Fall haben wir es also nicht mit Schichten aus polykristallinem, sondern mit Schichten aus amorphem Silicium zu tun) [67]. Diese Temperaturangabe ist jedoch sehr ungenau. In [68, 69] werden 640 bis 650 °C angegeben und in [70] eine noch wesentlich niedrigere Temperatur, nämlich 580 °C. Sie ist deshalb offensichtlich für jede technologische Variante neu abzuschätzen. Im folgenden verwenden wir unsere eigenen Resultate. Die Kristallisationsgeschwindigkeit des amorphen Siliciums wird in [71] diskutiert (z. B. soll amorphes Silicium bei 300 K nach $3 \cdot 10^{33}$ Jahren kristallin werden).

5. Die poly-Si-Schichten, insbesondere die Hochtemperaturschichten, weisen Texturen auf. Die Gesetzmäßigkeiten der Bildung von poly-Si-Texturen sind noch nicht aufgeklärt (einige Probleme der Texturbildung in sehr dicken Schichten aus poly-Si oder bei sehr hohen Temperaturen (mehr als 1150 bis 1200 °C) werden in [72, 73, 77] diskutiert).

Weiter zur Untersuchung von Strukturumwandlungen:

Wie wiederholt erwähnt, bildet die mehrschichtige Metallisierung integrierter Schaltkreise den Hauptanwendungsbereich von poly-Si-Schichten. Wie erhält man eigentlich eine solche Vielschichtstruktur? Wenn man einige Details vernachlässigt, unterscheidet sich die Technologie beim Auftragen einer zweiten poly-Si-Schicht nicht von der, die beim Auftragen der ersten, darunter befindlichen, angewendet wird. Um diese Schichten gegeneinander elektrisch zu isolieren, wird die Oberfläche der unteren poly-Si-Schicht in einem Standardverfahren oxydiert: Scheiben mit einer $Si-SiO_2-Si_3N_4$-poly-Si-Struktur werden in einen Reaktor gegeben, durch den bei einer Temperatur von etwa 1100 °C getrockneter Sauerstoff hindurchgeleitet wird. Danach scheidet man darauf bereits die zweite poly-Si-Schicht ab. In dieser Weise verfährt man auch bei der dreistufigen Metallisierung durch poly-Si (ein Auszug aus dem technologischen Ablauf ist in Abb. 3.14 dargestellt). Die Besonderheiten bei der Oxydation von phosphordotiertem poly-Si werden in der Arbeit [85] behandelt.

Die Dicke des die benachbarten poly-Si-Schichten trennenden Oxids beträgt ungefähr 0,15 μm. Entsprechend den Arbeitsbedingungen eines MIS-Transistors mit einem floating-Gate oder z. B. in einer CCD-Struktur besteht zwischen den Leitbahnen aus poly-Si ein Potentialunterschied von der Größenordnung 1 bis 10 V. Deshalb wirken über längere Zeiten Felder der Größenordnung 10^5 bis 10^6 V cm^{-1} senkrecht zur Oxidschicht. Das sind sehr starke Felder. Sie

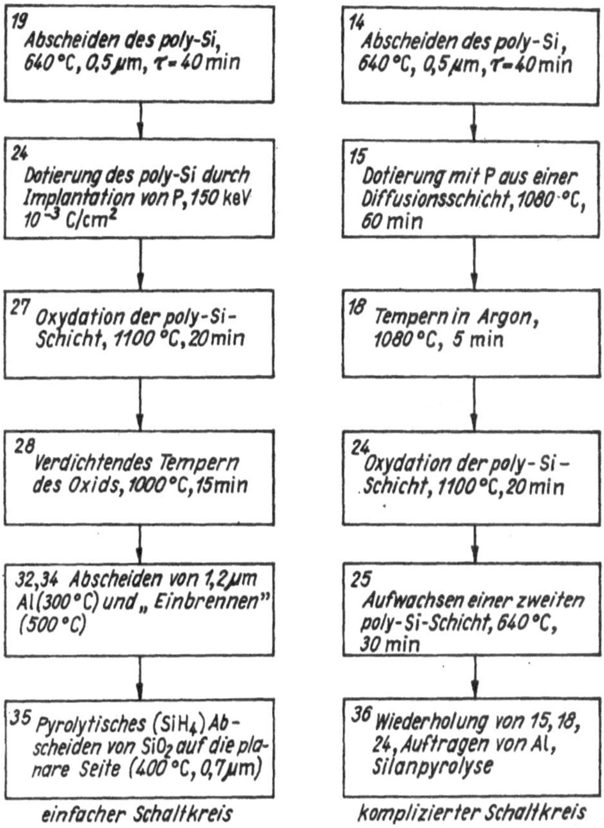

Abb. 3.14. Fragmente eines technologischen Herstellungsschemas für integrierte Schaltkreise mit Schichten aus polykristallinem Silicium

erreichen noch höhere Werte und übertreffen die Durchbruchsfeldstärke an Stellen, wo auf den einander zugewandten Oberflächen der poly-Si-Schichten Unebenheiten, Mikrospitzen usw. auftreten. Deshalb sind für die mehrschichtige poly-Si-Metallisierung nur äußerst ebene Schichten geeignet.

Es ist jedoch bekannt, daß glatte, feinkörnige Schichten aus poly-Si bei Erwärmung dazu neigen, sich infolge der auftretenden Rekristallisation in grobkörnige, unebene Schichten umzuwandeln. Deshalb modellieren wir den Prozeß der Rekristallisation für reine poly-Si-Schichten (bei Vergrößerung der Zeitdauer zwecks Herstellung homogener Schichten nahm die Rekristallisation der von uns untersuchten poly-Si-Schichten mit dem Schichtwachstum zu).

Vor allem wurde die Rekristallisation unbedeckter, nichtoxydierter poly-Si-Schichten im Vakuum untersucht [66]. Zum Einsatz kam poly-Si, das in einem isothermen Horizontalreaktor bei 640 °C mittels Silanpyrolyse auf Siliciumnitrid abgeschieden und in einem Vakuum von $7 \cdot 10^{-5}$ bis $7 \cdot 10^{-4}$ Pa getempert worden ist. Unmittelbar vor dem Tempern der Proben wurde der Sauerstoff- und Wasserpartialdruck durch Titangetterung auf weniger als $1{,}3 \cdot 10^{-7}$ Pa erniedrigt. Die Dicke der poly-Si-Schichten betrug 0,05; 0,1; 0,43 und 0,75 μm. Das Tempern wurde bei Temperaturen von 800 bis 1200 °C und Zeiten von einer halben Stunde bis sechs Stunden durchgeführt.

Eine Vorstellung über alle Untersuchungen vermittelt Abb. 3.15. Es wurden die allgemeinen Merkmale einer poly-Si-Rekristallisation festgestellt:

1. Sie ist durch die Bildung großer Hügelchen („Hillocks") und das Ansammeln von Materie aus den umliegenden Körnern in den Hillocks gekennzeichnet. In den extremen Temperbereichen zerfällt die Schicht in viele einzelne

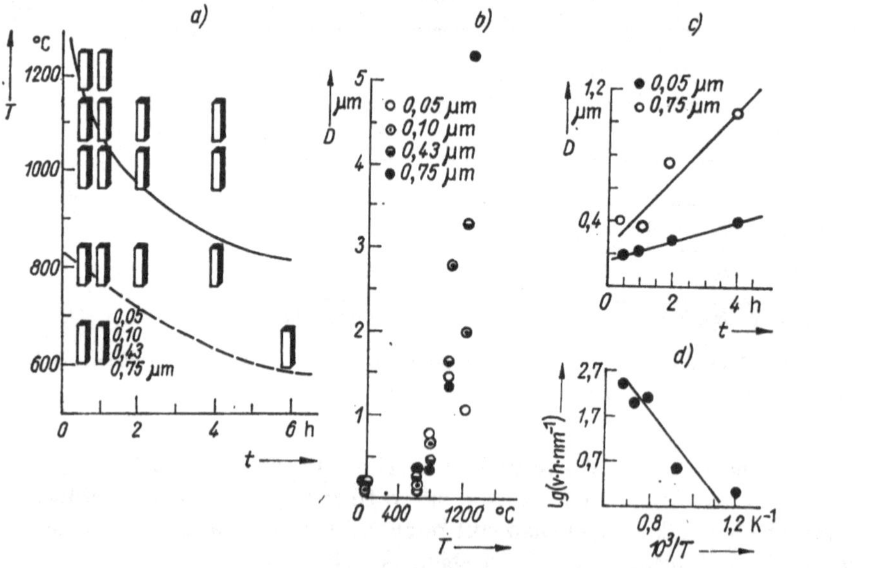

Abb. 3.15. Vakuumtempern von poly-Si-Schichten (Siliciumnitridsubstrat); a) Temperregime (ein Balken entspricht einem Satz von poly-Si-Schichten unterschiedlicher Dicke); b) Abhängigkeit der Korngröße von der Temperatur beim Tempern und der Dicke der poly-Si-Schichten, $t = 1$ h; c) Abhängigkeit der Korngröße von der Temperdauer und der Schichtdicke zu Beginn des Temperns, 800 °C; d) Temperaturabhängigkeit der Rekristallisationsgeschwindigkeit

Inseln. Wir haben diesen Prozeß bereits früher beobachtet [20]. In Abb. 3.15 sind die Übergänge von den homogenen Schichten in die inselförmigen gekennzeichnet. Für dicke Schichten (0,75 μm) liegt diese Übergangsstelle bei wesentlich höheren Temperaturen als bei dünnen (0,05 μm) Schichten. Für Temperaturen oberhalb 800 °C nimmt die Korngröße aller Schichten stark zu, wobei in diesem Temperaturbereich die dünnen Schichten schneller rekristallisieren als die dicken (siehe Abb. 3.15b)—d)). Die dicksten Schichten, die einen genügend großen Materialvorrat besitzen, weisen die größten Körner auf. Bei Temperaturen oberhalb 1000 °C führt das Vakuumtempern zur Verdampfung eines Teils des poly-Si, und die mittlere Korngröße dünner Schichten nimmt etwas ab. Analog verhält sich auch die Rekristallisationsgeschwindigkeit. Sie ist bei relativ niedrigen Temperaturen für dünne poly-Si-Schichten geringer als für dicke. Eine Darstellung der beim Vakuumtempern auftretenden Strukturveränderungen befindet sich in Abb. 3.16.

2. Es existiert eine gute Übereinstimmung bezüglich der Temperaturabhängigkeit der Korngrößenzunahme bei geschlossenen [12, 18] und inselartigen poly-Si-Schichten. Beide Erscheinungen gehören zu ein und demselben Prozeß mit einer Aktivierungsenergie von 1,0 bis 1,5 eV. Dieser Wert entspricht unseren bereits früher erhaltenen Resultaten und liegt in der Nähe der Energie der Oberflächenmigration von Siliciumatomen auf Siliciumschichten.

Die Veränderungen der Mikrostruktur bestätigen das Modell eines Fließvorganges an der Oberfläche der poly-Si-Schichten. Es entstehen auf der geschlossenen Ausgangsschicht einer Dicke von 50 nm kleine Hügel, neben denen man Einkerbungen vorfindet, d. h. Rißstellen in den einzelnen Bereichen der Schichten und in dicken poly-Si-Schichten tiefe Mulden. Im Endstadium der Rekristallisation ist die Oberfläche des Siliciumsubstrates gleichmäßig mit kuppelförmigen Inseln aus poly-Si bedeckt. In Abhängigkeit von der Dicke der poly-Si-Schichten zu Beginn der Rekristallisation wächst ihre Höhe mit zunehmender Temperatur beim Tempern von 0,1 auf 1 μm.

Oberhalb von 1100 °C vollzieht sich das Zusammenziehen zu Inseln gleichzeitig mit der Kristallisation des Siliciumnitridsubstrats. Infolgedessen entstehen auf der Oberfläche des Substrates Mikroinhomogenitäten. Die hier aufgezählten Besonderheiten des Vakuumtemperns von Schichten aus polykristallinem Silicium, die in horizontalen isothermen Reaktoren hergestellt wurden, konnten auch für poly-Si-Schichten beobachtet werden, die im induktiven Reaktor bei Atmosphärendruck abgeschieden worden waren.

3. Wie auch im Falle des Abscheidens von poly-Si-Schichten im vertikalen (epitaktischen) Reaktor auf Siliciumscheiben, die mit SiO_2, Si_3N_4 und Si_xO_yN beschichtet waren [64], wuchsen dünne poly-Si-Schichten ohne Orientierung

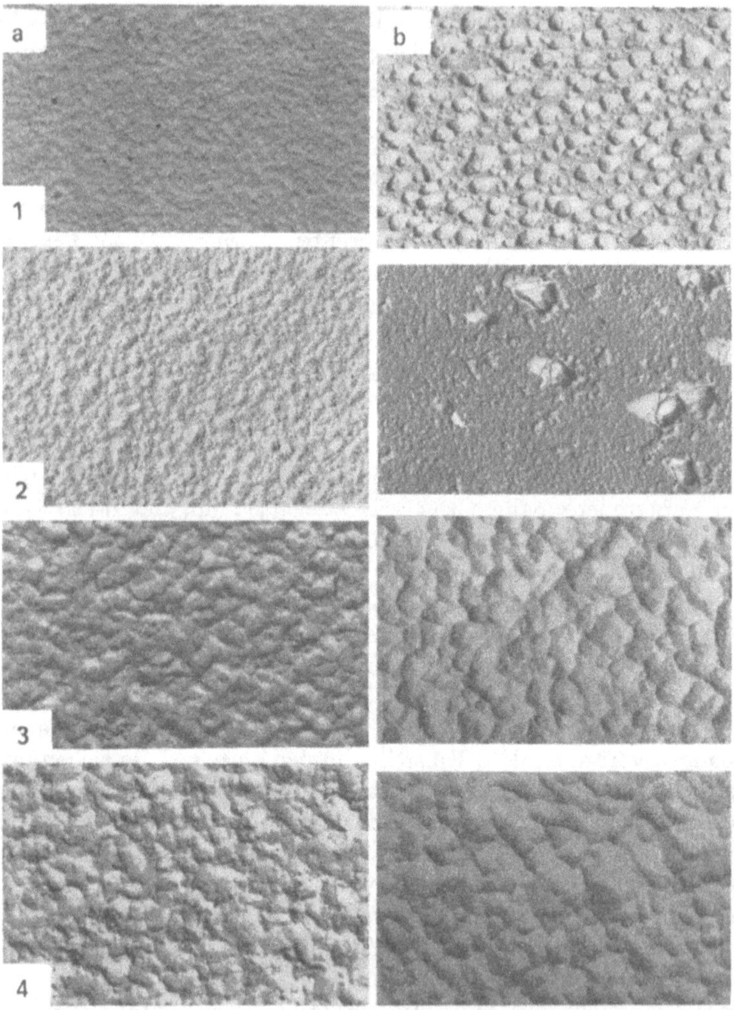

Abb. 3.16. Mikrostruktur von poly-Si-Schichten vor und nach dem Vakuumtempern (Oberflächenabdrücke), 26000fach vergrößert; a) Ausgangsschicht; b) Ausgangsschicht nach dem Vakuumtempern (800 °C, 1 h). Substrat aus Siliciumnitrid. Anfangsdicke der Schichten in μm: 1 — 0,05; 2 — 0,10; 3 — 0,43; 4 — 0,75

Schichten mit einer Stärke von 0,43 und 0,75 μm besaßen nach dem Abscheiden eine gemischte Textur mit (110)- und (100)-Orientierung. Nach dem Tempern wurde keine Veränderung der Orientierungen registriert.

In welchem Maße entsprechen die von uns in einem Modellversuch zum Vakuumtempern beobachteten strukturellen Veränderungen von poly-Si-Schichten den realen Strukturänderungen in hochintegrierten Schaltkreisen während eines technologischen Prozesses, in dem das poly-Si mit seinem eigenen Oxid beschichtet wird?

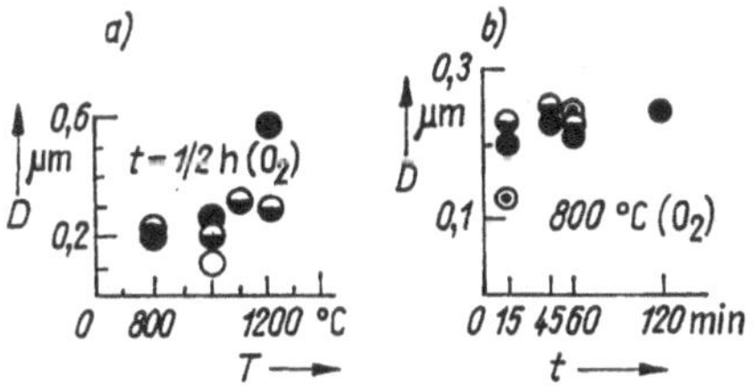

Abb. 3.17. Abhängigkeit der Korngröße in poly-Si-Schichten von der Temperatur (a)) und der Oxydationsdauer (b)) (Probenbezeichnung wie in Abb. 3.15b))

Wie aus Abb. 3.17 ersichtlich, vollziehen sich bei der Herstellung eines integrierten Schaltkreises wesentlich weniger Strukturveränderungen als beim Vakuumtempern, selbst wenn die Bearbeitungstemperaturen relativ hoch sind. Das ist offensichtlich damit verbunden, daß die Oberflächendiffusion des Siliciums unter einer Schicht thermischen Siliciumdioxids sehr behindert ist. Die Oxydationsgeschwindigkeit des poly-Siliciums liegt in der Nähe des bekannten Wertes für die Oxydationsgeschwindigkeit von monokristallinem Silicium.

Somit erscheinen unsere Befürchtungen einer möglichen Rekonstruktion von sehr glatten Niedertemperaturschichten aus poly-Si durch ihre Oxydation oder andere Operationen, die in oxydierenden Medien ablaufen (s. Abb. 3.14), als übertrieben.[38])

Das „Fließen" einer geschlossenen poly-Si-Schicht auf einer Isolatoroberfläche in Form von diskontinuierlichen Tröpfchen ist ein Spezialfall der Bildung inselförmiger Schichten. Dieser Fall ist kürzlich für dünne Metallschichten untersucht worden [84] (s. Abschn. 1.12.).

[38]) Diese Aussage bezieht sich auf undotierte poly-Si-Schichten. Für poly-Si-Schichten, die mit Phosphor dotiert sind, wird in einer oxydierenden Atmosphäre bereits bei 700 bis 800°C eine starke Rekristallisation beobachtet. Ein „Fließen" des poly-Si oder ein Zerreißen der poly-Si-Schicht unter dem Oxid tritt jedoch auch in diesem Fall nicht auf. (Anmerkung des Autors für die deutschsprachige Ausgabe)

3.4. Amorphe Tieftemperatursiliciumschichten

Die Grenzen der technologischen Anforderungen verschieben sich ständig. Nachdem man gerade gelernt hatte, feinkörnige poly-Si-Schichten mit einer Größe der Mikrokristalle von 0,01 bis 0,1 μm herzustellen, wurden spiegelglatte Schichten benötigt, die eine noch höhere dielektrische Durchbruchssicherheit aufweisen.

Mit dem Ziel, Schichten aus amorphem Silicium (a-Si) herzustellen, haben die Technologen die Temperatur der Silanpyrolyse bedeutend abgesenkt, nämlich bis auf Werte unterhalb 700 °C. Es wurde damit auch notwendig, neue Strukturuntersuchungen durchzuführen, z. B., um die untere Grenze der Instabilität von amorphen Siliciumschichten gegenüber einer Kristallisation bei einer nachträglichen Erwärmung zu bestimmen und die Nahordnung in a-Si-Schichten, die mittels Silanpyrolyse abgeschieden wurden, zu ermitteln.

Das erste Problem mußte gelöst werden, um den Lösungsprozeß von Siliciumschichten zu stabilisieren; denn die vorhandenen Daten [68] wiesen auf eine starke Abhängigkeit der Lösungsgeschwindigkeit von Silicium in Standardreaktionsmitteln von der Siliciumstruktur hin (Abb. 3.18, [68]). Auch die von uns erhaltenen Ergebnisse stimmen mit den Angaben von [68] überein.

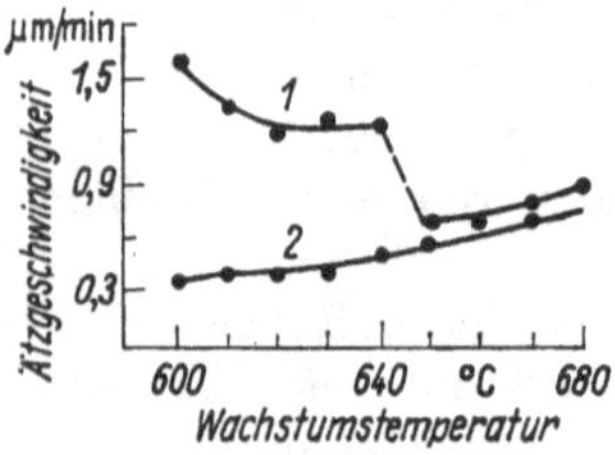

Abb. 3.18. Abhängigkeit der Ätzgeschwindigkeit einer Siliciumschicht von ihrer Abscheidetemperatur (d. h. von der Struktur) [68]; 1 — ohne Tempern; 2 — nach dem Tempern

Die Nahordnung mußte untersucht werden, da es in der Literatur dazu zwei widersprüchliche Meinungen gibt. Die erste besteht darin, daß a-Si eine Phase mit einer spezifischen, d. h. „amorphen", Nahordnung ist, die sich von der des diamantähnlichen Siliciums unterscheidet [74]. Nach [75] besteht a-Si jedoch aus ungeordnetem, diamantartigem (gewöhnlichem) Silicium. Zum Auffinden einer Entscheidung wurden pyrolytische Schichten aus a-Si untersucht, die mit Hilfe üblicher Technologien hergestellt worden waren.

Entsprechend ihrem anders gearteten elektronischen Energiespektrum [74] könnten die a-Si-Schichten andere chemische und (was ebenfalls wichtig ist) physikalisch-optische Eigenschaften besitzen als diamantähnliche Strukturen. In diesem Fall würden sich jedoch z. B. die Bedingungen für die optische Löschung von gespeicherten Informationen ändern.

Zunächst mußte jedoch die Wachstumstemperatur der amorphen Siliciumschichten im induktiven und isothermen Reaktor bestimmt werden. Wie transmissionselektronenmikroskopische Untersuchungen zeigen (Abb. 3.19), tritt

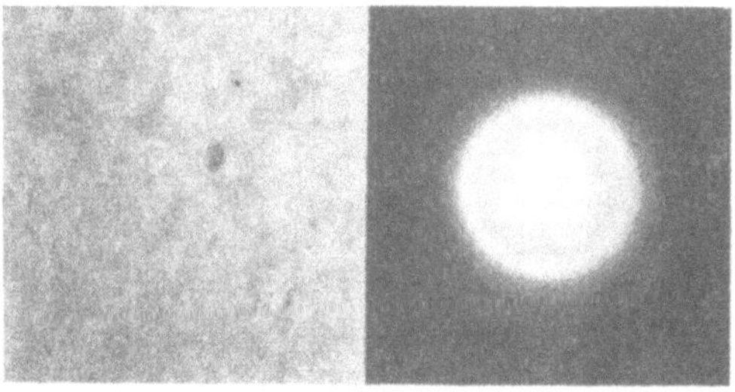

Abb. 3.19. Struktur einer amorphen Siliciumschicht (TEM), 13000fach vergrößert (Niederdruckreaktor, 600 °C)

in Siliciumschichten, die im induktiven Reaktor auf Siliciumnitrid abgeschieden wurden, der amorphe Zustand bei Pyrolysetemperaturen von etwa 700 bis 750 °C auf. Bei der isothermen Abscheidung ist diese Temperatur jedoch bedeutend niedriger; nämlich 610 bis 640 °C. Die amorphen Schichten sind optisch inhomogen; sie besitzen eine Mosaikstruktur.

Was geschieht nun mit einer a-Si-Schicht, die mit der einen oder anderen Methode hergestellt wurde, bei ihrer technologischen Oxydation? Wie aus Abb. 3.20 ersichtlich, kristallisierten die a-Si-Schichten, nachdem sie in Sauerstoff eine Stunde lang bis auf 1000 °C erwärmt und oxydiert worden waren. Durch die technologische Hochtemperaturoxydation wird also eine a-Si-Schicht in eine feinkörnige (10 bis 200 nm) Schicht aus poly-Si umgewandelt, d. h., die Schicht rekristallisiert.

In Analogie zu dem bereits betrachteten Fall des oxydierenden Temperns einer poly-Si-Schicht nimmt die Korngröße bei der Oxydation von a-Si mit der Zeit und der Temperatur nur relativ wenig zu. In Abb. 3.21 sind stark vergrößerte Oberflächen von AD- und ND-Schichten (AD — bei Atmosphärendruck abgeschiedene, ND — bei niedrigem Druck abgeschiedene) dargestellt, die in trockenem Sauerstoff oxydiert wurden. Die Korngröße der ND-Schichten einer Dicke der Größenordnung 0,5 μm wächst von 50 bis 200 nm auf 100 bis 500 nm (bei 800 °C, 1 h bzw. 1200 °C, 1 h). In den AD-Schichten nimmt sie von 10 bis 200 nm bis auf 30 bis 500 nm zu (bei 1000 °C, 1 h bzw. 1200 °C, 1 h). Auch die Nahordnung von a-Si-Schichten, die im induktiven Reaktor durch Zersetzung von Silan bei 650 °C gewonnen wurden, ist analysiert worden.

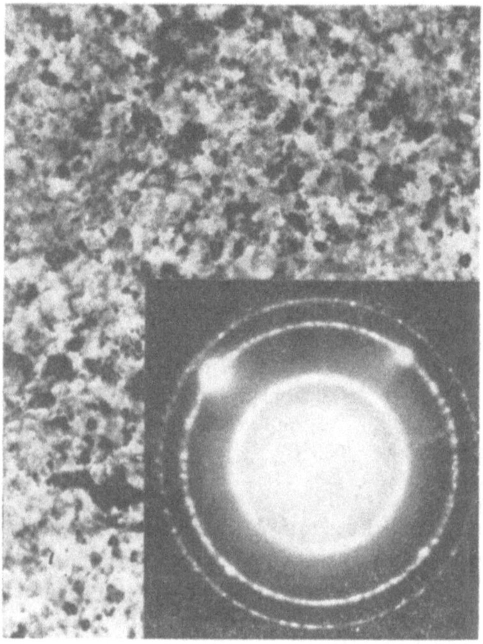

Abb. 3.20. Umwandlung von amorphem Silicium in poly-Si durch Oxydation (Ausgangsstruktur wie in Abb. 3.19, TEM), 13000fach vergrößert (Niederdruckreaktor, einstündige Oxydation bei 1100 °C, die punktförmigen Reflexe stammen vom Siliciumsubstrat)

Abb. 3.21. Relief einer poly-Si-Schicht nach der Oxydation, 26000fach vergrößert

Die Methode zur Analyse von Elektronenbeugungsbildern amorpher Schichten ist hinreichend bekannt (siehe entsprechende Zitate in Kapitel 2.). Es wurden Schichten unterschiedlicher Dicke (von 0,1 bis 0,8 μm) untersucht und keine Unterschiede im Charakter ihrer Struktur festgestellt.

Folgende Prozedur zur Ermittlung von Daten über die Nahordnung wurde durchgeführt:

1. Mit einem Transmissionselektronenmikroskop wurden Beugungsbilder der Schichten und einer Vergleichsschicht aus Gold bei einer Beschleunigungsspannung von 150 kV aufgenommen.

2. Der photographische Schwärzungsgrad des Elektronenbeugungsbildes wurde längs einiger diametraler Querschnitte gemessen und daraus die mittlere Hellintensität in relativen Einheiten des Schwärzungsgrades bestimmt. Daraus konnten entsprechende $D(l/\text{mm})$-Kurven gewonnen werden.

3. Für einen bestimmten Film wurden Schwärzungskurven in Abhängigkeit von der Belichtungszeit gezeichnet (dafür wurde jedes Elektronenbeugungsbild mit verschiedenen Belichtungszeiten aufgenommen). Dadurch konnte $D(t/s)$ bestimmt werden.

4. Durch Berechnung von I aus D und von S aus l (letzteres mit Hilfe der Elektronenbeugungsbilder für die Goldschicht) konnte die Funktion $D(l)$ in die absolute Intensitätskurve $I(S)$ umgezeichnet werden.

5. Es wurde eine mittlere Streukurve konstruiert, aus der unrealistische Strukturen eliminiert sind.

6. Das Resultat des 5. Schritts wurde weiter verfeinert durch Konstruktion mittlerer Kurven für $i(S) = \left(I_{\text{kohärent}}(S) - f^2(S)\right)/f^2(S)$ und $I(S)/f^2(S)$. Dieses Vorgehen ermöglichte eine effektive Elimination von unrealistischen Oszillationen aus $I(S)$ und $i(S)$.

7. Die Zahlenwerte von $i(S)$ wurden in den Ausdruck

$$4\pi R^2 \varrho(R) = 4\pi R^2 \varrho_0 + \frac{2R}{\pi} \int_{S_{\min}}^{S_{\max}} S \cdot i(S) \cdot \sin SR \cdot \mathrm{d}S$$

für die radiale Verteilungsfunktion eingesetzt, in dem das Integral mit Hilfe der Trapezregel auf einer elektronischen Rechenmaschine berechnet wurde.

Die Operationen 1 bis 7 sind für Elektronenbeugungsbilder von Siliciumschichten unterschiedlicher Dicke durchgeführt worden. Die erhaltenen Koordinationsradien sind in Tab. 3.2 angegeben. Am deutlichsten trat das dritte Koordinationsmaximum auf, weniger klar das erste und das fünfte. Das zweite und das vierte Koordinationsmaximum wurden durch Konstruktion von GAUSS-Kurven an entsprechenden Koordinationszahlen bestimmt. Aus Tab. 3.2 folgt, daß das a-Si charakteristische Si-Bausteine besitzt, die regellos angeordnet sind. Charakteristisch ist der Hauptpeak, d. h. der dritte Peak der RDF, durch das die „amorphe“ Phase von der „kubischen“ unterschieden wird [74].

Tabelle 3.2. Koordinationsradien (in nm) von Siliciumschichten, die bei 650 °C und Normaldruck auf einer Siliciumnitridoberfläche erhalten wurden

Quelle	R_1	R_2	R_3	R_4	R_5
unser Resultat	0,24–0,25	0,37–0,40	0,44–0,45	0,54–0,56	0,55–0,64
berechnete Werte für kristallines Silicium	0,235	0,384	0,450	0,543	0,592

Zur Überprüfung der Angaben von [75, 76], nach denen scharfe poly-Si-Kanten zu einem Verluststrom durch das Oxid führen können, sind Kenntnisse über den dielektrischen Durchbruch von poly-Si mit unterschiedlicher Oberflächenrauhigkeit nötig.

Aus unseren Untersuchungen folgt, daß mit zunehmender Dicke der poly-Si-Schichten ihre Korngröße (infolge der Rekristallisation) und die daraus resultierende Oberflächenrauhigkeit zunehmen. Man kann z. B. aus der Strom-Spannungs-Charakteristik eines vierschichtigen Systems poly-Si—thermisches Oxid—poly-Si—Siliciumnitrid eine unmittelbare Aussage über die Rolle der Oberflächenunebenheiten erhalten.

Es zeigte sich, daß der Bereich kleiner Stromstärken am empfindlichsten von der Korngröße abhängt (d. h. von der Dicke der poly-Si-Schicht): In einer 0,3 μm dicken poly-Si-Schicht erhält man bei einer Spannung von 5 V einen Strom von 6 bis $9 \cdot 10^{-12}$ A, in einer 0,5 μm dicken Schicht 7 bis $10 \cdot 10^{-12}$ A und in einer 0,8 μm dicken Schicht 10 bis $20 \cdot 10^{-12}$ A, d. h., bei Vergrößerung der Schichtdicke (und der Korngröße) auf das 2,7fache erhöhte sich der Strom bei konstanter Spannung auf etwa das 1,9fache. Bei geringeren Spannungen ist die Differenz der Ströme noch größer; bei 1 V beträgt der Quotient der Ströme ungefähr 2,5 bis 3.

Was die Nahordnung in a-Si-Schichten betrifft, die bei wesentlich niedrigeren Temperaturen als bei den von uns benutzten hergestellt wurden (z. B. bei 400 bis 500 °C), kann folgendes festgestellt werden. Die Strukturdaten sind vollkommen unzuverlässig, wenn Polysilane, die in diesem Temperaturbereich stabil sind, in den Reaktionsprodukten der Pyrolyse in großer Konzentration auftreten. Es besteht jedoch ein großes Interesse an a-Si-Schichten, die Wasserstoff enthalten und deshalb u. a. einen hohen Absorptionskoeffizienten für sichtbares Licht besitzen. Dadurch sind diese Materialien auch für den Einsatz in Solarzellen bedeutungsvoll [78—81]. An die Arbeiten [78—81] schließen sich die Resultate von [82, 83] zu physikalischen Eigenschaften von Siliciumoberflächen an, die durch Ionenimplantation amorphisiert worden sind. Die wasserstoffhaltigen poly-Si-Schichten sind dotierbar (durch Implantation usw.).

3.5. Elektrische Leitfähigkeit und Dotierung von poly-Si-Schichten

Die Abhängigkeit des spezifischen Widerstandes von poly-Si-Schichten von der Abscheidetemperatur, der Verunreinigungskonzentration und der Schichtdicke ist in Abb. 3.22 dargestellt [21, 22]. Es ist zu sehen, daß die undotierten Schichten einen um einige Größenordnungen höheren Widerstand als undotiertes einkristallines Silicium besitzen. Im einkristallinen Silicium sind etwa 10^{10} bis 10^{11} cm^{-3} Reststörstellen vorhanden, während in poly-Si der „Störstellenuntergrund" gewöhnlich von der Größenordnung 10^{12} bis 10^{14} cm^{-3} ist. Es dürfte jedoch klar sein, daß der Widerstand an den Korngrenzen besonders groß ist. Mit Verringerung der Abscheidetemperatur nimmt die Leitfähigkeit der poly-Si-Schichten ab. Für poly-Si sind ein spezifischer Widerstand von 10^6 bis 10^8 Ω cm und eine Beweglichkeit von 10^{-1} bis 10^2 $cm^2 \cdot V^{-1} \cdot s^{-1}$ charakteristisch. Für das Gate eines MIS-Transistors und die zum Transistor gehörenden Leitbahnen ist dieses Material also zu hochohmig. Die poly-Si-Schichten werden deshalb dotiert.

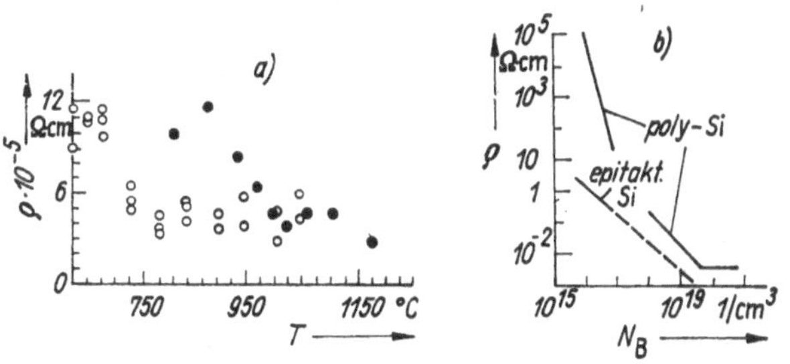

Abb. 3.22. Elektrische Leitfähigkeit von poly-Si-Schichten; a) spezifischer Widerstand von poly-Si als Funktion der Abscheidetemperatur [21]; ∘ dicke poly-Si-Schicht (15 μm), • dünne poly-Si-Schicht (0,6 μm); Normaldruckreaktor; b) spezifischer Widerstand von poly-Si als Funktion der Borkonzentration; zum Vergleich ist eine Kurve für epitaktisches Silicium [22] mit angegeben

Das Dotieren des poly-Si wird entweder gleichzeitig mit seiner Abscheidung durchgeführt, indem die Dotanten aus der Gasphase eingeführt werden, oder durch anschließende Diffusion aus festen oder gasförmigen Quellen.

Betrachten wir zunächst das Dotieren während des Abscheidevorganges [23–25].

Dotiert wird mit Diboran B_2H_6 (seltener mit BCl_3 oder BBr_3), Arsenwasserstoff AsH_3 und Phosphin PH_3. Der Einfluß des Diffusanten auf die Struktur der poly-Si-Schichten zeigt sich manchmal in einer Zunahme der Anfangskorngröße (darin besteht z. B. die Wirkung von Bor); besonders groß ist der Unterschied in der Korngröße von Tieftemperatur-poly-Si und undotierten Schichten [24]. Der Einfluß des Dotierens auf die Granulation scheint jedoch nicht gesetzmäßig zu sein.

Die in der Praxis hochintegrierter Schaltkreise gebräuchlichen Widerstandswerte für ein poly-Si-Gate betragen etwa 10^{-3} Ω cm. Das ist ein geringer Widerstand, er ist jedoch größer als bei Benutzung metallischer Schichten (deshalb bringt man in einigen Fällen – vor allem in UHF-Schaltkreisen – auf der poly-Si-Leitbahn ein „Double" an, d. h. eine Aluminiumschicht (Shunt)). Um zu garantieren, daß der Widerstand klein ist, führt man in die poly-Si-Schicht Dotanten mit einer Konzentration der Größenordnung 10^{20} cm^{-3} ein.

Die Löslichkeit von Bor, Phosphor und Arsen in Silicium entspricht annähernd diesem Wert (man kann die bekannten Daten über die Löslichkeit von Dotanten bei 900 bis 1200 °C bis in den Bereich niedriger Temperaturen interpolieren und erhält dann eine Dichte von etwa 10^{20} cm^{-3}). Während des Dotierens gelangt ein Teil der Dotanten in das Innere der poly-Si-Körner, ein Teil auf ihre Grenzflächen und ein weiterer Teil wird zur Bildung von Präzipitaten verbraucht. Deshalb hält man beim Abscheiden des poly-Si die Dotantenkonzentration in der Gasphase relativ hoch. Dadurch wird in der Gasphase eine Reaktion zwischen den Dotanten und dem Silicium möglich. In [25] haben wir diese Wechselwirkung im System Silicium-Bor[39]) untersucht (Tab. 3.3).

---

[39]) Es ist anzumerken, daß poly-Si vom *p*-Typ und entsprechende *p*-Kanal-MIS-Transistoren verbreiteter sind, obwohl auf Grund der geringeren Löcherbeweglichkeit im Kanal ihre Arbeitsgeschwindigkeit geringer ist als die der *n*-Kanal-Transistoren. Die Herstellungstechnologie der *n*-Kanal-MIS-Schaltkreise ist jedoch komplizierter; die Si–SiO_2-Grenzschicht ist gewöhnlich positiv geladen, und der *n*-Kanal ist bereits ohne ein (+)-Signal am Gate offen oder fast offen. Zuverlässige *n*-Kanal-MIS-Schaltkreise müssen deshalb eine geringe Oberflächenladung besitzen, und zur Herstellung der Oberfläche und des Isolators wird eine ausgefeiltere Technologie benötigt als bei *p*-MIS-Schaltkreisen.

Tabelle 3.3. Netzebenenabstände in Si—B-Strukturen (in nm)

B; tetragonal		B; hexagonal		SiB_3; tetragonal		SiB_4; hexagonal		SiB_4; kubisch	
hkl	*d*	*hkl*	*d*	*hkl*	*d*	*hkl*	*d*	*hkl*	*d*
100	0,874	001	1,257	001	0,476	001	1,271	100	0,415
110	0,618	002	0,628	100	0,283	002	0,636	110	0,293
001	0,503	100	0,426	101	0,243	100	0,548	111	0,239
101, 200	0,437	003	0,419	002	0,238	101	0,507	200	0,2057
111, 210	0,366	101	0,403	110	0,200	003	0,424	210	0,189
201	0,332	102	0,352	111	0,184	102	0,416	211	0,16
211	0,310	004	0,314			110	0,320		
300	0,291	110	0,246			004	0,318		
310	0,277	111	0,241			111	0,306		
002	0,252	112	0,229			112	0,283		
400	0,218	200	0,213			200	0,274		
—	—	005	0,211			005	0,254		
—	—	006	0,209			006	0,212		
						210	0,209		

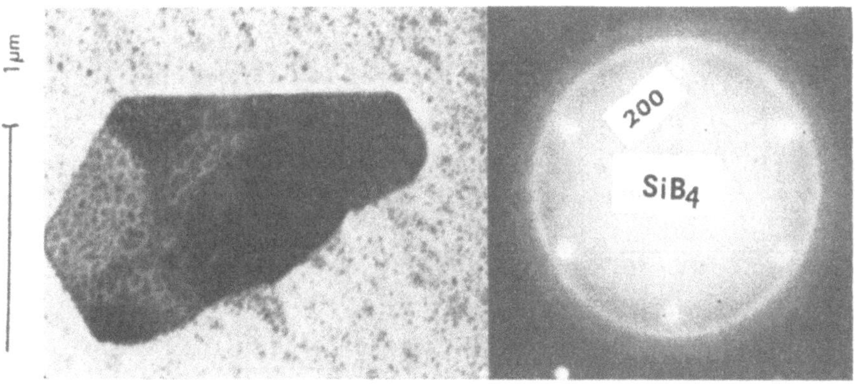

Abb. 3.23. Ausscheidung auf Siliciumnitrid nach dem Ätzen einer poly-Si-Schicht mit Borüberschuß (SiB_4)

Wie aus Abb. 3.23 ersichtlich, ist bei einem Diborananteil von 0,1 bis 1% in der Gasphase und beim Abscheiden des poly-Si bei 700 bis 900 °C die Bildung von Borsiliziden (insbesondere von SiB_4) und elementarem Bor möglich. Die Löcherkonzentration des poly-Si beträgt dann etwa 10^{19} cm^{-3}.

Borhaltige Ausscheidungen blieben nach der photolithographischen Ablösung des größten Teiles einer poly-Si-Schicht in Flußsäure-Salpetersäure-Gemischen auf der Siliciumoberfläche und haben die Durchführung der nachfolgenden technologischen Operationen erschwert. Bekanntlich lösen sich Bor und seine Siliciumverbindungen nicht in Flußsäure. Aus diesem Beispiel wird ersichtlich, wie wichtig eine genaue Dosierung des Diborans im Gasgemisch ist und wie kompliziert es ist, poly-Si mit maximalen Konzentrationen zu dotieren (bei Dotierung mit Phosphor ist die Bildung einer SiP-Phase möglich).

Die Dotanten können auch in eine bereits abgeschiedene poly-Si-Schicht aus der Gasphase oder aus einer festen Deckschicht eingeführt werden, gewöhnlich aus dotierten Gläsern, die durch pyrolytische Oxydation von Silan und aus einem Gas, das die Dotanten enthält, hergestellt werden. Es ist klar, daß dadurch der technologische Ablauf zur Produktion von integrierten Schaltkreisen um mindestens 2 bis 3 Operationen erweitert wird. Man kann jedoch auf diese Weise die Konzentration und die Verteilung der Dotanten im Gate genauer kontrollieren.

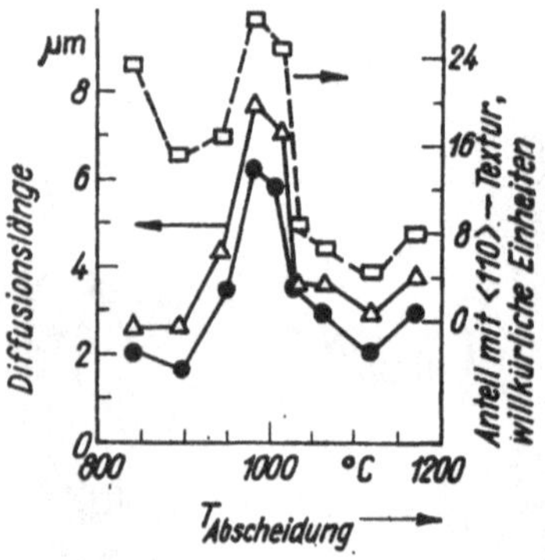

Abb. 3.24. Diffusionslänge als Funktion der Abscheidetemperatur des poly-Si bei Phosphor- und Bordotierung; □ Anteil mit ⟨110⟩-Textur, △ n-poly-Si, • p-poly-Si

In der Arbeit [26] wird die Untersuchung der Dotierung von poly-Si mit Bor aus B_2H_6 bei 800 bis 1200 °C dargelegt. Dabei wurde ein spezifischer Widerstand der poly-Si-Schichten von etwa $2 \cdot 10^{-3}\ \Omega$ cm, eine Löcherkonzentration von $2 \cdot 10^{20}\ cm^{-3}$ und eine HALL-Beweglichkeit der Löcher von etwa $20\ cm^2\ V^{-1}\ s^{-1}$ erzielt. Eigentlich müßte sich die Beweglichkeit der Löcher im poly-Si mit zunehmender Borkonzentration verringern, da aber zur Erhöhung der Störstellenkonzentration entweder die Temperatur oder die Diffusionsdauer erhöht werden müssen, nimmt die Korngröße bedeutend zu. Diese beiden Größen haben auf die Beweglichkeit einen entgegengesetzten Einfluß, so daß die Beweglichkeit fast konstant bleibt.

Die Diffusion von Bor und Phosphor aus Silikatgläsern, die 10% B_2O_3 bzw. 15% P_2O_5 enthielten und durch Oxydation eines Silan-Diboran- bzw. Silan-Phosphin-Gemisches erhalten wurden, ist in [27] untersucht (Abb. 3.24). In einer Reihe von Experimenten konnte dabei gezeigt werden, daß außer den für poly-Si-Schichten natürlicherweise höheren Diffusionskoeffizienten der Dotanten (im Vergleich zu einkristallinem Silicium) durch die ⟨110⟩-Textur die Diffusion von Bor und Phosphor in größere Tiefen (als bei poly-Si mit zufälliger Orientierung der Körner) begünstigt wurde (s. Abb. 3.24).

Die gewünschten Werte für den Widerstand einer poly-Si-Schicht sind auch noch aus einem anderen Grund nicht so leicht erreichbar. Er resultiert, wie angenommen wird, aus der unkontrollierbaren Bedeckung der Oberfläche und der Korngrenzen der poly-Si-Schichten durch gasförmige Verunreinigungen. Aus diesem Grunde sind Restgasdrücke von mehr als 1 bis 10^{-2} Pa Sauerstoff und anderen gasförmigen Oxydationsmitteln im Reaktor unerwünscht.

In [86] wird der Einfluß der Herstellungsbedingungen dotierter poly-Si-Schichten auf deren Leitfähigkeit diskutiert, und in [87] werden Strukturbesonderheiten untersucht.

Betrachten wir kurz einen Typ von Siliciumschichten, deren Leitfähigkeit zwischen der von reinem Silicium und der von Siliciumdioxid liegt. Es geht also um Siliciumschichten, die mit Sauerstoff dotiert wurden (SIPOS, d. h. semi-insulating polycrystalline silicon, ist der für sie in der Literatur gebräuchliche Fachausdruck; die halbisolierenden Eigenschaften werden durch den Einbau von Sauerstoff in das Silicium erreicht). Der Bedarf an diesem Material entstand in letzter Zeit im Zusammenhang mit der Entwicklung von integrierten Schaltkreisen mit Speicherelementen (ein MOS- oder MNOS-Speicherelement enthält zwei Elektroden, eine Steuerelektrode aus Aluminium oder poly-Si und eine „floating" Elektrode, d. h. eine poly-Si-Schicht, die vollständig von einem Isolator umgeben ist und unter der Steuerelektrode, d. h. dem eigentlichen Gate des Transistors, liegt).

Bei einer hohen Packungsdichte von MIS-Bauelementen in Speicherschaltkreisen können parasitäre Kopplungen zwischen benachbarten Bauelementen auftreten, da auch die außerhalb des Gates befindlichen, senkrecht zur Halbleiteroberfläche gerichteten, elektrischen Felder stark sind. An die Leitbahnen, die oberhalb des isolierenden Dielektrikums verlaufen, wird nämlich eine verhältnismäßig hohe Spannung angelegt.

Zur Verhütung einer unerwünschten Inversion auf der Halbleiteroberfläche legt man auf diese unter eine „dicke" Isolatorschicht (von z. B. 0,5 μm) eine SIPOS-Schicht, die eine etwas geringere Leitfähigkeit besitzt als eine poly-Si-

Schicht.[40]) Das heißt, daß man zur Erzeugung eines abschirmenden Feldes einer schwachleitenden Schicht, die Löcher oder Elektronen einfängt, eine a-Si-Schicht benötigt, die noch mit Sauerstoff oder Stickstoff dotiert sein sollte.

Der Ladungstransport in sauerstoffdotierten Siliciumschichten ist in [91—93] untersucht. Wir wollen jedoch die Resultate der Arbeit [95] diskutieren, die von allen bekannten Veröffentlichungen die meisten Informationen über die Struktur von sauerstoffdotierten amorphen Siliciumschichten (a-Si(O)) enthält. Die wichtigsten Resultate werden mit Hilfe der Transmissionselektronenmikroskopie, der Röntgenstrukturanalyse und der ESCA-Methode (Elektronenspektroskopie für die chemische Analyse, d. h. spektroskopische Untersuchung der unter Einwirkung von Röntgenstrahlen aus der Oberfläche einer Probe emittierten Elektronen) erhalten. Folgende Ergebnisse wurden erzielt:

1. Ein bei 650 °C auf der Oberfläche oxydierter Siliciumscheiben durch Reaktion aus einem Stickstoffmonoxid-Silan-Gemisch (mit Stickstoff als Transportgas) hergestelltes a-Si(O) besteht vermutlich aus Siliciummikrokristallen und Siliciumoxidteilchen, die gleichmäßig in der a-Si-Matrix verteilt sind.

2. Mit zunehmendem Sauerstoffgehalt in der a-Si(O)-Schicht, der zwischen 10 und 50 Atom-% beträgt, nimmt die Größe der Siliciummikrokristalle ab (der Sauerstoffgehalt wurde röntgenmikroskopisch bestimmt, siehe auch [94]). Nach dem Tempern erhöhte sich die Größe der Siliciummikrokristalle etwas; bei Beginn des Temperns betrug sie etwa 2 nm, nach dem Tempern bei 1100 °C ungefähr 10 nm. Die Größe selber wurde mit Hilfe von zwei verschiedenen Methoden abgeschätzt, und zwar direkt aus Dunkelfeld-Mikrophotogrammen und indirekt aus der Halbwertsbreite des Röntgenbeugungsmaximums. Schichten aus a-Si(O) mit Siliciumkristallen, die kleiner als 1 nm waren, wurden als vollständig amorph betrachtet.

3. Der Atomabstand in a-Si(O)-Mikrokristallen ist wesentlich (um 1 bis 3%) größer als im gewöhnlichen einkristallinen Silicium. Nach Annahme der Autoren ist damit eine Erhöhung der Breite der verbotenen Zone des a-Si(O) im Vergleich zum a-Si verbunden (um 0,4 eV bei einem Gehalt von 36 Atom-% Sauerstoff).

4. Es wurde eine Abhängigkeit der Austrittsarbeit von $2p$-Elektronen vom Sauerstoffgehalt der a-Si(O)-Schichten festgestellt, was möglicherweise mit einer Oxydation der Oberfläche der Siliciummikroteilchen verbunden ist.

Wir haben uns damit mit einer für die Mikroelektronik prinzipiell neuen Struktur bekannt gemacht, die dadurch charakterisiert ist, daß sich Granulat-

---

[40]) Wenn im Silicium 10^{11} cm^{-3} Reststörstellen vorhanden sind und die Ladungsträgerbeweglichkeit in der poly-Si-Schicht 10^2 cm^2 V^{-1} s^{-1} beträgt, hat die Leitfähigkeit des poly-Si einen Wert von $\sigma \approx 10^{-6}$ $(\Omega$ cm$)^{-1}$.

körner des einen Materials in der Matrix eines anderen Materials befinden. Früher wurden zu diesen Zwecken Siliciumnitrid-Silicium-Systeme benutzt. Man kann jedoch die in [95] bezüglich des a-Si(O) -Modells erhaltenen Resultate kaum als endgültig betrachten, da Strukturmodelle für derartige Materialien natürlich die radiale Verteilungsfunktion einbeziehen müssen und möglicherweise auch eine Analyse von Schwingungsspektren erfordern, da die feste Lösung eine alternierende Struktur für mikrokristalline Gemische ist.[41])

3.6. Ätzen

Schichten aus polykristallinem Silicium, die als Gate eines MIS-Transistors bestimmt sind, durchlaufen die Photolithographie und Ätzprozesse. Die Photolithographie von poly-Si ist eine Standardoperation und soll deshalb hier nicht betrachtet werden. Beim Ätzen treten jedoch einige Besonderheiten auf.

Für das Ätzen von poly-Si-Schichten benutzt man gewöhnlich ein Gemisch aus $HF:H_2O:HNO_3$ im Verhältnis 1:10:10 oder 1:5:5. Die üblichen Ätzgeschwindigkeiten von poly-Si liegen zwischen 18 und 35 nms^{-1} (d. h., man benötigt etwa 10 bis 20 s für die gesamte Schicht). Abweichungen in der Ätzgeschwindigkeit von diesem Bereich sind nicht zulässig, sie würden zu einem zu starken oder zu geringen Ätzen einer poly-Si-Schicht führen. Man muß berücksichtigen, daß die üblichen geometrischen Ausmaße eines MIS-Transistors 1 bis 5 μm (die Gatebreite bzw. die Kanallänge) betragen.

Die entscheidende Rolle bei der Erzielung der notwendigen Geometrie des Gates durch Ätzen spielt die Korngröße im poly-Si. Es ist klar, daß die Gatekonturen um so genauer werden, je geringer die Korngröße ist. Gerade deshalb bemüht man sich darum, bei Temperaturen zu ätzen, die dem unteren Grenzwert der Temperatur des poly-Si-Wachstums entsprechen, d. h. bei 650 bis 750 °C.[42]) Dazu verwendet man wasserstofffreie Gase. Zum Vergleich sei bemerkt, daß in einem Durchströmungsreaktor mit Wasserstoff das Wachsen einer poly-Si-Schicht einer Dicke von 0,6 μm bei 800 °C 30 min dauert und bei einem Argonreaktor mit 700 °C 15 min (das entspricht einem Wert von 0,02 bzw. 0,04 μm/min).

[41]) Eine neuere Übersicht über Struktur und Eigenschaften von $Si-SiO_2$-Mischphasen wird in [98] gegeben. Die Entmischung von SiO_x wird in [99] untersucht. (Anmerkung des Herausgebers)

[42]) Für die Herstellung von poly-Si im Durchflußreaktor mit Silan-Argon- und Silan-Wasserstoff-Gemischen ist die „kritische Temperatur" für den Übergang von spiegelglatten zu matten Schichten bekannt (etwa 810 °C). Nach [13] hängt sie von der Art der Reinigung des Siliciumsubstrats und einer möglichen Oxidschicht darauf ab.

Durch Verunreinigungen in der poly-Si-Schicht (und ihre „Oxydation") kommt es ebenfalls zu einer inhomogenen Ätzung des Gates.

Und schließlich wird auch eine poly-Si-Schicht mit unterschiedlicher Schichtdicke inhomogen geätzt. Selbst längs einer Scheibe mit einem Durchmesser von 40 bis 60 mm tritt je nach dem Grad an Silanmangel in der Gasphase eine Inhomogenität auf (falls die Scheibe parallel zum Gasstrom liegt). Es ist also nicht unbedingt notwendig, die Scheiben in der isothermen Zone zu installieren, um poly-Si-Schichten einheitlicher Dicke zu erhalten, besonders wenn die Abscheidetemperaturen hoch sind. Man muß vielmehr die Temperatur längs der Scheibe mit abnehmendem Silananteil erhöhen. Die Herstellung von poly-Si-Schichten einheitlicher Dicke wird damit zu einer relativ komplizierten Aufgabe.

Das Ätzen hat auch andere Auswirkungen auf das poly-Si. Wie die Infrarottransmissionsspektren in [28] zeigen, entstehen auf der Siliciumoberfläche nach ihrer Bearbeitung in HF auch gefärbte Schichten, die Si—H- und Si—OH-Gruppen enthalten. Nach Bearbeitung in HF und HNO_3 beobachtete man außer den genannten Gruppen auch Si—O-Schwingungen (Cluster des Typs SiO_6 oder SiO_4). Folglich ist die Bildung stabiler höherer Silane SiH_{2x+3} ($x = 2$, $3, \ldots$) und Polysilane $(SiH_2)_x$, polymerer Siliciumhydride von $SiH_{1,2}$ bis $SiH_{1,7}$, von H_2SiO- und $HSiO_{1,5}$-Verbindungen u. a. sehr wahrscheinlich.

Auger-spektroskopische Untersuchungen von Siliciumoberflächen zeigen, daß sie durch eine Bearbeitung mit Flußsäure sehr stark durch Kohlenstoff verunreinigt werden (der Mechanismus, der die Kohlenstoffadsorption begünstigt, ist jedoch unklar) [29]. Nach dem Ätzen der poly-Si-Schicht verbleiben die genannten Verunreinigungen auf der Scheibe.

Wichtige Aussagen über die Ätzgeschwindigkeit von amorphen und polykristallinen Siliciumschichten wurden nach [68] erhalten (s. Abschn. 3.4.). Es zeigte sich, daß die Siliciumabscheidung bei relativ niedrigen Temperaturen (bei 630 bis 650 °C) zu einer starken Inhomogenität beim Ätzen gegenüber Schichten, die bei 750 °C im induktiven Reaktor abgeschieden wurden, führt. Eine Analyse der Ätzgeschwindigkeit der Schichten als Funktion der Abscheidetemperatur T ergab drei Bereiche; für $T \geqq 660\,°C$ ist die Ätzgeschwindigkeit klein und relativ konstant, für $T \leqq 630\,°C$ ist sie wesentlich größer und nicht konstant, für $630\,°C \leqq T \leqq 660\,°C$ beobachtet man einen stark ausgeprägten Übergangsbereich. Folglich erwiesen sich die Niedertemperaturschichten aus a-Si als technologisch ungünstig. Der Autor der Arbeit [68] fand einen gewissen Ausweg, indem er die Schichten strukturell stabilisierte. Sie wurden nach dem Abscheiden durch fünfminütiges Tempern in Stickstoff bei 900 °C in eine kristalline Phase umgewandelt. Die Ätzgeschwindigkeit war konstant und besaß einen für poly-Si charakteristischen Wert; die Korngröße hat nur wenig zugenommen.

3.7. Morphologische Defekte

Der am häufigsten auftretende morphologische Defekt in poly-Si-Schichten, die bei Temperaturen von mehr als 700 °C abgeschieden wurden, sind „Whisker", „Dendriten", d. h. nadelförmige, kurze Siliciumauswüchse geringer Anzahl,

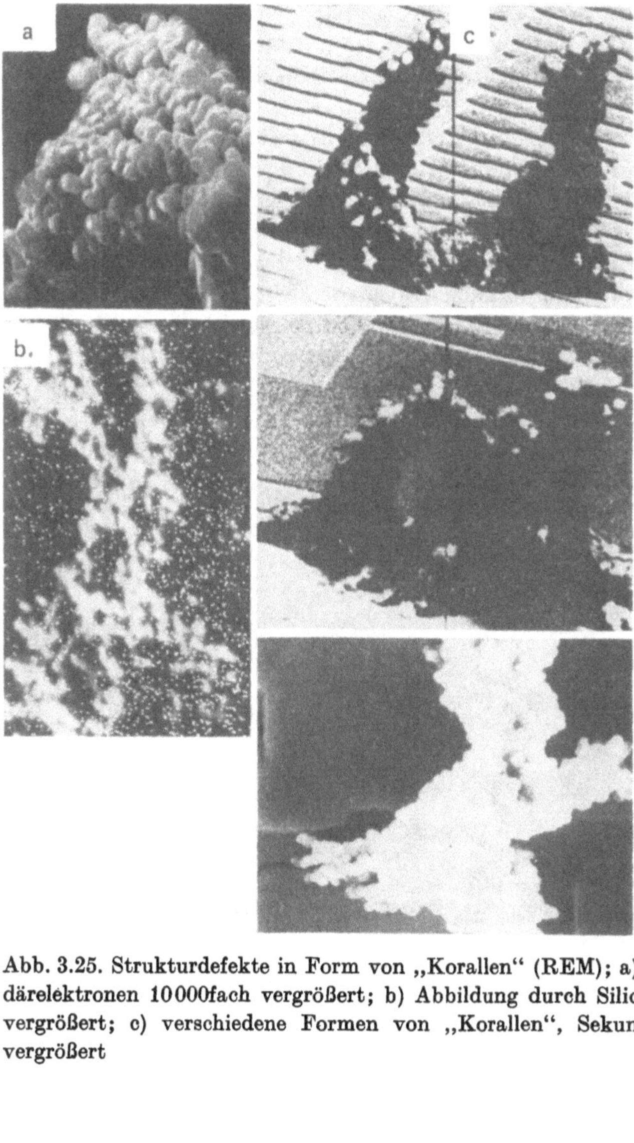

Abb. 3.25. Strukturdefekte in Form von „Korallen" (REM); a) Abbildung mit Sekundärelektronen 10000fach vergrößert; b) Abbildung durch Siliciumemission 10000fach vergrößert; c) verschiedene Formen von „Korallen", Sekundärelektronen, 750fach vergrößert

die den Isolator durchdringen. Die Ursache ihrer Entstehung ist unbekannt, obwohl man annehmen kann, daß sie entsprechend dem Phasenübergangsmechanismus, der in [88, 89] eingehend diskutiert wird, an Stellen mit zufällig höherer Konzentration metallischer Verunreinigungen entstehen können (Abb. 3.25).

Manchmal sind während des Abscheidens von poly-Si-Schichten im induktiven Normaldruckreaktor Defekte in Form fester Teilchen aufgetreten, die bei geringer Vergrößerung das Aussehen von Dendriten besitzen. Durch diese Defekte wurden während der anschließenden Photolithographie die Photoschablonen zerstört.

Wir haben diese Defekte mit Hilfe der Röntgenspektralanalyse identifiziert. Es stellte sich heraus, daß sie hauptsächlich Silicium enthalten. Eine Untersuchung der Mikrostruktur der Defekte zeigte, daß sie aus kleinen kugelförmigen Teilchen (der Größenordnung 1 μm) bestehen. Das hat zu der Annahme geführt, daß die Kugeln (Tropfen) das Produkt einer homogenen Silanzersetzung sind (möglicherweise treten auch Polysilane auf), die sich auf dem Substrat niederschlagen. Voraussetzung für die Entstehung des Defektes ist eine feuchte Scheibenoberfläche. Feuchtigkeit katalysiert bekanntlich den Silanzerfall [90].

Wie nachfolgende Untersuchungen zeigten, enthalten die Defekte (die in Abb. 3.25 gezeigt werden) Metalle (Eisen und andere) aus „unsauberen“ Reagenzien, die während der vorangehenden Photolithographie auf die Oberfläche gelangen, auf die das poly-Si abgeschieden wird.

4. Methoden zur Strukturuntersuchung von Schaltkreismaterialien

Die Aufgaben der Strukturuntersuchung sind beim gegenwärtigen Stand der Technologie so vielfältig, daß es unmöglich ist, sich auf einen Typ von Geräten oder Methoden zu beschränken, auch wenn sie noch so vollkommen sind. Die Schaltkreistechnologie macht eine dynamische Entwicklung durch. Vor einigen Jahren dachte noch niemand daran, daß nichtstöchiometrische amorphe Isolatoren gebraucht würden (von der Art des Gemisches aus Siliciumdioxid und Silicium), heute sind sie aber bereits Bestandteil integrierter Schaltkreise. Mit dem Übergang zu Mikrobauelementen für Schaltkreise und zu ihrer Fertigungstechnologie wurden andere als die bisher zur Verfügung stehenden Analyse- und Kontrollverfahren benötigt. Deshalb hat der Autor die Methoden zur Strukturanalyse von Schaltkreismaterialien nicht gerätemäßig, sondern nach den Generationen von Halbleiterbauelementen unterteilt. Dabei ist zu bemerken, daß bisher noch keine Generation völlig entbehrlich wurde: diskrete Dioden, Diodenmatrizen mit 10 bis 100 Elementen, lineare Schaltkreise und höchstintegrierte Schaltkreise.

4.1. Traditionelle Methoden

Zu diesen Methoden zählen: 1. Methoden der optischen und Infrarotmikroskopie, Ätzmethoden u. ä.; 2. die Röntgenstrukturanalyse; 3. die Röntgentopographie von Defekten; 4. die Transmissionselektronenmikroskopie (TEM) für die Analyse von Strukturdefekten; 5. die TEM-Phasenanalyse mittels Mikrodiffraktion; 6. die Elektronenbeugung, u. a. in Reflexion; 7. die Methode der inneren Reibung. Betrachten wir kurz die Vorteile und Grenzen der aufgezählten Methoden.

4.1.1. Methoden der optischen und Infrarotmikroskopie und Ätzmethoden

Die mit diesen Methoden sehr schnell und leicht durchführbaren Beobachtungen haben bis heute ihre Bedeutung nicht verloren. Man kann mit hoher Genauigkeit die Dichte der Versetzungen abschätzen, die an die Halbleiteroberfläche gelangen (Versetzungen, die nicht in der Halbleiteroberfläche liegen, werden mit Hilfe anderer Methoden untersucht), die Anzahl von Stapelfehlern, von kristallinen und anderen Defekten in amorphen Isolatorschichten auf Silicium ermitteln usw.

Die Infrarotmikroskopie mit etwas schlechterem optischen Auflösungsvermögen wird für die Beobachtung undurchsichtiger Ausscheidungen, dekorierter Versetzungen, benutzt. Die Defektdichte, die mit diesen Methoden nachgewiesen werden kann, liegt nicht höher als 10^5 bis 10^6 cm^{-2}, d. h. nicht oberhalb der Defektdichte, die in der Praxis der Schaltkreisherstellung auftritt. Der Hauptmangel dieser Methoden besteht darin, daß die Defekte nicht identifiziert, d. h., daß ihre Feinstruktur, ihre Zusammensetzung und ihr kristalliner Aufbau nicht festgestellt werden können. Er resultiert also aus einem relativ geringen Informationsgehalt. Eine große Anzahl der bekannten technologischen Defekte besitzt jedoch eine standardmäßige äußere Form, und durch das Zusammenstellen zuverlässiger Kataloge für Defekte, deren Natur mit Hilfe geeigneter Methoden bestimmt wurde, wird die Situation verbessert.

4.1.2. Röntgenstrukturanalyse

Mit dieser Methode bestimmt man die Orientierung und die Gitterkonstanten eines Kristalls sowie die Winkelabhängigkeit der Streuintensität amorpher Proben. Diese Untersuchungen sind für die Analyse der Nahordnung notwendig. Der Anwendungsbereich dieser Methode umfaßt relativ massive Objekte, z. B. Siliciumsubstrate. In diesem Fall kann man mit großer Genauigkeit die Orientierung einer kristallinen Probe und ihre Gitterkonstante bestimmen. Bei Anwendung spezieller Einrichtungen zur thermischen Stabilisierung der Probe während der Röntgenstrukturanalyse kann man dabei Veränderungen der Gitterkonstante von der Größenordnung 10^{-7} nm bzw. eine relative Deformation von der gleichen Größenordnung feststellen (da die Gitterkonstante einen Wert von einigen zehntel Nanometern besitzt). Auf diese Art und Weise wird z. B. die elastische Deformation im Substrat abgeschätzt oder auch die Deformation einer Epitaxieschicht, die infolge des Kontaktes zweier verschiedener Kristalle, auf Grund des Dotierens eines Halbleiters oder infolge der Nichtübereinstimmung der thermischen Ausdehnungskoeffizienten von Schicht und Substrat beim Erwärmen (oder Abkühlen) entsteht usw. Die Methode ist relativ einfach, obwohl die Analyse verhältnismäßig langwierig ist. Es ist auch nicht erforderlich, die Untersuchungen im Vakuum durchzuführen.

Die entsprechenden Röntgenanlagen aus der UdSSR-Produktion genügen höchsten Anforderungen. Der Hauptnachteil der Methode besteht in der

Schwierigkeit, nur einen bestimmten Bereich einer Probe zu untersuchen; sie resultiert aus dem äußerst hohen Durchdringungsvermögen der Röntgenstrahlung und aus der Unmöglichkeit, die Strahlung zu fokussieren.

4.1.3. Röntgentopographie

Nutzt man die Besonderheiten der Kontraste im Bereich von Defekten aus, so kann man mit röntgentopographischen Methoden bei Durchstrahlung der Probe den kristallographischen Typ der Defekte und ihre Verteilung bestimmen. Wie die in Abschnitt 4.1.2. beschriebene Methode ist auch die Topographie kein lokal arbeitendes Verfahren. Dafür ist aber keine spezielle Vorbereitung der Probe erforderlich, wie z. B. bei der Transmissionselektronenmikroskopie, wo ein Abdünnen des Objektes notwendig ist. Die Beobachtung des gesamten Substrates oder der Schicht zusammen mit dem Substrat mit Hilfe der Röntgentopographie hat ihre Vorteile. Man kann den Einfluß solcher makroskopischen Besonderheiten der Probe wie der Ränder der Scheibe oder der Fenster eines photolithographisch bearbeiteten Oxids usw. auf die Verteilung der Defekte in ihr ermitteln. Die größte für diese Abschätzung zulässige Defektkonzentration beträgt 10^4 bis 10^5 cm^{-2}. Jeder Defekt muß dabei eine Größe von mehr als 1 μm besitzen.

4.1.4. Transmissionselektronenmikroskopie für die Analyse von Strukturdefekten

Wenn man eine Probe mit einem für Elektronen durchlässigen Bereich versieht, kann man den Aufbau dieses Bereiches mit der Transmissionselektronenmikroskopie (TEM) untersuchen. Dazu wurde die bekannte Methode des Sprühätzens von Halbleiterproben für die TEM weiter vervollkommnet. Anstelle des langwierigen, Verunreinigungen verursachenden und die Probe gefährdenden Anklebens (oder Ablösens) der Proben an einen Halter aus Plaste oder an ein anderes chemisch stabiles Polymer haben wir eine einfache Patronenhalterung aus Fluorplaste vorgeschlagen, wobei die schwache Benetzbarkeit von Fluorplaste durch die Reagenzien des Flüssigätzens ausgenutzt wird [1]. Daraus wurde dann eine einfache Apparatur für das Sprühätzen entwickelt, in der die Probe von unten beleuchtet wird (zur Bestimmung des Zeitpunktes der Beendigung des Ätzens) und der Strahl nicht direkt auf die zu ätzende Oberfläche auftrifft, sondern vielmehr die dicke Ätzmittelschicht über der Probe durchmischt [2]. Mit dieser Methode gelingt es, in der Stunde durchschnittlich 3 bis 5 Proben von hoher Qualität herzustellen. Zum Ätzen von Silicium wurde ein Gemisch aus Fluß- und Salpetersäure verwendet.

Es gibt noch andere ähnliche Methoden zum Ätzen von Halbleitern für TEM-Untersuchungen. Die beschriebene Methode wurde auch für die Analyse einer Isolatorschicht auf Silicium benutzt. Wir haben dabei das Silicium nicht in jedem Fall völlig vom Isolator abgetrennt. Eine für Elektronen durchlässige Siliciumrestschicht kann zur Ermittlung der Gitterkonstante einer unbekannten kristallinen Phase und ihrer Orientierung auf dem Substrat benutzt werden. Wenn die Elektronenenergie etwa 100 keV beträgt, sind für TEM-Untersuchungen bis zu 0,2 oder 0,3 μm am günstigsten.

Wir wollen die aus der Literatur bekannten elektronenoptischen Methoden zur Identifizierung der Art von Defekten und zur Bestimmung ihrer Dichte in Halbleitern sowie die Besonderheiten eines Transmissionselektronenmikroskops nicht weiter diskutieren, sondern vielmehr auf die Grenzen der klassischen TEM-Methode hinweisen: 1. man erhält keine Information über die chemische Zusammensetzung des beobachteten Objektbereiches; 2. es ist methodisch im allgemeinen nicht möglich, Objekte mit einer Dicke von weniger als 10 nm ohne Substrat zu untersuchen; 3. es ist nicht möglich, das Objekt dreidimensional zu beobachten und die Struktur in der Tiefe zu analysieren; 4. es ist erforderlich, das Präparat aus dem interessierenden Objekt herauszusondern, d. h., es muß z. B. geätzt werden, wobei für einige Materialien ziemlich komplizierte Verfahren anzuwenden sind. Einige dieser Mängel konnten bei neueren Konstruktionen von Elektronenmikroskopen beseitigt werden. Die sowjetischen Elektronenmikroskope genügen allen modernen Anforderungen.

4.1.5. TEM-Phasenanalyse durch Mikrodiffraktion

Diese Methode besitzt zweifellos einen Vorzug gegenüber der Röntgenstrukturanalyse (gegenüber der Bestimmung der kristallographischen, d. h. physikalischen, Natur eines Objektes), der auf dem Auflösungsvermögen des zu analysierenden Objektbereiches beruht. Zur Strukturbestimmung ist bereits ein Teilchen der Größe von etwa 10 nm geeignet. Die Genauigkeit bei der Abschätzung der Netzebenenabstände mittels Mikrodiffraktion beträgt ungefähr 0,5 bis 1%, d. h., sie ist völlig ausreichend, um die Phase selbst zu bestimmen, jedoch natürlich nicht ausreichend, um solche Besonderheiten wie die Deformation dieser Phase, der Schicht oder des Substrats zu analysieren. Dafür ist wiederum die Röntgenstrukturanalyse wesentlich geeigneter.

Die Beschichtung des zu analysierenden Objektes mit einer Vergleichsschicht eines bekannten Materials (Gold und andere Substanzen) ermöglicht, störende elektrische Aufladungseffekte zu unterdrücken. Außerdem wird auch die Genauigkeit in den Werten der Netzebenenabstände erhöht, da auf dem Elektronenbeugungsbild gleichzeitig die als Bezugssystem dienenden und die zu analysierenden Reflexe auftreten. Wenn Objekt und Bezugssystem einzeln beobachtet werden, kann die Genauigkeit auf Grund der verschiedenen Positionen der beiden Proben in der Mikroskopkammer um fast 50% abnehmen.

4.1.6. Elektronenbeugung

Obwohl diese Methode zweifellos gegenüber der inneren Struktur relativ dünner Schichten sehr empfindlich und im wesentlichen das einzige Verfahren ist, das zur Untersuchung nichtlokaler Strukturmerkmale der Schichten (z. B. der Nahordnung amorpher Isolatoren) geeignet ist, ermöglicht sie keine genügend große Auflösung des zu analysierenden Gesamtbereiches. Diese Methode kann zur schnellen Bestimmung der Struktur von völlig homogenen Proben mit großen Flächen benutzt werden. Die Elektronenbeugung in Reflexion ist zur Feststellung der strukturellen Perfektion eines Substrates und einer darauf befindlichen Schicht geeignet, wobei vom Auftreten von Texturreflexen ausgegangen wird. Zur Bestimmung der kristallinen Struktur bleibt diese Methode jedoch eine der unzuverlässigsten, da die Eindringtiefe des Elektronenstrahls in das Objekt und sogar der Abstand zwischen Objekt und Photoplatte starken Veränderungen unterliegen.

4.1.7. Methode der inneren Reibung

Dynamische Eigenschaften von Defekten können durch Analyse der Frequenz-, Amplituden- oder Temperaturabhängigkeit der Dämpfung mechanischer Schwingungen von Festkörperproben bestimmt werden. Auf diese Art und Weise kann man die Frequenz des Überganges eines Defektes aus einer Gleichgewichtsposition im Kristall in eine andere bestimmen und die Bewegungsenergie (die Aktivierungsenergie dieses Prozesses) abschätzen sowie aus den Migrationseigenschaften auf den Defekttyp schließen oder die Bindungskräfte von Punktdefekten und Defektkomplexen bestimmen usw.

Im Grunde genommen, ist das (neben der EPR) die Hauptmethode zur Untersuchung elektrisch oder optisch inaktiver Punktdefekte in einem sehr großen Temperaturbereich. Ihre weitere Entwicklung wird allerdings durch das Fehlen einer empfindlichen standardisierten Apparatur und die in der Regel bestehende Forderung nach Proben mit einer speziellen Form (Plättchen oder Stäbe) und mit ziemlich großen Ausmaßen behindert, insbesondere bei Niederfrequenzmessungen. Falls keine anderen Methoden zur Identifizierung der Defekte (elektrophysikalische, optische, elektronenmikroskopische) hinzugezogen werden, bleibt die Interpretation der Daten über die innere Reibung oft umstritten. Und schließlich ist diese Methode keine streng quantitative;

eine Bestimmung der Defektdichte in Abhängigkeit vom Grad der Dämpfung ist nur in den einfachsten Fällen möglich.

Weitere Informationen über die betrachteten Methoden sind den Arbeiten [3—8], [10—14] und [16] zu entnehmen.

4.2. Moderne Methoden

Damit sind die Methoden gemeint, die vor etwa zehn Jahren entwickelt worden sind.[43]) Ihre Vervollkommnung ist heute noch im Gange: Das Auflösungsvermögen wird verbessert; es werden neue Einsatzbedingungen ausprobiert; die Automatisierung und der Einsatz von Computern bei der Gewinnung und Aufbereitung experimenteller Daten spielt eine immer größere Rolle.

4.2.1. Rasterelektronenmikroskopie (REM)

Dieser Methode liegt die Registrierung der Strahlung zugrunde, die durch einen feinen über die Oberfläche des Objektes gerasterten Elektronenstrahl hervorgerufen wird. Die REM-Methode erlaubt es, ein Objekt (auch integrierte Schaltkreise) zu untersuchen, ohne es dabei zu zerstören. Sie ermöglicht, leicht von einem Betriebsregime in ein anderes überzugehen und den Untersuchungsgegenstand mit großer Tiefenschärfe und hohem Auflösungsvermögen von 10 bis 20 nm zu beobachten. (Gegenwärtig werden bereits Rasterelektronenmikroskope mit einem Auflösungsvermögen, das um eine Größenordnung höher liegt, produziert; in der täglichen Praxis arbeitet man jedoch noch nicht mit solch hohem Auflösungsvermögen, in dem übrigens nicht der Hauptvorteil der Methode liegt.) Von den großartigen Möglichkeiten eines Rasterelektronenmikroskops zeugen die Beobachtungsregime durch

1. elastisch rückgestreute Elektronen;
2. Elektronen, die durch den Primärstrahl aus dem Objekt herausgelöst werden (Sekundärelektronen);
3. differenzierten Kontrast (γ-Modulation);
4. Katodolumineszenzstrahlung;
5. kanalisierte Elektronen (Kikuchi-Linien);
6. Verlustströme;
7. elektrische Potentialverteilungen;
8. Durchstrahlung;
9. magnetischen Kontrast;
10. Ionenätzung in der REM-Kammer;

[43]) Das heißt, etwa Ende der sechziger Jahre. (Anmerkung des Herausgebers)

11. in der REM-Kammer deformierte Proben;
12. in der REM-Kammer erwärmte bzw. abgekühlte Proben;
13. sekundäre Röntgenstrahlung;
14. emittierte AUGER-Elektronen.

Von den aufgezählten Betriebsarten haben wir in der Regel die Regime 1 bis 4, 7, 12 und 13 benutzt; das Regime 14 ist bei unserem Mikroskop „Stereoscan-M2A“ nicht möglich.

Ein wesentlicher Mangel der Standardrastermikroskopie, nämlich das Fehlen eines Beugungsbildes bei Durchstrahlung der Probe mit Elektronen, wurde bei späteren Systemen vom Typ „TEMSCAN“ beseitigt. Wenn man Elektronen mit relativ geringer Energie (kleiner als 50 keV) benutzt, wird durch die REM-Untersuchung die Probe nur minimal belastet. Für die unmittelbare Beobachtung von beliebig komplizierten Reliefs besitzt die REM-Methode den uneingeschränkten Vorzug. Dabei konkurrieren jedoch Abdrucktechniken mit Standardverfahren der REM, die dafür ein relativ geringes Auflösungsvermögen besitzt. Bei diesen Techniken wird ein Kohle- oder anderer Abdruck aus Gold, Molybdän und ähnlichen Schwermetallen von einer Oberfläche angefertigt. Dieser Abdruck stellt dann eine Kopie der Oberfläche dar, die anschließend mit Hilfe der TEM-Methode mit einem hohen Auflösungsvermögen untersucht wird. Unter Einhaltung bestimmter Bedingungen kann ein Relief reproduziert werden. Ein kompliziertes Relief mit scharfen Übergängen ist durch einen mechanisch schwachen Abdruck jedoch nur schlecht reproduzierbar; er wird beim Ablösen von der Probe zerstört. Wir haben oft die Methode der Kohle-Gold-Abdrücke mit der REM-Methode verknüpft und so die Vorteile beider Methoden genutzt.

Für die Beobachtung der Oberfläche eines Isolators durch REM- und TEM-Untersuchungen ist eine vorherige Beschichtung mit Gold oder Aluminium erforderlich. (Die Aluminiumschicht ist ein schlechterer Leiter als die Goldschicht; es wird deshalb eine dickere Beschichtung erforderlich, und die Schicht hält nicht lange, da sie oxydiert und mit Wasser reagiert.) Die Schichtdicke beträgt nicht mehr als 20 bis 30 nm, d. h., sie entspricht dem Grenzwert des üblichen Auflösungsvermögens der REM-Methode, um die Abbildungen nicht zu verzerren.

4.2.2. Röntgenspektralanalyse mit Elektronensonden

Für eine der oben genannten Betriebsarten eines Rasterelektronenmikroskops ist es möglich, Abbildungen des Objektes mittels der Röntgenstrahlen zu erhalten, die durch die primäre Wechselwirkung von Elektronen mit den

Atomen des Objektes in einem bestimmten Punkt der Probe erzeugt werden. Mit Hilfe der Energie dieser Röntgenstrahlung kann das chemische Element, aus dem die Strahlung emittiert wird, identifiziert werden. Es gibt zwei Möglichkeiten der Registrierung der Röntgenstrahlung. Die erste verwendet einen Einkristallanalysator aus einem bekannten Material (z. B. Lithiumfluorit), und die Registrierung der gebeugten Strahlung erfolgt in einem Zähler unter einem Winkel, dessen Größe beliebig verändert und kontrolliert werden kann. Durch Verstärkung des Zählersignals und Akkumulation können die interessierenden Informationen hervorgehoben werden. Die Energie dieser Strahlen wird mit Hilfe der Formel von Wulff und Bragg berechnet. Da die innere Geometrie des Spektrometers bekannt ist, beschränkt sich die Rolle des Experimentators auf die Einstellung des Analysatorkristalls in die vorgeschriebene Lage zur Registrierung der gegebenen Strahlung und auf die Wahl der optimalen Bedingungen für den Strahlungsempfang (die Wahl der Energie des primären Elektronenstrahls, der Größe der Aperturblende und die Vorbereitung der Probenoberfläche). Die zweite Methode zur Registrierung der Röntgenstrahlung ist die durch einen Halbleiterkristalldetektor, der aus einer gesperrten Diode (gewöhnlich *p-i-n*) aus Silicium oder Germanium besteht. Durch den Einfall des Röntgenquants in das Gebiet des *p-n*-Überganges wird ein Sperrstromimpuls erzeugt, der um so stärker ist, je größer die Energie des Quants ist. Das ist darauf zurückzuführen, daß mit steigender Energie der absorbierten Strahlung oberhalb eines gewissen Grenzwertes die Zahl der generierten Ladungsträgerpaare nach einem bekannten Gesetz ansteigt.

Die Registrierung durch einen Halbleiterdetektor besitzt einen bekannten Vorzug. Er resultiert aus der Schnelligkeit der Analyse. Mit einem Vielkanalanalysator für die Zählung der Sperrstromimpulse ist es möglich, diese Impulse sofort in die Energie der Quanten zu transformieren und danach die für die Bestimmung des Elementes und seiner Konzentration notwendige Abhängigkeit zwischen Intensität und Energie auf einem Bildschirm abzubilden.

Leider kann man die zweite Methode infolge des geringen energetischen Auflösungsvermögens und des starken Eigenrauschens eines Halbleiterdetektors nur für die chemische Analyse einer mit Verunreinigungen (durch Elemente aus der dritten Periode des PSE) stark angereicherten Probe benutzen. Demzufolge besitzen Elektronenmikrosonden mit einem Halbleiterzähler zur Bestimmung der Zusammensetzung schwach dotierter Halbleiter und Isolatoren eine kleinere Perspektive als Geräte, die mit einem Kristallanalysator arbeiten. Das zuletzt genannte Prinzip bildet die Grundlage der empfindlichsten und produktivsten Geräte „Camebax“ (Firma „Cameca“, Frankreich) und „Supersond — 733“ (Firma „Jeol“, Japan) mit 4 bis 5 Kristallen, die die Vorteile aller modernen Sonden dieser Art vereinigen.

Ein allgemeiner Nachteil aller Formen der Röntgenspektralanalyse mit Elektronensonden resultiert aus der relativ großen Eindringtiefe des primären Elektronenstrahls in die Probe (Größenordnung 1 μm). Durch ihn werden die quantitativen Analysen dünner Schichten (der Größenordnung 0,1 μm) auf einem Substrat unzuverlässig. Außerdem beträgt die Empfindlichkeit der Methode sogar für die modernsten Apparaturen nicht mehr als 10^{18} Atome pro cm^3, was bedeutend höher als die mittlere Konzentration der Dotierung und unkontrollierter Verunreinigungen in einem Halbleiter ist. Eine ausführliche Diskussion über die Empfindlichkeit der Methode befindet sich in [19].

4.2.3. ESCA-REM

ESCA ist die Abkürzung für „Elektronenspektroskopie für die chemische Analyse“. Ein ESCA-REM-Komplex besteht außer aus einem Photoelektronenspektrometer (für die aus der Oberfläche der Probe durch ultraviolette oder weiche Röntgenstrahlung herausgelösten Elektronen) aus einer Reihe für die Analyse einer Probenoberfläche sehr wichtiger Geräte: einem Auger-Spektrometer, einem Sekundärionenmassenspektrometer und einem Diffraktometer für langsame Elektronen.

Mit Hilfe einer solchen Apparatur für die Analyse der Struktur, Zusammensetzung und chemischen Bindungen auf der Probenoberfläche kann man unter Ausnutzung der bereits betrachteten Einzelmethoden folgende Operationen durchführen:

1. Mit der REM-Methode läßt sich der Aufbau der Probe untersuchen. Das Auflösungsvermögen der im „Model 550“ benutzten REM mittels Auger-Elektronen und Absorption ist nicht groß; die zweckmäßigen Vergrößerungen betragen gewöhnlich nicht mehr als einen Faktor 1000. Jedoch kann man durch das Sichtbarmachen des Arbeitsfeldes den Analysenpunkt genau bestimmen. Ohne Anwendung der REM-Methode im Gerätekomplex „Model 550“ wäre eine lokale Analyse, d. h. also eine Analyse integrierter Schaltkreise, nicht möglich.

2. Mit Hilfe der Auger-Spektroskopie kann man den Gehalt an Verunreinigungen auf der Oberfläche (genauer gesagt in einer Schicht von 0 bis 2 nm) analysieren, wobei die relative Empfindlichkeit eine Größenordnung von 0,1 bis 1% pro Flächeneinheit besitzt. In diesem Zusammenhang muß angemerkt werden, daß die absolute Empfindlichkeit der Auger-Spektroskopie, bezogen auf das Volumen, sehr gering ist (schlechter als 10^{18} cm^{-3}). Der Vorzug dieser Methode besteht jedoch darin, daß gerade die an der Oberfläche und nicht tief im Volumen befindlichen Verunreinigungen registriert werden können. Eine

neue Möglichkeit ergibt sich durch den mit elektronischen Rechenmaschinen gesteuerten Ionenbeschuß (Argon u. a.) der untersuchten Oberfläche bei einer Genauigkeit der Schichtabtragung von 0,1 bis 1,0 nm. Folglich ist es mit Hilfe der AUGER-Spektroskopie möglich, die Zusammensetzung einer Schicht in Abhängigkeit von der Tiefe zu analysieren, d. h., man erhält die für die mikroelektronische Materialforschung unbedingt erforderlichen Informationen über die Elementarstrukturen in Isolatorschichten und in den Übergangsbereichen zwischen Isolator und Halbleiter sowie zwischen Isolator und Metall. Es ist uns z. B. gelungen, durch eine schichtweise AUGER-Analyse die Zusammensetzung der anodischen Schicht auf Indiumantimonid zu bestimmen.

Wegen des Hauptmangels der AUGER-Spektroskopie, der geringen absoluten Empfindlichkeit gegenüber Verunreinigungen, ist es zweckmäßiger, sie zur Analyse von chemischen Hauptbestandteilen und von Oberflächenverunreinigungen mit hoher Konzentration einzusetzen. So ist z. B. für ein Siliciumsubstrat oder eine Isolatorschicht eine Untersuchung von Alkalimetallen, deren Oberflächendichte 10^{10} bis 10^{11} cm^{-2} und deren Volumendichte 10^{15} bis 10^{16} cm^{-3} beträgt, mit der AES-Methode nicht möglich, generell aber unbedingt notwendig.

3. Mit Hilfe der ESCA-Methode kann man mit größerer Zuverlässigkeit als mit der AUGER-Elektronenspektroskopie die Teilnahme von Valenzelektronen der Oberfläche an der Ausbildung bestimmter chemischer Bindungen beurteilen. Es sind u. a. Informationen über den Anteil der $2p$-Elektronen des Siliciums an der Bildung der chemischen Bindung mit Sauerstoff zu erhalten. Dafür ist es lediglich notwendig, ESCA-Spektren für die Oberflächen von reinem Siliciumdioxid und Silicium zum Vergleich heranzuziehen. Eine schichtweise ESCA-Analyse eines Objektes mit gleichzeitiger Ionenätzung (wie bei der AUGER-Spektroskopie) ist ebenfalls möglich. So haben Kollegen aus der DDR anodisches Oxid auf Indiumantimonid mit Hilfe der ESCA-Methode analysiert, indem sie die entsprechenden Photoelektronen aus der Valenzschale von Indium, Antimon und Sauerstoff registriert haben.

4. Mit Hilfe der Sekundärionenmassenspektrometrie (SIMS) von Ionen, die aus der Oberfläche bei primärem Beschuß mit Argon austreten, kann man zusätzliche Informationen über die Zusammensetzung einer Oberfläche und eines Adsorbates erhalten, da durch die Apparatur sowohl die Masse als auch die Ladung der Sekundärionen registriert wird. Eine natürliche Beschränkung wie bei der AUGER-Spektroskopie auf Elemente mit geeigneten AUGER-Übergängen tritt dabei nicht auf. (Im Wasserstoff kommt es gewissermaßen zu keiner Wechselwirkung dreier Elektronen, da die Elektronenzahl im Atom dazu nicht ausreicht.) Auch die Ermittlung des Beitrages von Radikalen, Isotopen usw. zu einer Oberfläche ist möglich.

Spezielle Sekundärionenmassenspektrometer sind auf Grund der Kompliziertheit ihrer mechanischen Konstruktion (insbesondere Systeme mit einem Vakuum von besser als 10^{-6} Pa) sowie wegen der Elektronik zur Registrierung und des Systems zum kontrollierten Primärionenbeschuß (gewöhnlich nicht nur mit Argon, sondern auch mit Sauerstoff und Stickstoff) relativ selten und teuer. Deshalb ist natürlich auch eine Kombination der SIMS-Methode mit den bereits aufgezählten Verfahren in einer komplexen Hochvakuumapparatur (einschließlich Computer) sehr zweckmäßig.

Das Komplexgerät „Model 550" erfüllt jedoch noch eine weitere nützliche Aufgabe; es dient nämlich auch zur direkten Strukturanalyse.

5. Durch Beugung langsamer Elektronen können die kristallographischen Besonderheiten einer Oberfläche festgestellt werden. Langsame Elektronen besitzen eine Energie von weniger als 500 eV. (Am häufigsten benutzt man „langsame" Elektronen mit einer Energie von weniger als 100 eV, da gerade solche Elektronen zu Informationen über die Struktur der ersten 3 bis 5 Monoschichten oder sogar über den Aufbau der eigentlichen Oberfläche und der Verteilung eines Adsorbates auf ihr führen.) Ein Difraktometer für langsame Elektronen ist aber bezüglich des lokalen Aufbaus der Oberfläche im Bereich unterhalb von 20 bis 50 nm unempfindlich und ermöglicht hier nur „mittlere" Strukturaussagen. Es reagiert nicht auf Versetzungen; es sind aber Stufen einer Höhe von 0,1 nm auf der Oberfläche, die im Vergleich zur glatten Oberfläche eine beträchtliche Veränderung der Intensität hervorrufen, gut registrierbar. Man kann mit diesem Verfahren auch eine regelmäßige Anordnung von Verunreinigungen auf der Oberfläche (falls eine solche auftritt) registrieren (Aluminiumatome auf (111)-Silicium besitzen z. B. eine solche Anordnung).

Aus den Daten über die Beugung langsamer Elektronen kann man mit Hilfe analytischer Methoden ein Modell der Halbleiteroberfläche bis zu einer Tiefe von einigen Monoschichten konstruieren und mit diesem Modell das Elektronen- und Phononenspektrum in diesem Kristallbereich, d. h. die spezifischen elektrischen, optischen und chemischen Charakteristika der Oberfläche, bestimmen. Die Fortschritte auf diesem Gebiet sind jedoch noch relativ gering.

Bis vor kurzem war das Arbeiten mit einer Apparatur, die in sich solche unikalen Möglichkeiten wie die oben aufgezählten vereinigt (charakteristisch für das „Model 550"), äußerst unproduktiv. Für den Austausch der Probe und das damit verbundene Öffnen und wiederholte Evakuieren der ziemlich großen Probenkammer waren nicht weniger als ein bis drei Tage erforderlich. Durch die Enthermetisierung nahm die Verunreinigung der Kammer und der übrigen Bereiche des Vakuumsystems stark zu, so daß sich der entsprechende Rauschpegel ständig erhöhte.

Auf Grund der Entwicklung von Wegen zu einer schnellen und starken Evakuierung, z. B. durch Turbomolekularpumpen, wurde es möglich, mit zwei Vakuumstufen zu arbeiten: a) vor dem Einführen in die Arbeitskammer in einer Spezialschleuse kleinen Volumens, in der eine Erwärmung der Probe oder eine Bearbeitung mit Gasen möglich ist, wobei sich innerhalb einiger Minuten (gewöhnlich 3 bis 4) ein Vakuum von 10^{-4} bis 10^{-5} Pa einstellt; b) in der eigentlichen Arbeitskammer, wo ein Vakuum von 10^{-7} bis 10^{-9} Pa innerhalb von maximal 5 min erreicht wird. Wenn man bedenkt, daß Standardmessungen mit der AUGER-Analyse oder einer ähnlichen Methode mit der Geschwindigkeit des Meßwertschreibers ablaufen, so kann abgeschätzt werden, daß für die Analyse einer Probe in 3 bis 4 Punkten etwa eine Stunde benötigt wird. Die Geschwindigkeit des Ätzens der Oberfläche mit Argon beträgt ungefähr $10\,nm \cdot min^{-1}$. Folglich ist für die AUGER-Tiefenanalyse einer Schicht von 0,3 μm weniger als eine Stunde erforderlich. Somit dient eine unikale Apparatur auch zur Kontrolle der Arbeitsgestaltung.

Was die Oberfläche eines Isolators betrifft, so muß festgestellt werden, daß die primären Elektronen sie aufladen und die AUGER-Spektren (oder ESCA-Spektren usw.) instabil werden. Man kann diese Schwierigkeit jedoch überwinden, wenn man die Probe mit einer leitenden, geerdeten Manschette umgibt, die eine Öffnung für den Anregungsstrahl besitzt.

Das „Model 550“ wird von der Firma „Physical Electronics“, einer Tochtergesellschaft der Firma „Perkin-Elmer“ (USA), produziert.

In Laboratorien, die über Beschleuniger für geladene Teilchen von 1 bis 5 MeV verfügen, wird neben den bereits beschriebenen Methoden auch die sogenannte Rückstreuung schneller Ionen benutzt. Dabei wird die Energie der in der Oberfläche gestreuten Teilchen analysiert. Aus dieser Energie wird die Masse und folglich die Ordnungszahl (als wichtigste Größe bei der Identifizierung einer Verunreinigung in einer Probe) der Streuzentren ermittelt.

Die Empfindlichkeit der Ionenrückstreuung ist jedoch nicht größer als die Empfindlichkeit der AUGER-Elektronenspektroskopie (10^{18} bis $10^{19}\,cm^{-3}$), die Möglichkeiten einer schichtweisen Untersuchung sind sogar wesentlich ungünstiger. Außerdem ist hier die Analyse von Verunreinigungselementen, die leichter sind als die Wirtselemente, kompliziert [17]. (Das erweist sich als ein erheblicher Nachteil; z. B. ist es schwierig, in Silicium und auf Silicium die Elemente Bor, Kohlenstoff, Stickstoff, Sauerstoff usw. nachzuweisen.) Daneben muß auf die besondere Größe einer Apparatur für Rückstreumessungen und die Schwierigkeiten bei der Interpretation der Meßdaten hingewiesen werden.

Weitere Beschreibungen der in diesem Abschnitt 4.2. betrachteten modernen Analysenmethoden befinden sich in [5, 9, 15—19].

4.3. Modernste Methoden

Obwohl Halbleiterdetektoren für Röntgenquanten weniger empfindlich sind als Kristallanalysatoren einer REM-Apparatur, sind sie wesentlich produktiver, da die Schaltkreise der Vielkanalanalysatoren eine hohe Arbeitsgeschwindigkeit besitzen. Während mit einem Kristallanalysator für die REM-Analyse von 10 bis 15 Elementen einige Stunden benötigt werden, braucht man mit einem Mehrkanalanalysator nur einige Minuten. Die große Arbeitsgeschwindigkeit energiedispersiver Analysatoren kann man für eine sehr schnelle halbquantitative Analyse ausnutzen.

4.3.1. Röntgenfluoreszenzanalyse

Die Firma „Link System“ (England) paßte ihren Halbleiterröntgendetektor und das Akkumulationssystem an eine Standardquelle für Röntgenstrahlen an und brachte zwischen die Quelle und den Zähler ein Karussell für zwei Dutzend Proben unter. Das Wirkungsprinzip des Gerätes besteht in der Anregung einer sekundären, energetisch schwachen Röntgenfluoreszenz, die durch inneratomare Übergänge in den Atomen des Targets und seinen Verunreinigungen erzeugt werden. Der Sekundärstrahl wird durch einen primären Röntgenstrahl angeregt, der in einer Elektronenröhre mit einem Beschleunigungspotential von 40 bis 50 kV erzeugt wird. Im wesentlichen handelt es sich hier um das gleiche Prinzip wie bei der Mikrosonde, es ist aber kein Vakuum nötig, da Luft leicht von Röntgenstrahlen durchdrungen wird. Während in einer Mikrosondenapparatur keine flüssigen Objekte untersucht werden können (wegen des Vakuums) ist die Röntgenfluoreszenz auch zu ihrer Untersuchung geeignet. Damit können außer den festen Oberflächen, die bis in eine Tiefe von etwa 1 µm analysiert werden, auch alle technologischen Reagenzien (Hauptquellen der Verunreinigungen integrierter Schaltkreise in entsprechenden Bearbeitungsetappen) einer Kontrolle zugänglich gemacht werden.

Die relative Empfindlichkeit des beschriebenen Gerätes MECA-10-42, 44 ist von der Größenordnung 1 bis $10 \cdot 10^{-6}$, und der Bereich der nachweisbaren Elemente wird im Prinzip nur durch das Material des Fensters in der Röntgenröhre beschränkt. Am zuverlässigsten werden Elemente bestimmt, die sich in der zweiten bis sechsten Periode des Periodensystems befinden (Natrium und nachfolgende Elemente). Der Bereich der Energien der sekundären Röntgenstrahlung erstreckt sich bis zu 10 keV. Mit Hilfe des MECA-Gerätes haben wir Metallverunreinigungen in einer anodischen Oxidschicht auf Indiumantimonid nachgewiesen, wobei als Bezugssystem ein Spektrum des reinen

Indiumantimonids benutzt worden ist. Das Auflösungsvermögen des Gerätes MECA bezüglich der Photonenenergie beträgt etwa 150 eV. Unserer Meinung nach besteht jedoch ein wesentlicher Nachteil darin, daß in dem Fluoreszenzspektrum breite (wie gewöhnlich in einem mit einem Halbleiterzähler aufgenommenen Spektrum) und hohe Röntgenbeugungspeaks auftreten, die durch den Austritt von primärer und sekundärer Strahlung aus der Oberfläche unter BRAGGschen Winkeln hervorgerufen werden.

4.3.2. TEMSCAN

In der TEMSCAN-Methode (es existieren mehrere Varianten, die von der japanischen Firma „Jeol" angeboten werden) werden die Vorteile der TEM-Methode mit bestimmten Vorzügen der REM- und der Mikrosondenprinzipien verbunden. Mit Hilfe des folgenden Beispiels soll das verdeutlicht werden. Im Zusammenhang mit unseren Untersuchungen zur integrierten Optik mußten wir feststellen, ob in einer rekristallisierten Schicht aus Neodymglas auf Silicium (Schichtlaser) eine Umverteilung von Noedym stattfindet. Die Rekristallisation trat bei der Bildung mikroskopischer kristalliner Bereiche ohne sichtbare Reliefs auf, d. h. in Bereichen, die der Beobachtung mit einem Rasterelektronenmikroskop nicht zugänglich sind. Andererseits konnte die Dotierungsverteilung nicht mit der TEM-Methode aufgeklärt werden, mit deren Hilfe jedoch sowohl die Größe der Kristalle als auch (durch Mikrodiffraktion) ihr Phasenzustand bestimmt wurden.

Für diese Art von Aufgaben, bei denen ein hohes Auflösungsvermögen von der Größenordnung der TEM-Methode und eine chemische Identifizierung eines Beobachtungsbereiches vom Niveau der REM-Mikrosonde (bei Versuchen mit Neodymglas mit einer variablen Energiequelle) gleichzeitig gefordert werden, setzt man mit Erfolg ein „TEMSCAN" ein (detailliertere Ausführungen zum Neodymglas in Kap. 1.).

Darüber hinaus wird mit dem „TEMSCAN" eine weitere Methode der chemischen Analyse realisiert, nämlich die Bestimmung des Energiespektrums inelastischer Verluste der das Objekt durchdringenden Elektronen. Da die Dicke der für die Elektronen durchlässigen Schicht nicht groß (etwa 100 bis 200 nm) und der beobachtete Bereich wesentlich kleiner als 1 μm ist, wird die relative Empfindlichkeit der Verlustanalyse um fast eine Ordnung besser als die Empfindlichkeit der Mikrosonde und erreicht den phantastischen Wert von 10^{-17} bis 10^{-18} cm^{-3}. Im „TEMSCAN" kann man eine Abbildung des Objektes „nach Verlusten" erhalten. In den jüngsten Modellen sind weitere Verbesserungen (vom Typ des bekannten „Quantimets") vorgesehen, wodurch die Produktivität der statistischen Analyse und ihre Zuverlässigkeit sehr stark erhöht werden kann.

Im „TEMSCAN“ ist das Vakuum wesentlich höher als in gewöhnlichen Transmissionsmikroskopen (10^{-4} bis 10^{-5} Pa), da zur Verbesserung der Qualität der Abbildung und ihrer Lichtstärke (um einen Faktor 5 bis 10) für die Elektronenkanone eine Katode aus Lanthanhexaborid benutzt wird.

4.3.3. Lasermassenspektrometrie

Die massenspektrometrische Analyse zählt zu den empfindlichsten Methoden. In ihrer üblichen Form (zur Analyse der Halbleiteroberfläche werden desorbierte Partikel benutzt) besitzt sie jedoch kein so hohes lokales Auflösungsvermögen wie die Mikrosonde und ähnliche Methoden. In letzter Zeit wurde aber eine perfektere Variante ausgearbeitet, das Lasermassenspektrometer LAMMA-500 (Firma Leybold-Heraeus, BRD).

Die Probe wird in einer kleinen Kammer des Massenspektrometers befestigt, die mit einer Turbomolekularpumpe schnell auf 10^{-6} Pa evakuiert wird. Danach wird die Oberfläche mit dem optischen Mikroskop beobachtet und der zu analysierende Bereich mit einem Durchmesser von 1 µm ausgewählt, indem auf ihn der Visierpunkt eines He—Ne-Lasers eingestellt wird. Auf den gewählten Punkt wird dann der fokusierte Strahl eines leistungsstarken YAG-Lasers gerichtet.[44]). Das verdampfte Volumen von etwa 0,1 μm^3 gelangt in ein Laufzeitmassenspektrometer, mit dem die Massenanalyse durchgeführt wird. Die erhaltene Information wird in Form eines Massenspektrums auf einem Papierstreifen ausgedruckt. Die Dauer der Massenanalyse (1—200) umfaßt etwa 5 min, die Tiefe des analysierten Gebietes etwa 0,1 µm. Die Empfindlichkeit der Methode beträgt etwa 100 Fremdatome pro 10^{-13} cm^3 (d. h. im „Verdampfungspunkt“ mit einem Ausmaß von $1 \times 1 \times 0{,}1$ µm) oder, mit anderen Worten, 10^{-18} bis 10^{-20} g; sie ist somit höher als der Grenzwert der Empfindlichkeit des „TEMSCAN“.

Die Anforderungen an die Proben im „LAMMA-500“ sind nicht groß; ihre Größe und ihre Dicke können fast beliebig sein (für unsere Aufgabenstellungen kann man z. B. integrierte Schaltkreise ganz in die Kammer einführen).

Wir haben mit Hilfe der Lasermassenspektrometrie die qualitative Zusammensetzung anodischer Schichten auf Indiumantimonid und Einschlüsse in integrierten Schaltkreisen untersucht, die vermutlich mit der Anwesenheit von Kohlenstoff im Zusammenhang stehen. Im Oxid wurden inhomogen verteilte Verunreinigungen von Alkalimetallen und Wasserstoff nachgewiesen.

---

[44]) Die Strahlungsintensität im Fokus betrug 10^8 bis 10^{11} W cm^{-2}.

Wie sich später herausstellte, hingen damit die anormal hohen und instabilen Werte der Schwellspannung der MOS-Struktur zusammen. Mit keiner anderen der in diesem Kapitel aufgezählten Methoden (eingeschlossen die „TEMSCAN"-Untersuchungen, die offen gesagt nicht mittels des Verlustspektrums, sondern mit Hilfe der sekundären Röntgenstrahlung erfolgten) gelang es, diese Verunreinigungen nachzuweisen. Ebenso leicht konnte der Kohlenstoff in Defekten von Siliciumschaltkreisen identifiziert werden (hierfür existierten jedoch bereits Vergleichswerte aus REM-Untersuchungen).

Voraussetzung für eine quantitative Analyse des Massenspektrums mit dem LAMMA-Gerät ist, daß die Speicher des in das Spektrometer eingebauten Computers die Intensitätsdaten für das Massensignal entsprechender Verunreinigungen in Eichproben enthalten.

Weitere Angaben zum Wirkungsprinzip und zur Empfindlichkeitsgrenze von Halbleiterdetektoren sind in den Monographien [19, 20] zu finden, und das Prinzip sowie die Apparatur des Laufzeitmassenspektrometers sind in [21] dargestellt.

Zusammenfassung

Abschließend geben wir eine überblicksartige Zusammenfassung der dargelegten Komplexe, aufgegliedert nach der Thematik der drei Hauptkapitel.

In dem Kapitel zur *Strukturanalyse von* SiO_2*-Schichten* sind folgende Probleme behandelt worden:

— es wurde eine Phasenanalyse der kristallinen Defekte in partiellkristallinen Schichten aus thermischem Oxid auf Silicium und aller wichtigen Gläser, die dotiert sind (mit Bor, Phosphor, Antimon und Arsen), durchgeführt; es ist festgestellt worden, daß unabhängig vom Typ der Beimischung das SiO_2 in seinen allotropen Formen kristallisiert (Cristobalit, Quarz, Tridymit);

— es ist gezeigt worden, daß eine Verunreinigung durch Alkalimetalle, die von außen oder aus dem Siliciumsubstrat eindringen, die entscheidende Rolle bei der Stimulierung der Umwandlung einer amorphen SiO_2-Schicht in eine kristalline spielen;

— es sind Daten zur Geschwindigkeit der Bildung und des Wachstums von Kristallen in Siliciumoxidschichten für große Temperatur- und Zeitbereiche ermittelt worden, auf deren Grundlage ein Temperatur-Zeit-Diagramm entsprechender Phasen konstruiert werden konnte; dieses Diagramm besitzt allgemein Bedeutung für alle oben genannten Gläser und ermöglicht, Schichtstrukturen in Abhängigkeit vom technologischen Regime vorauszusagen;

— es wurde gezeigt, daß die Kristallisation des Siliciumdioxids zur Zerstörung der Schicht und zur Umverteilung von Dotanten in ihr führt, was bei der Anwendung von Gläsern als Diffusionsquellen eine Umverteilung der Dotanten im Halbleitersubstrat zur Folge hat; durch die Zerstörung einer SiO_2-Maskierungsschicht wird die Bildung von parasitären p-n-Übergängen im Schaltkreis begünstigt;

— es wurde auch die Existenz einer besonderen Art der Kristallbildung in amorphen Isolatorschichten nachgewiesen; es handelt sich um die Schockkristallisation, die mit einer hohen Geschwindigkeit abläuft; ein analoger Effekt existiert auch für Siliciumoxynitrid;

— es wurden Orientierungseffekte bei der Rekristallisation von Siliciumdioxid gefunden; das Wachstum der kristallinen Phasen des SiO_2 vollzieht sich gerichtet, und zwar sowohl untereinander als auch gegenüber der Siliciumunterlage; daraus folgt, daß wahrscheinlich bereits das amorphe thermische Oxid eine gewisse Orientierung auf dem Silicium besitzt;

— es sind praktische Maßnahmen zur Verringerung der Defekte des Siliciumdioxids vorgeschlagen, ausprobiert und in die Schaltkreistechnologie eingeführt worden;

— es wurde gezeigt, daß als Reaktionsprodukt von bestimmten Wärmebehandlungen, die bei der Schaltkreisherstellung üblich sind, Al_2O_3 auftreten kann;

— analoge Untersuchungen wurden für Molybdän-Siliciumdioxid-Silicium-Strukturen durchgeführt, wobei in den technologischen Standardregimen molybdänhaltige Phasen entstanden sind (Oxid, Silicid), die eine Metallisierung mit Hilfe von Molybdän behindern;

— es wurde nur ein geringer Einfluß der Ionenimplantation auf die Kristallisation von Siliciumdioxid festgestellt, woraus die Anwendbarkeit dieser Methode in entsprechend beschichteten Schaltkreisen geschlußfolgert werden kann; gleichzeitig wurde gezeigt, daß durch die Implantation eine bestimmte Inhomogenität des Glases verursacht wird;

— es wurde die Struktur von Aluminiumoxid- und Aluminiumsilikatschichten in einem großen Bereich von technologischen Bedingungen beim Abscheiden und während der Wärmebehandlung untersucht und gezeigt, daß Aluminiumoxid ein instabiler Isolator ist, der bei relativ niedrigen Temperaturen zur Kristallisation neigt; es wurde eine Analyse der Nahordnung in pyrolytischem Aluminiumoxid durchgeführt; die Kristallisationsprodukte von Aluminiumoxid- und Aluminiumsilikatschichten sind bestimmt worden; auf Grund von konstruierten Phasendiagrammen (Temperatur des Temperns — Pyrolysetemperatur, Temperatur des Temperns — Zeit) ergeben sich Abschätzungen zur Struktur der Schichten, die aus bestimmten technologischen Prozessen resultieren.

Bezüglich der Struktur von *Siliciumnitridschichten* auf Silicium konnte folgendes festgestellt werden:

— es wurde die Nahordnung von Schichten bestimmt; die durch Ammonolyse von Silan bei allen in der Praxis auftretenden Temperaturen hergestellt worden sind; es wurde Übereinstimmung der Nahordnung mit der Struktur des kristallinen Siliciumnitrids gefunden;

— folgende Ergebnisse sind aus der Untersuchung des Kristallisationsprozesses von amorphen Siliciumnitridschichten im Vakuum erhalten worden: die Temperatur-Zeit-Regime für die Existenz amorpher oder kristalliner Phasen; die Kinetik der Phasenumwandlungen; kein Einfluß künstlicher Verunreinigungen der Schichten durch Alkalimetalle auf diesen Prozeß und die wichtige Rolle der Temperatmosphäre (in einem oxydierenden Medium kristallisiert Siliciumnitrid nicht, was auf seine Durchlässigkeit für Sauerstoff hinweist; dieser Sachverhalt ist technologisch wichtig und muß noch weiter überprüft werden);

— analoge Untersuchungen zur Nahordnung und Kristallisation wurden für viele verschiedene siliciumreiche Siliciumnitride und für Siliciumoxynitridschichten durchgeführt; diese Untersuchungen haben gezeigt, daß die Grundstruktur des amorphen Siliciumnitrids (die aus Struktureinheiten des kristallinen Siliciumnitrids besteht) in gemischten Nitriden selbst bei einer großen Variation seiner Zusammensetzung erhalten bleibt und daß das Produkt der Kristallisation im Vakuum immer Siliciumnitrid ist (im Fall des siliciumreichen Nitrids kristallisiert zuerst das Silicium);

— im Siliciumnitrid wurden technologische Defekte entdeckt, die mit seinem Kohlenstoffgehalt zusammenhängen; es wurde der Einfluß dieser Defekte auf die elektrische Stabilität der Schichten herausgearbeitet; es sind praktische Hinweise für die Schaltkreistechnologie abgeleitet und ihre Nutzung realisiert worden;

— mit Hilfe der Ionenimplantation sind Siliciumnitridschichten auf Silicium hergestellt worden; ihre Struktur wurde untersucht (analoge Untersuchungen sind auch für andere Systeme durchgeführt worden, d. h. für Siliciumkarbid auf Silicium und Aluminiumnitrid auf Silicium).

Bei der Untersuchung von Schichten aus *polykristallinem Silicium* sind folgende Resultate erzielt worden:

— es wurde das Anfangsstadium der Kristallbildung von poly-Si auf allen technologischen Substraten, d. h. auf Siliciumdioxid, Siliciumnitrid, Siliciumoxynitrid, sowohl während der isothermen Pyrolyse in Niederdruckreaktoren als auch in Normaldruckreaktoren (für epitaktische Abscheidung) untersucht;

— die kinetischen Parameter des Anfangsstadiums des Wachstums von poly-Si und des Verwachsens zu einer geschlossenen Schicht wurden untersucht;

— die Rekristallisation während des Abscheidens von poly-Si-Schichten wurde aufgedeckt (sie führt zu einer gefährlichen Zunahme der Oberflächenunebenheit); es wurden kinetische Rekristallisationskurven konstruiert, aus denen technologische Regimes, bei denen die Schichten nur schwach rekristallisieren, abgeleitet werden können;

— es wurde gezeigt, daß das Vakuumtempern von poly-Si infolge eines Massentransportes an der Oberfläche zu einer starken Rekristallisation und zur Bildung von Hillocks führt; in einem oxydierenden Medium ist dieser Prozeß behindert;

— die Nahordnung in amorphen pyrolytischen Schichten aus poly-Si wurde analysiert; sie entspricht der von kristallinem Silicium mit Diamantstruktur;

— es ist die Temperatur für den Übergang von poly-Si-Schichten aus dem amorphen in den kristallinen Zustand (für beide grundlegenden Varianten der poly-Si-Technologie) ermittelt worden;

— es wurde gezeigt, daß die Gasphasendotierung des poly-Si mit Diboran während der sich anschließenden Photolithographie infolge nicht löslicher Borsilizide zu einer Beschädigung der Schicht führen kann;

— die Natur einer Reihe von Defekten in poly-Si-Schichten, insbesondere von speziellen Produkten des homogenen Silanzerfalls, ist aufgeklärt worden.

Obwohl wir die wichtigsten Aufgaben gelöst, d. h., die Struktur von Festkörpern der Mikroelektronik und die Kinetik ihrer Phasenübergänge untersucht haben und technologisch bedingte Defekte aufzeigen konnten, deren Beseitigung dringend nötig ist, mußten wir viele interessante Erscheinungen außer acht lassen, deren Wesen wir nicht verstehen. Es sollen einige von ihnen genannt werden:

1. Das Problem einer möglichen inneren Orientierung im amorphen SiO_2 durch eine Siliciumunterlage wurde nicht gelöst. Die Orientierung von Siliciumdioxid auf Silicium (mit niedrigen Indizes) kann jedoch kaum anders erklärt werden als mit der Existenz von (bereits im amorphen Zustand) orientierten Strukturbereichen, die relativ leicht in einen kristallinen Zustand übergehen können.

2. Es bleibt unverständlich, wie die Siliciumdioxidphasen eine Orientierung am Silicium aufweisen können, obwohl sie Symmetrieebenen und Packungsdichten besitzen, die sich vom Silicium unterscheiden und die obere Siliciumschicht mit einer Dicke bis zu 1 nm unter verschiedensten Bedingungen keine Umlagerung der Atome auf der Oberfläche zeigt.

3. Es ist unklar, welche Position Sauerstoff im Oxynitrid einnimmt, wenn Oxynitride, die fast 50% SiO_2 enthalten, eine für α-Si_3N_4 charakteristische Nahordnung aufweisen. Unklar bleibt auch der Mechanismus der in oxydierenden Medien zur Erhöhung der Stabilität des Si_3N_4 gegenüber einer Kristallisation führt.

4. Ein analoges Problem (s. Kap. 3.) existiert bei Anwesenheit von Wasserstoff. Wie ist es möglich, daß sich im Siliciumnitrid bis zu 20% Wasserstoff lösen können und sich unter Beteiligung von Silicium und Stickstoff keine andere Struktur ausbildet als die des α-Si_3N_4?

5. Vollkommen unaufgeklärt sind die Ursachen für die Bildung von Texturen während des Wachstums von poly-Si-Schichten auf amorphen Unterlagen (d. h. auf Silicium, das mit einem amorphen Isolator beschichtet wurde) und die Gründe für die Ersetzung einer Textur durch eine andere (z. B. von (111)- durch (110)-Texturen).

6. Bezüglich poly-Si-Schichten und Hillocks ergibt sich die Frage, wie sich aus einer Festkörperschicht bei $T < T_{\text{Schmelz}}$ flüssigkeitsähnliche Tropfen bilden? Warum wird dieser Vorgang durch Massetransportprozesse an der Oberfläche gesteuert?

7. Wie sieht der atomare Mechanismus der „klassischen" Rekristallisation von poly-Si-Schichten aus?

Natürlich werden in den nächsten Jahren diese und andere Probleme der Mikroelektronik gelöst werden. Aber es kommen auch neue Aufgaben dazu, weil Schaltkreise auf der Grundlage von A_3B_5-Halbleitern oder amorphen Materialien, Schaltkreise mit JOSEPHSON-Elementen usw. eine Rolle spielen werden.

Abkürzungsverzeichnis

AD	Atmosphärendruck
ATR	attenuated total reflection (abgeschwächte Totalreflexion)
BSG	Borsilikatglas
CCD	charge coupled devices (ladungsgesteuerte Bauelemente)
CVD	chemical vapour deposition (chemische Gasphasenabscheidung)
EPR	electron paramagnetic resonance (paramagnetische Elektronenresonanz)
ESCA	electron spectroscopy for chemical analysis (Elektronenspektroskopie für chemische Analyse)
IR	Infrarot
KL	Katodolumineszenz
KZ	Koordinationszahl
LOCOS	local oxidation of silicon (lokale Oxydation von Silicium)
MAOS	metal-aluminiumoxide-oxide-semiconductor (Metall-Aluminiumoxid-Oxid-Halbleiter)
MIM	metal-insulator-metal (Metall-Isolator-Metall)
MIS	metal-insulator-semiconductor (Metall-Isolator-Halbleiter)
MNOS	metal-nitride-oxide-semiconductor (Metall-Nitrid-Oxid-Halbleiter)
MOS	metal-oxide-semiconductor (Metall-Oxid-Halbleiter)
ND	Niederdruck
OISF	oxydationsinduzierte Stapelfehler
ON	Oxynitrid
PSE	Periodensystem der Elemente
RDF	radial distribution function (radiale Verteilungsfunktion)
REM	Rasterelektronenmikroskopie
SIMS	Sekundärionenmassenspektroskopie
SIPOS	semi-insulating polycrystalline silicon (halbisolierendes polykristallines Silicium)
TEM	Transmissionselektronenmikroskopie

Literaturverzeichnis

Literatur zu Kapitel 1

[1] BURGER, R. M., DONOVAN, R. P.: Fundamentals of Silicon Integrated Device Technology. V. 1, Oxidation, Diffusion and Epitaxy. N. Y., Englewood Cliffs, 1967.

[2] Полевые транзисторы. Фисика, технология и применение. М., Советское радио, 1971.

[3] Мазель, Е. З., Пресс, Ф. П.: Планарная технология кремниевых приборов. М., Энергия, 1974.

[4] AGAJANIAN, A. H.: A bibliography on SiO_2 films. — Solid State Technol., 1977, v. 20, No. 1, p. 36—49.

[5] WYCKOFF, R. W. G.: Crystal Structures. V. 1. N. Y., Interscience Publishers 1963.

[6] Прянишников, В. П. Система кремнезема. Л., Стройиздат, 1971.

[7] GADSDEN, J. A.: IR Spectra of Minerals and Related Inorganic Compounds. N. Y., Butterworth Co., 1975.

[8] GRISCOM, D. L.: The electronic structure of SiO_2: A review of recent spectroscopic and theoretical advances. — J. Non-Cryst. Sol., 1977, v. 24, No. 2, p. 155—234.

[9] O'KEEFFE, M., HYDE, B. G.: Crystobalite and topologically-related structures. — Acta Cryst., 1976, v. B32, No. 11, p. 2923—2936.

[10] Физико-химические свойства окислов. Справочник. Под ред. Г. В. Самсонова. М., Металлурия, 1969.

[11] Ботвинкин, О. К., Запорожский, А. И.: Кварцевое стекло. М., Стройиздат, 1965.

[12] Пенкаля, Т.: Очерки кристаллохимии. Л., Химия, 1974.

[13] Горелик, С. С., Расторгуев, Л. Н., Скаков, Ю. А.: Рентгенографический и электронографический анализ металлов. М., Металлургиздат, 1963.

[14] Handbook of Chem. and Phys. N. Y., McGraw, 1972.

[15] Infrared Spectra of Minerals and Related Inorganic Compounds. Ed. J. A. GADSDEN, N. Y., Butterworth Co., 1975.

[16] GRISCOM, D. L.: The electronic structure of SiO_2; A review of recent spectroscopic and theoretical advances. — J. Non-Cryst. Sol., 1977, v. 24, No. 2, p. 155—234.

[17] MOTT, N. F.: Electronic properties of vitreous silicon dioxide. — In: The Physics of SiO_2 and its Interfaces. Ed. S. T. PANTELIDES, N. Y., Pergamon Press, 1978, p. 1—13.

[18] MOZZI, R. L., WARREN, B. E.: The structure of vitreous silica. — J. Appl. Cryst., 1969, v. 2, No. 4, p. 164—172.

[19] Уоррен, Б. Е.: Рентгеновские исследования структуры стекол. — Кристаллография, 1971, т. 16, № 6, с. 1264—1277.

[20] PAULING, L.: The Nature of the Chemical Bond. Ithaca, New York, Cornell University Press, 1960. Deutsche Übersetzung: Die Natur der chemischen Bindung. Weinheim, Verlag Chemie, 1964.

[21] BAUR, W. H.: Variation of mean Si—O bond length in Si—O tetrahedra. — Acta Cryst., 1978, v. B34, No. 6, p. 1751—1756.

[22] HÜBNER, K., LEHMANN, A.: Chemical bond and related properties of SiO_2. IV. Structure of amorphous SiO_2. — Phys. Stat. Sol., 1978, v. A46, No. 2, p. 451—457.

[23] ZARZYCKI, J.: Sur l'angle de la liason Si—O—Si de la silice vitreuse et celui de la liason Ge—O—Ge de l'oxyde de germanium vitreux on liquide. — Verres et Refract., 1957, v. 1, p. 3—8.

[24] REVESZ, A. R.: Non-crystalline SiO_2 films on Si: a review. — J. Non-Cryst. Sol., 1973, v. 11, No. 2, p. 309—330.

[25] COLEMAN, M. V., THOMAS, D. J. D.: The structure of silicon oxide films. — Phys. Stat. Sol., 1967, v. 22, No. 2, p. 593—602.

[26] NAGASIMA, N.: Structure analysis of thermal oxide films of silicon by electron diffraction and infrared absorption. — Japan. J. Appl. Phys., 1970, v. 9, No. 8, p. 879—888.

[27] NAGASIMA, N.: Structure analysis of silicon dioxide films formed by oxidation of silane. — J. Appl. Phys., 1972, v. 43, No. 8, p. 3378—3386.

[28] Павлов, П. В., Шитова, Э. В.: Электронографическое исследование структуры пленок SiO_2, полученных различными методами. — Кристаллография, 1967, т. 12, № 1. с. 119—124.

[29] LIN, S. C. H., JOSHI, M.: Structure of pyrolitic and sputtered SiO_2 films by X-ray Fourier analysis. — Phys. Stat. Sol., 1970, v. A2, No. 1, p. 137—141.

[30] LIN, S. C. H., JOSHI, M.: Structure of Silicon monoxide. — J. Electrochem. Soc., 1969, v. 116, No. 12, p. 1740—1742.

[31] FEIGL, F. J., BUTLER, S. R.: Preparation and properties of insulating thin films. — Semiconductor Silicon, 1977, p. 297—313.

[32] DEAL, B. E.: Charge effects and other properties of the Si—SiO_2 interface: the current understanding. — Semiconductor Silicon, 1977, p. 276—297.

[33] CLARKE, R. A., TAPPING, R. L., HOPPER, M. A., YOUNG, L.: An ESCA study of the oxide at the Si—SiO_2 interface. — J. Electrochem. Soc., 1975, v. 122, No. 19, p. 1347—1350.

[34] RAIDER, S. I., FLITSCH, R.: X-ray photoelectron spectroscopy of Si—SiO_2 interfacial regions: ultrathin oxide films. — IBM J. Res. Developm., 1978, v. 22, No. 3, p. 294—303.

[35] SCHAEFFER, H. A., MUEHLENBACHS, K.: Correlation between oxygen transport phenomena in non-crystalline silica. — J. Mater. Sci., 1978, v. 13, No. 5, p. 1146 to 1148.

[36] DEAL, B. E., SKLAR, M., GROVE, A. S., SNOW, E. H.: Characteristics of the surface-

state charge (Q_{ss}) of thermally oxidized silicon. — J. Electrochem. Soc., 1967, v. 114, No. 3, p. 266—274.

[37] YAMAZAKI, S.: A study of the interface of the Si—SiO_2 system. — Japan. J. Appl. Phys., 1971, v. 10, No. 11, p. 1555—1563.

[38] CHU, W. K., LUGUJJO, E., MAYER, J. W., SIGMON, T. W.: Lineshape extraction analysis of silicon oxide layers on silicon by channeling effect measurements. — Thin Solid Films. 1973, v. 19, No. 2, p. 329—337.

[39] BLANC, J., BUIOCCHI, C. J., ABRAHANIES, M. S., HARE, W. E.: The Si—SiO_2 interface examined by cross-sectional transmission electron microscopy. — Appl. Phys. Letts., 1977, v. 30, No. 2, p. 120—122.

[40] IIZUKA, T., SUGANO, T.: Calculation of energy levels of oxygen and silicon vacancies at the Si—SiO_2 interface. — Japan. J. Appl. Phys., 1973, v. 12. No. 1, p. 73—79.

[41] Литовченко, В. Г.: Трехслойная модель реальной поверхности полупроводника типа германия и кремния. — Физ. техн. полупроводн., 1972, т. 6, № 5, с. 802—809.

[42] Литовченко, В. Г., Зуев, В. А., Илюшин, Б. Н., Мазурок, Л. Г., Торчун, Н. М.: Исследование переходного деструктированного слоя в системе Si—SiO_2. — Полупроводниковая техника и микроэлектроника, Киев, 1974, № 7, с. 24—29.

[43] FELDMAN, L. C., STENSGAARD, I., SILVERMAN, P. J., JACKMAN, T. E.: Studies of the Si—SiO_2 interface by MeV ion scattering. — In: The Physics of SiO_2 and its Interfaces. Ed. S. T. PANTELIDES, N. Y., Pergamon Press, 1978, p. 344—350.

[44] PHILLIPS, B. F.: Secondary-ion mass analysis: instrumentation, data interpretation and application. — J. Vac. Sci. Technol., 1974, v. 11, No. 6, p. 1093—1099.

[45] JOHANNESSEN, J. S., SPICER, W. E., STRAUSSER, Y. E.: An Auger analysis of the SiO_2—Si interface. — J. Appl. Phys., 1976, v. 47, No. 7, p. 3028—3037.

[46] OFFERMANN, P.: Thickness evaluation of Si—SiO_2 interface by He-backscattering experiments. — J. Appl. Phys., 1977, v. 48, No. 5, p. 1890—1894.

[47] KAZUMASA, O., TAKEHISA, Y., SHOJI, Y.: Investigations of topography of SiO_2 surface and structure of Si—SiO_2 interface. — Rev. Electr. Commun. Labs, 1969, v. 17, No. 1—2, p. 70—88.

[48] Ольшанецкий, Б. З., Ржанов, А. В., Эдельман, Ф. Л.: О структуре грани (100) кремния после окисления и при высоких температурах. — Физ. техн. полупроводн., 1973, т. 7, № 12, с. 2312—2315.

[49] KRIVANEK, O. L., TSUI, D. C., SHENG, T. T., KAMGAR, A. A.: High resolution electron microscopy study of the Si—SiO_2 interface. — In: The Physics of SiO_2 and its Interfaces. Ed. S. T. PANTELIDES, N. Y., Pergamon Press, 1978, p. 356 to 361.

[50] KRIVANEK, O. L., SHENG, T. T., TSUI, D. C.: A high resolution electron microscopy study of the Si—SiO_2 interface. — Appl. Phys. Letters, 1978, v. 32, No. 7, p. 437—439.

[51] BRADY, G. W.: A study of amorphous SiO. — J. Phys. Chem., 1959, v. 63, No. 7, p. 1119—1120.

[52] SIRTL, E. I., ADLER, A.: Chromsäure-Flußsäure als spezifisches System zur Ätz-

grubenentwicklung auf Silizium. — Z. Metallkunde, 1961, Bd. 52, H. 8, S. 529—531.

[53] Hornstra, J.: Dislocations in the diamond lattice. — J. Phys. Chem. Sol., 1958, v. 5, No. 1—2, p. 129—141.

[54] Кон, Дж. А.: Двойникование в структуре типа алмаза. — В кн.: Дефекты в кристаллах полупроводников. М., Мир, 1969, с. 38—71.

[55] Hirth, J. C., Loethe, J.: Theory of Dislocations. N.Y., McGraw Hill, 1968.

[56] Электронно-микроскопические изображения дислокаций и дефектов упаковки. Справочник. Под ред. В. М. Косевича и Л. С. Палатника. М., Наука, 1976, с. 124—138.

[57] Эдельман, Ф. Л.: Пластическое микровдавливание на монокристаллах антимонида индия и антимонида галлия. — Phys. Stat. Sol., 1964, v. 7, No. 1, p. K65—K66.

[58] Эдельман, Ф. Л.: Механическое двойникование в антимониде индия и германии. — Физ. тверд. тела, 1967, т. 9, № 7, с. 2103—2105.

[59] Эдельман, Ф. Л.: Образование механических двойников в различных процессах деформирования InSb и Ge. — Изв. АН СССР. Неорганические материалы, 1969, т. 5, № 5, с. 876—880.

[60] Krause, C. W.: On pseudopotential calculations of stacking-fault energies in silicon. — Phil. Mag., 1976, v. 33, No. 1, p. 207—208.

[61] Кандыба, И. Е., Колясников, В. А., Крючков, С. М.: Влияние дефектов упаковки на время релаксации емкости МДП-конденсаторов. — Микроэлектроника, 1977, т. 6, № 2, с. 196—199.

[62] Seidel, T. E., Haszko, S. E., Maher, D. M.: Electron-beam-induced current and TEM studies of stacking faults formed by the oxidation of boron-implanted silicon. — J. Appl. Phys., 1977, v. 48, No. 12, p. 5038—5042.

[63] Hattori, T.: Elimination of stacking faults in silicon by trichloroethylene oxidation. — J. Elektrochem. Soc., 1976, v. 123, No. 6, p. 945—946.

[64] Hattori, T.: Gettering of stacking fault nuclei in silicon by trichloroethylene oxidation. — Japan. J. Appl. Phys., 1977, v. 30, No. 7, p. 312—314.

[65] Murarka, S. P., Levinstein, H. J., Marcus, R. B., Wagner, R. S.: Oxidation of Si without the formation of stacking faults. — J. Appl. Phys., 1977, v. 48, No. 9, p. 4001—4003.

[66] Murarka, S. P.: Oxygen partial-pressure dependence of the oxidation-induced surface-stacking faults in (100) *n*-silicon. — J. Appl. Phys., 1977, v. 48, No. 12, p. 5020—5026.

[67] Hattori, T.: HCl-oxidation conditions for stacking fault nuclei gettering and for silicon etching. — J. Appl. Phys., 1978, v. 49, No. 5, p. 2994—2995.

[68] Harris, J. E.: Vacancy injection during oxidation — a reexamination of the evidence. — Acta Metallurg., 1978, v. 26, No. 6, p. 1033—1041.

[69] Ravi, K. V.: The heterogeneous precipitation of silicon oxides in silicon. — J. Electrochem. Soc., 1974, v. 121, No. 8, p. 1090—1098.

[70] Mahajan, S., Rozgonyi, G. A., Brasen, D.: A model for the formation of stacking faults in silicon. — Appl. Phys. Letters, 1977, v. 30, No. 2, p. 73—75.

[71] Patel, J. R., Jackson, K. A., Reiss, H.: Oxygen precipitation and stackingfault

formation in dislocation-free silicon. — J. Appl. Phys., 1977, v. 48, No. 12, p. 5279—5288.

[72] PLOUGONVEN, C., LEROY, B., ARHAN, J., LECUILLER, A.: Ring-shaped stacking faults induced by oxide precipitation in Silicon — J. Appl. Phys., 1978, v. 49, No. 5, p. 2711—2716.

[73] KRIVANEK, O. L., MAHER, D. M.: The core structure of extrinsic stacking faults in silicon. — Appl. Phys. Letters, 1978, v. 32, No 8, p. 451—453.

[74] Камбалин, С. А., Михайловский, И. П., Шаповал, С. Ю., Эдельман, Ф. Л.: О влиянии дефектов упаковки кремния на электрическую прочность МДП-структур. — В кн.: Тезисы 3-го Всесоюз. совещ. „Дефекты структуры в полупроводниках". Ч. П. Новосибирск, 1978, с. 267.

[75] MONKOWSKI, J., TRESSLER, R. E., STACH, J.: The structure and composition of silicon oxide films grown in HCl/O_2 ambients. — J. Electrochem. Soc., 1978, v. 125, No. 11, p. 1867—1873.

[76] Atomic diffusion in semiconductors. Ed. D. SHAW. London—New York, Plenum Press, 1973.

[77] Михайловский, И. П., Камбалин, С. А.: Особенности электрического старения диэлектрических пленок в МДП-структурах. — Изв. вузов. Физика, 1976, № 7, с. 116—118.

[78] KNOPP, A., SICKLER, R.: The structure and perfection of thermally grown SiO_2 films on silicon. — Electrochem. Technol., 1967, v. 5, No. 11, p. 37—47.

[79] NAGASIMA, N., ENARI, H.: Local crystallization of thermal silicon dioxide films. — Japan. J. Appl. Phys., 1971, v. 10, No. 4, p. 441—447.

[80] BRESSLER, E., STRAUFF, E., SELMANOFF, I.: Über Rekristallisation des dispersiven Quarzes. — Phys. Z. Sov., 1933, v. 4, No. 7, S. 909—912.

[81] OKAMOTO, H.: Crystallization of SiO_2 prepared by pyrolitic decomposition of silicone. — Japan. J. Appl. Phys., 1968, v. 7, No. 1, p. 82.

[82] CARTER, G., CRAUT, W.: The ion bombardment of glasses. — Phys. Chem. Glasses, 1966, v. 7, No. 3, p. 94—100.

[83] Павлов, П. В., Шитова, Э. В., Зорин, Е. И.: Кристаллизация аморфных пленок SiO_2 при ионной бомбардировке и последующем отжиге. — Докл. АН СССР, 1970, т. 192, № 3, с. 559—561.

[84] Эдельман, Ф. Л., Мельник, И. Г., Латута, В. З., Аюпов, Б. М., Дробинина, А. В., Шубина, Н. К.: О природе цветкообразных дефектов в двуокиси кремния на планарных структурах. — Изв. АН СССР. Неорганические материалы, 1972, т. 8, № 4, с.719—723.

[85] GAUTHIER, J.: Kristallisation in Aluminium-Siliciumdioxid-Schichten. — Phys. Stat. Sol., 1973, v. A18, No. 2, p. K61—K63.

[86] Смирнова, Т. П., Данилович, В. С., Аюпов, Б. М., Кузнецов, Ф. А.: Механизм термического окисления кремния. — Изв. АН СССР. Неорганические материалы, 1975, т. 11, № 8, с. 1374—1376.

[87] Могилевьцев, Н. К., Гусева, Н. С., Арсламбеков, В. А.: О структуре окисных пленок на кремнии. — Кристаллография, 1978, т. 23, № 2, с. 437—438.

[88] Леко, В. К., Комарова, Л. А.: Влияние концентрации кислородных вакан-

сий и гидроксильных групп на кристаллизацию кварцевых стекол. — Изв. АН СССР. Неорганические материалы, 1975, т 11, № 10, с. 1864—1869.

[89] Богданов, А. Г., Руденко, В. С.: Нуклеация и рост кристаллических зародышей в объеме кварцевого стекла. — Физика и химия стекла, 1976, т. 2, № 1, с. 33—41.

[90] Sinh, B. R., Rai, S. S., Srivastava, R. S.: Transport of sodium ions in silicon dioxide films using MOS structure. — Phys. Stat. Sol., 1972, v. A13, No. 1, p. 51—59.

[91] Osburn, C. M., Raider, S. I.: The effect of mobile sodium ions on field enhancement dielectric breakdown in SiO_2 films on silicon. — J. Electrochem. Soc., 1973, v. 120, No. 10, p. 1369—1376.

[92] Young, D. R., Osburn, C. M.: Minority carrier generation studies in MOS capacitors on *n*-type silicon. — J. Electrochem. Soc., 1973, v. 120, No. 11, p. 1578—1581.

[93] Кресин, О. М., Погарева, Н. Ф., Старос, Ф. Г., Яковлев, А. С.: Определение плотности поверхностных зарядов на границе диэлектрика в МДМ-структуре. — Микроэлектроника, 1974, т. 3, № 1, с. 42—45.

[94] Kriegler, R. J., Devenyi, T. F.: Direct measurement of Na^+ ion mobility in SiO_2 films. — Thin Solid Films, 1976, v. 36, No. 2, p. 435—439.

[95] Пережогин, Г. А., Назаров, И. Н.: Распределения натрия в структурах фосфорсиликатное стекло — кремнезем — кремний и алюминий — фосфорсиликатное стекло — кремний после термообработки. — Электронная техника. Сер. 3. Микроэлектроника, 1976, № 5, с. 85—89.

[96] Горбань, А. П., Литовченко, В. Г., Марченко, Р. И., Москаль, Д. Н., Романова, Г. Ф.: Связь структуры диэелктрического слоя и электрических свойств границы раздела Si—SiO_2. — Укр. физ. ж., 1976, т. 21, № 12, с. 2016—2021.

[97] Жабрев, В. А., Моисеев, В. В., Свиридов, С. И., Чистосердов, В. Г.: Изучение диффузии ионов натрия в кремнеземе. — Физика и химия стекла, 1976, т. 2, № 3, с. 272—275.

[98] Stagg, J. P.: Drift mobilities of Na^+ and K^+ ions in SiO_2 films. — Appl. Phys. Letters, 1977, v. 31, No. 8, p. 532—533.

[99] Назаров, И. Н., Пережогин, Г. А.: Распределение натрия в пленках двуокиси кремния, полученных пиролизом ТЭОС. — Электронная техника. Сер. 3. Микроэлектроника, 1977, № 2, с. 70—74.

[100] Эдельман, Ф. Л., Латута, В. З., Новиков, В. В., Волков, А. Ф.: Дефекты структуры в пленках SiO_2, легированных As и Sb. — В кн.: Тезисы симпозиума по физике системы полупроводник — пленка двуокиси кремния. Рига, 1974, с. 22—26.

[101] Эдельман, Ф. Л., Латута, В. З., Новиков, В. В., Волков, А. Ф.: Дефекты структуры в стеклах, легированных сурьмой и мышьяком. — Электронная техника. Сер. 6. Материалы, 1975, № 3, с. 102—106.

[102] Борисенко, А. И., Новиков, В. В., Приходько, Н. Е., Митникова, И. М., Чепик, Л. Ф.: Тонкие неорганические пленки в микроэлектронике. М., Наука, 1972.

[103] Волков, А. Ф., Котов, В. Г., Малаева, С. Н., Новиков, В. В., Петров, С. В.: Кристаллиты при диффузии сурьмы в процессе создания кремниевых эпи-

таксиальных структур со скрытыми слоями. — Электронная техника. Сер. 6. материалы, 1977, № 5, с. 50—58.

[104] Прохоров, В. И., Сорокин, Л. М., Александров, О. В., Добек, В. А.: Несовершенства окиских пленок, полученных при термическом окислении кремния. — Электронная техника. Сер. 6. Материалы, 1974, № 10, с. 56—61.

[105] Grundy, D. L., Bruchez, J., Down, B.: Collector diffusion isolation: the bipolar LSI. — Microelectronics. 1972. v. 4. No. 3, p. 10—31.

[106] Духанова, Т. Г., Кузьминых, Г. П., Эдельман, Ф. Л., Латута, В. З.: Определение натрия в кремнийорганических комнозициях и изучение структуры пленок, полученных из них. — Электронная техника. Сер. 6. Материалы, 1977, № 9, с. 83—87.

[107] Эдельман, Ф. Л.: Структура диэлектрических пленок на полупроводниках. — В кн.: Труды симпозиума по электронным процессам на поверхности полупроводников и на границе раздела полупроводник — диэлектрик. Новосибирск, 1974, с. 7—26.

[108] Bicknell, R. W., Charig, J. M., Joyce, B. A., Stirland, D. J.: The epitaxial deposition of silicon on quartz. — Phil. Mag., 1964, v. 9, No. 102, p. 965—978.

[109] Эдельман, Ф. Л.: Полупроводниковые материалы. Ч. Н. Поликристаллические и аморфные полупроводники. Новосибирск, 1976.

[110] Шубников, А. В.: Пьезоэлектрические текстуры. М., Изд-во АН СССР, 1946.

[111] Белов, Н. В.: Очерки по структурной минералогии. М., Недра, 1976.

[112] Misawa, K., Moritani, A., Nakai, J.: Electrostriction and piezoelectricity of thermally grown SiO_2 and sputtered SiO_2 films. — Japan. J. Appl. Phys., 1976, v. 15, No. 11, p. 2103—2111.

[113] Misawa, K., Moritani, A., Nakai, J.: Electrostriction and piezoelectricity of thermally grown SiO_2 films — In: The Physics of SiO_2 and its Interfaces. Ed. S. T. Pantelides. N.Y., Pergamon Press, 1978, p. 144—148.

[114] Greeneich, E. W., Mueller, R. S.: Theoretical transducer properties of piezoelectric insulator FET transducers. — J. Appl. Phys., 1975, v. 46, No. 11, p. 4631 to 4640.

[115] Пономаренко, О. Н.: Использование явления катодолюминесценции для исследования полупроводниковых структур. — Обзоры по электронной технике, 1974, вып. 14 (249).

[116] Mitchell, J. P., Denure, D. G.: A study of SiO_2 layers on Si using cathodoluminescence spectra. — Solid State Electronics, 1973, v. 16, No. 7, p. 825—839.

[117] Jones, C. E., Embree, D.: Cathodoluminescence studies of SiO_2—Na, Cl, Ge, Cu, Au and oxygen vacancy results. — In: The Physics of SiO_2 and its Interfaces. Ed. S. T. Pantelides. N.Y., Pergamon Press, 1978, p. 289—293.

[118] Клыпин, В. В., Нестеров, А. А., Панькин, В. Г., Прихидько, Н. Е., Трошина, Е. П.: Катодолюминесценция кремнеземеных пленок, легированных ионами неодима. — Физика и химия стекла, 1978, т. 4, № 4, с. 496—498.

[119] Aleksandrov, L. N, Edelman, F. L.: Crystallization of dielectric films on semiconductors. — Proc. 7-th Vacuum Congress, Vienna, 1977, v. 2, p. 1619—1622.

[120] Александров, Л. Н., Эдельман, Ф. Л.: О некоторых особенностях кристаллизации диелектрических пленок на кремнии. — Изв. АН СССР. Сер. Физическая, 1977, т. 41, № 11, с. 2310—2314.

[121] Takamori, T., Messier, R., Roy, R.: New non-crystalline germanium which crystallizes "explosively" at room temperature. — Appl. Phys. Letters, 1972, v. 20, No. 5, p. 201—203.

[122] Callanan, K., Matsuda, A., Mineo, A., Kikuchi, M., Kurosu, T.: Thermal triggering of shock-crystallization in sputtered Ge films. — Solid State Commun., 1974, v. 15, No. 2, p. 119—121.

[123] Mineo, A., Matsuda, A., Callanan, K., Kurosi, T., Kikuchi, M.: Possible evidence of an internal stress contribution to the shock crystallization of a-Ge. Solid State Commun., 1973, v. 13, No. 12, p. 1945—1946.

[124] Kaye, G. W. C., Laby, T. H.: Tables of Physical and Chemical Constants and Some Mathematical Functions. London, Longmans, 1966.

[125] Sugano, T., Kakemoto, K.: Mechanical stress and strain in $Si—SiO_2$ interfaces and its influences on transistor characteristics. — In: Microelectronics-2, Munich. Vienna, 1967, p. 85—101.

[126] Matsuda, A., Mineo, A., Kurosi, T., Kikuchi, M.: Heat-radiation from shock crystallization of sputtered amorphous germanium films. — Solid State Commun. 1973, v. 13, No. 8, p. 1165—1166.

[127] Александров, Л. Н., Эдельман, Ф. Л.: Ударная кристаллизация в термической двуокиси кремния и в других диэлектриках. — В кн.: Тезисы докл. 5-го симпозиума по процессам роста и синтеза полупроводниковых кристаллов и пленок. Новосибирск, 1978, с. 21.

[128] Павлов, П. В., Шитова, Э. В., Зорин, Е. И.: Кристаллизация аморфных пленок кремнезема при ионной бомбардировке и последующем отжиге. — Докл. АН СССР. 1970, т. 192, № 3, с. 559—561.

[129] Герасименко, Н. Н., Кандыба, П. Е., Панова, З. В., Петрова, В. З.: Получение бор- и фосфорсиликатных пленок методом ионной имплантации. — Электронная техника. Сер. 3. Микроэлектроника, 1978, № 2 (74), с. 55—61.

[130] Герасименко, Н. Н., Иванченко, В. А., Лебедев, Г. Н.: Ликвация и кристаллизация в пленках кремнезема, стимулированные облучением и термообработкой. — Изв. АН СССР Неорганические материалы, 1978, т. 14, № 4, с. 691—696.

[131] Гаврилюк, В. К., Макара, В. А., Новиков, Н. Н., Швидкий, В. А., Ланская, Н. И.: Напряжения в системе кремний — двуокись кремния. — Электронная техника. Сер. 2. Полупроводниковые приборы, 1977, № 5 (115), с. 63—69.

[132] Brotherton, S. D., Read, T. G., Lamb, D. R., Willoughly, A. F. W.: Surface charge and stress in the $Si—SiO_2$ system. — Solid State Electron., 1973, v. 16, No. 12, p. 1367—1375.

[133] Friedrich, H.: Surface charges induced by mechanical stresses in the $Si—SiO_2$ interface. — Solid State Electron., 1971, v. 14, No. 7, p. 639—641.

[134] Павлов, Е. А., Жеребцов, А. С., Раков, А. В., Королев, М. А.: Влияние

локальных полей упругих напряжений на границе раздела кремний — двуокись кремния на электрические свойства МОП-структур. — Радиотехника и электроника, 1969, т. 14, № 7, с. 1348—1349.

[135] Wilmsen, C. W., Thompson, E. G., Meissner, G. H.: Buckling of thermally grown SiO_2 thin films. — IEEE Trans. Electron. Dev., 1972, v. ED-19, No. 1, p. 122.

[136] Канделаки, Т. С., Синица, С. П., Эдельман, Ф. Л.: МДП-структура под действием механических напряжений. — Микроэлектроника, 1973, т. 2. № 3, с. 259—261.

[137] Федорович, Ю. В., Думиш, Л. К.: Влияние граничных условий на генерацию заряда в системе диэлектрик — полупроводник. — Физ. тверд. тела, 1969, т. 11, № 11, с. 3370—3373.

[138] Fonash, S. J.: Effects of stress on metal—oxide—semiconductor structures. — J. Appl. Phys., 1073, v. 44, No. 10, p. 4607—4615.

[139] Giber, J., Deák, P., Marton, D.: The mechanical stress deriving from molecular fitting on the Si—SiO_2 interface and its effect upon the development and distribution of vacancies. — Phys. Stat. Sol., 1977, v. B79, p. K89—K94.

[140] Kern, W., Schnable, G. L., Fisher, A. W.: CVD glass films for passivation of silicon devices: preparation, composition, and stress properties. — RCA Rev., 1976, v. 37, No. 1, p. 3—54.

[141] Schnable, G. L., Keen, R. S.: Aluminium metallization: advantages and limitations for integrated circuit applications. — Proc. IEEE, 1969, v. 57, No. 9, p. 1570—1580.

[142] Физико-химические свойства окислов. Справочник. Под ред. Г. В. Самсонова. М., Металлургия, 1969.

[143] Pettit, R. B., Silcox, J.: Oxide structure in evaporated Al films — J. Appl. Phys., 1974, v. 45, No. 7. p. 2858—2862.

[144] Alessandrini, E. I., Campbell, D. R., Tu, K. N.: Surface reactions on MOS structures. — J. Appl. Phys., 1974, v. 45, No. 11, p. 4888—4893.

[145] Low temperature diffusion and application to thin films. — Proc. Internat. Conf. (12—14 Aug. 1974), N.Y., 1975.

[146] Howard, J. K., Lever, R. F., Smith, P. J., Ho, P. S.: Kinetics of compound formation in thin film couples of Al and transition metals. — J. Vac. Sci. Technol., 1976, v. 13, No. 1, p. 68—70.

[147] Harris, J. M., Blattner, R. J., Ward, I. D., Evans, C. A. Jr., Fraser, H. L., Nicolet, M. A., Ramiller, C. L.: Solid-phase crystallization of Si films in contact with Al layers. — J. Appl. Phys., 1977, v. 48, No. 7, p. 2897—2904.

[148] Болдырев, В. П., Буйко, Л. Д., Волкодатов, А. Ф., Лесникова, В. П.: Влияние охлаждения на качество поверхности вакуумно-напыленных пленок алюминия. — Электронная техника. Сер. 3. Микроэлектроника, 1978, № 1 (73), с. 44—48.

[149] Воротинский, В. А., Дадерко, Н. К.: Ускоренные испытания полупроводниковых приборов и интегральных схем на надежность. — Зарубежная радиоэлектроника, 1978, № 7, с. 50—66.

[150] Ghate, P., Gardner, W., Crosthwait, L.: Reliability studies of the 2-level Al/SiO_2/Al system. — IEEE Trans. Reliabil., 1973, v. R-22, No. 4, p. 186—196.
[151] Kemeny, A. P., Kalmar, G., Stefaniay, V.: Results of a 160 · 10^6 devicehour reliability assessment and failure analysis of TTL SSI IC. — Microel. Reliabil., 1975, v. 14, No. 5/6, p. 469—526.
[152] Chang, C. C., Fraser, D. B., Crieco, M. J., Sheng, T. T., Haszko, S. E., Kerwin, R. E., Marcus, R. B., Sinha, A. K.: Al oxidation in H_2O. — J. Electrochem. Soc., 1978, v. 125, No. 5, p. 787—792.
[153] Lycoudes, N. E.: The reliability of plastic microcircuits in most environments. — Solid State Technol., 1978, v. 21, No. 10, p. 53—63.
[154] Pretorius, R., Harris, J. M., Nicolet, M.-A.: Reaction of thin metal films with SiO_2 substrates. — Solid State Electron., 1978, v. 21, No. 4, p. 667—675.
[155] Prabriputaloong, K., Piggott, M. R.: Thin-film studies of the reduction of SiO_2 by Al. — J. Amer. Ceram. Soc., 1973, v. 56, No. 4, p. 177—180.
[156] Prabriputaloong, K., Piggott, M. R.: Reduction of SiO_2 by molten Al. — J. Amer. Ceram. Soc., 1973, v. 56, No. 4, p. 184—185.
[157] Standage, A. E., Gani, M. S.: Reaction between vitreous SiO_2 and molten Al. — J. Amer. Ceram. Soc., 1967, v. 50, No. 2, p. 101—105.
[158] Гершинский, А. Е., Коняшкин, В. В., Хороменко, А. А., Черепов, Е. И.: Исследование электрохимическим методом кинетики реакции между пленками алюминия и моноокиси кремния. — Изв. АН СССР. Неорганические материалы, 1973, т. 9, № 10, с. 1741—1743.
[159] McCarthy, J.: Failure of Al contacts to Si in shallow diffused transistors. — Microel. Reliabil., 1970, v. 9, No. 2, p. 187—193.
[160] Gershinskii, A. E., Khoromenko, A. A., Edelman, F. L.: Reduction of thermally grown SiO_2 by Al films. — Phys. Stat. Sol., 1974, v. A25, No. 3, p. 645—652.
[161] Гершинский, А. Е., Хороменко, А. А., Черепов, Е. И.: Исследование кинетики взаимодействия пленок алюминия и кремнезема. — Изв. АН СССР. Неорганические материалы, 1976, т. 12, № 4, с. 627—630.
[162] Berthoud, L. A.: Aluminium alloying in silicon IC. — Thin Solid Films, 1977, v. 43, No. 3, p. 319—329.
[163] Prabriputaloong, K., Piggott, M.: The reaction between SiO_2 and Al. — J. Electrochem. Soc., 1974, v. 121, No. 3, p. 430—434.
[164] Cavanagh, E., Franco, J. I., Walsoe de Reca, N. E.: Reaction between Al and SiO_2 in integrated circuits. — Japan. J. Appl. Phys., 1976, v. 15, No. 10, p. 1877 to 1881.
[165] Black, J., Mattox, R.: Pat. USA, 156-3 (C23c11/08), No 3825453, 20. 12. 71. publ. 23. 07. 74 (1975).
[166] Лотон, Д.: Повышение быстродействия ЗУ на МОП-транзисторах с Мо-затвором. — Электроника, 1971, т. 44, № 8, с. 20.
[167] Качурина, Е. Е., Анохин, Б. Г., Немировский, Л. Н.: Нанесение тонких пленок вольфрама и молибдена. — Электронная промышленность, 1973, № 2, с. 113—115.
[168] Анохин, Б. Г., Качурина, Е. Е., Сопов, О. В.: Новый метод металлизации

в планарной технологии. — Электронная промышленность, 1975, № 4, с. 35—41.

[169] De Rosa, A. I., Dove, D. B., Loehman, R. E.: Properties of Mo-films prepared by decomposition of the carbonyl. — J. Vac. Sci. Technol., 1974, v. 11, No. 1, p. 455—457.

[170] Бубнов, Ю. З., Вишевник, Л. Н., Макарова, Т. Н.: Технологический процесс изготовления МДП ИС с самосовмещенным молибденовым затвором. — Электронная техника. Сер. 3. Микроэлектроника, 1975, № 1 (55), с. 52—60.

[171] Rodriguez, A., Misra, M., Hesselbom, H., Tove, P. A.: Fabrication of short channel MOSFETs with refractory metal gates using RF sputter etching. — Solid State Electron., 1976, v. 19, No. 1, p. 17—21.

[172] Mayer, J. W., Tu, K. N.: Analysis of thin-film structures with nuclear backscattering and X-ray diffraction. — J. Vac. Sci. Technol., 1974, v. 11, No. 1, p. 86—93.

[173] Черняев, В. Н., Корзо, В. Ф., Самедов, Р. А., Юсипов, Н. Ю.: Исследование структурных неоднородностей в пленочных системах Mo—SiO_2—Mo. — Электронная техника. Сер. 6. Материалы, 1974, № 5, с. 19—25.

[174] Красовский, В. М.: Особенности МДП-структур с силицидами тугоплавких металлов. — Электронная техника. Сер. 3. Микроэлектроника, 1975, № 6 (60), с. 69—72.

[175] Guivarch, A., Auvray, P., Berthou, L., Le Cun, M., Boulet, J. P., Henoc, P., Pelous, G., Martinez, A.: Reaction kinetics of Mo thin films on Si (111) surface. — J. Appl. Phys., 1978, v. 49, No. 1, p. 233—237.

[176] Shoji, F., Nagata, S.: Structure and deposition mechanism of Mo-nitride films prepared by reactive sputtering. — Japan. J. Appl. Phys., 1974, v. 13, No. 7, p. 1072—1079.

[177] Brown, D. M., Connery, R. J.: MO gate tetrode. — IEEE Trans., 1978, v. ED-25, No. 11, p. 1302—1308.

[178] Pearson, W. B.: The Crystal Chemistry and Physics of Metals and Alloys. N.Y., Wiley, 1972. (Teil 1 der russischen Übersetzung).

[179] Pearson, W. B.: The Crystal Chemistry and Physics of Metals and Alloys. N.Y., Wiley, 1972. (Teil 2 der russischen Übersetzung).

[180] Фомин, Б. И., Гершинский, А. Е., Черепов, Е. И., Эдельман, Ф. Л.: Исследование кинетики роста фаз в тонкопленочной системе молибден — алюминий. — Физика и химия обработки материалов, 1976, № 6, с. 77—80.

[181] Shaligina, N. A., Gershinskii, A. E., Cherepov, E. I., Edelman, F. L.: Study of the diffusion reaction in the Mo-Ni thin film system. — Thin Solid Films, 1977, v. 44, p. 351—357.

[182] Fomin, B. I., Gershinskii, A. E., Cherepov, E. I., Edelman, F. L.: Investigation of phase growth kinetics in the system of Si single crystals and V thin films. — Phys. Stat. Sol., 1976, v. 36A, p. K89—K92.

[183] Fomin, B. I., Gershinskii, A. E., Cherepov, E. I., Edelman, F. L.: Investigation of the phase growth kinetics in thin film V—Al system. — Thin Solid Films, 1977, v. 42, p. 133—138.

[184] Эдельман, Ф. Л., Павлов, С. П., Чистяков, Ю. Д., Латута, В. З., Коробов, И. В.: Структура пленок окиси алюминия, полученных пиролизом. — Электронная техника, Сер. 6. Материалы, 1974, № 10, с. 30—37.

[185] Эдельман, Ф. Л., Зайцев, Б. Н., Латута, В. З., Павлов, С. П., Плотников, А. Е., Самородов, А. В.: Структура пленок окиси алюминия и алюмосиликатов на кремнии. — Электронная техника. Сер. 6. Материалы, 1977, № 11, с. 115—121.

[186] Вишнякова, З. П., Павлова, З. В., Сенатова, Н. А., Виноградов, Г. Б.: Пленки окиси алюминия в производстве полупроводниковых приборов. — Обзоры по электронной технике, 1971, № 4, с. 286.

[187] Щеглова, В. В., Мякиненков, В. И.: О новых диэлектрических материалах в производстве полупроводниковых приборов и интегральных схем. — Обзоры по электронной технике, 1971, № 10, с. 309.

[188] Мякиненков, В. И., Щеглова, В. В.: Диэлектрические пленки в оптоэлектронике. — Обзоры по электронной технике. 1975, № 9, с. 308.

[189] Шнаревич, Е. И., Рыбинский, О. А., Злобин, В. А.: Диэлектрики интегральных схем. М., Энергия, 1975.

[190] Воронкова, Е. М., Гречушников, Б. Н., Дистлер, Г. И., Петров, И. П.: Оптические материалы для инфракрасной техники. М., Наука. 1965.

[191] Попов, В.: Влияние технологических факторов на радиационную стойкость МДП-структур. — Зарубежная электронная техника. 1974, № 14, с. 48—60.

[192] Brandon, D. G., Fliezer, D.: The mechanical properties of anodically formed Al_2O_3 films. — Mater. Res. Bull., 1971, v. 6, No. 3, p. 153—162.

[193] Байков, В. Д., Гасман, А. С., Кармазинский, А. Н.: Влияние радиационного излучения на компоненты МДП интегральных схем. — Микроэлектроника, 1972, № 5, с. 66—78.

[194] Schleiser, K. M.: Radiation hardening of CMOS/SOS integrated circuits. — IEEE Trans. Nucl. Sci., 1974, v. NS-21, No. 6, p. 152—159.

[195] Simons, M.: Rapid annealing in irradiated CMOS transistors. — IEEE Trans. Nucl. Sci., 1974, v. NS-21, No. 6, p. 172—179.

[196] McLean, F. B., Boesch, H. E., Winokur, P. S., McGarrity, J. M., Oswald, R. B.: Rapid annealing and charge injection in Al_2O_3 MIS capacitors. — IEEE Trans. Nucl. Sci., 1974, v. NS-21, No. 6, p. 47—56.

[197] Tung, S. K., Caffrey, R. E.: Na penetration in pyrolytically deposited alumina films. — In: Thin Film Dielectrics, 1969, p. 286—297.

[198] Kikuchi, R.: Cation diffusion and conductivity in solid electrolytes. — In: Fast Ion Transport in Solids. N.Y., 1973, p. 249—263.

[199] Чистяков, Ю. Д., Панкратов, В. В., Круглова, Л. С.: К вопросу о механизме процесса хемоэпитаксии γ-окиси на алюминии при высокотемпературном окислении. — Изв. АН СССР. Неорганические материалы, 1967, т. 3, № 3, с. 506—512.

[200] Рихтер, К.: Рентгенографическое исследование аморфных и мелкокристал-

лических катализаторов методом радиального распределения атомов. Автореф. канд. дис. Ин-т катализа СО АН СССР. Новосибирск, 1973.

[201] The X-ray identification and crystal structures of clay minerals. Ed. G. Brown. London, Mineralogical Soc., 1961.

[202] Шаскольская, М. П.: Кристаллография. М., Высшая школа, 1976.

[203] Попова, И. А.: Электронографическое исследование структуры аморфных пленок окиси алюминия. — Изв. АН СССР. Неорганические материалы, 1978, т. 14, № 10, с. 1934—1937.

[204] Frieser, R. G.: Phase changes in thin reactive sputtered Al_2O_3 films. — J. Electrochem. Soc., 1966, v. 113, No. 4, p. 357—360.

[205] Neufeld, P., Nagpaud, N. K., Ashdown, R., Akbar, M.: Crystallization of anodic Al_2O_3. — Electrochim. Acta, 1972, v. 17, No. 9, p. 1543—1546.

[206] Scamans, G. M., Butler, E. P.: In situ observations of crystalline oxide formation during Al and Al-alloy oxidation. — Metallurg. Trans., 1975, v. 6A, No. 11, p. 2055—2063.

[207] Осипов, К. А., Галкин, Б. Д., Урзалиев, У. С.: Электронографическое исследование структуры Al_2O_3 на вольфраме. — Изв. АН СССР. Неорганические материалы, 1973, т. 9, № 10, с. 1738—1740.

[208] Bye, G. C., Simpkin, G. T.: Influence of Cr and Fe on formation of α-Al_2O_3 from γ-Al_2O_3. — J. Amer. Ceram. Soc., 1974, v. 57, No. 8, p. 367—371.

[209] Ryabova, L. A., Savitskaya, Ya. S.: The preparation of thin films of some oxides by the pyrolysis method. — Thin Solid Films, 1968, v. 2, No. 1/2, p. 141—148.

[210] Iida, K., Tsujide, T.: Physical and chemical properties of Al_2O_3 deposited by $AlCl_3$—CO_2—H_2 system. — Japan. J. Appl. Phys., 1972, v. 11, No. 6, p. 840—850.

[211] Sirota, N. N., Shokhina, G. N.: Kinetics of polymorphous transformations of anodic Al_2O_3. — Krist. Techn., 1974, v. 9, No. 8, p. 913—919.

[212] Wintruff, W.: Phase transformations of Al_2O_3 in the temperature range of 500 to 1200 °C. — Krist. Techn., 1974, v. 9, No. 4, p. 391—403.

[213] Stolarek, G., Miecznikowski, A.: Phase transformations in Al_2O_3. — Chem. Stosow., 1973, v. 17, No. 3, p. 347—358.

[214] Eversteijn, F. C.: Low-temperature deposition of alumina-silica films. — Philips Res. Repts, 1966, v. 21, No. 5, p. 379—386.

[215] Kingery, W. D.: Introduction to Ceramics. N.Y., Wiley, 1960.

[216] Aksay, I. A., Pask, J. A.: Stable and metastable equilibria in the system SiO_2—Al_2O_3. — J. Amer. Ceram. Soc., 1975, v. 58, No. 11—12, p. 507—512.

[217] Мазурин, О. В., Стрельцина, М. В., Швайко-Швайковская, Т. П.: Свойства стекол и стеклообразующих расплавов. Справочник. Т. 1. Л., Наука, 1973.

[218] Набитович, И. Д., Стецив, Я. И., Волощук, Я. В.: Определение когерентной интенсивности фона по экспериментальной кривой рассеяния электронов. — Кристаллография, 1967, т. 12, № 4, с. 584—590.

[219] Татаринова, Л. И.: Электронография аморфных веществ. М., Наука, 1972.

[220] Стецив, Я. И.: Средние квадратичные смещения атомов в аморфных слоях германия и кремния по электронографическим данным. — Физ. тверд. тела, 1975, т. 17, № 1, с. 118—123.

[221] Данков, П. Д., Игнатов, Д. В.: Структура анодных пленок на алюминии, возникших в кислородном газовом разряде. — Докл. АН СССР, 1946, т. 54, № 3, с. 235—238.

[222] Игнатов, Д. В.: Структура катодных пленок на алюминии, возникших в газовом (кислородном) разряде. — Докл. АН СССР, 1946, т. 54, № 4, с. 331—334.

[223] Эдельман, Ф. Л.: „Чума" в двухслойных пленках алюминий — золото. — В кн.: Нитевидные кристаллы и тонкие пленки. Т. 2. Воронеж, 1975, с. 282—286.

[224] EDELMAN, F. L.: Hillocks. — In: The 4th Internat. Thin Films Congress, Loughborough Univ., 1978, 11—15 Sept., 4A, p. 97.

[225] GERSHINSKII, A. E., FOMIN, B. I., CHEREPOV, E. I., EDELMAN, F. L.: Investigation of diffusion in the Cu—Al thin film system. — Thin Solid Films, 1977, v. 42, p. 269—275.

[226] HÜBNER, K.: Chemical bond and related properties of SiO_2. V. Pseudopotential study of bonding and structure. — Phys. Stat. Sol., 1978, v. A48, p. 147—154.

[227] LEHMANN, A., SCHUMANN, L., HÜBNER, K.: Optical phonons in amorphous silicon oxides. I. Calculation of the density of states and interpretation of LO-TO splittings of amorphous SiO_2. — Phys. Stat. Sol., 1983, v. B117, p. 689—698.

[228] GASKELL, P. H., JOHNSON, D. W.: J. Non-Cryst. Solids, 1976, v. 20, p. 153.

[229] LEHMANN, A., SCHUMANN, L., HÜBNER, K.: Optical phonons in amorphous silicon oxides. II. Calculation of phonon spectra and interpretation of the IR transmission of SiO_x. — Phys. Stat. Sol., 1983, v. B121, p. 505—511.

[230] HELMS, C. R.: Morphology of the $Si—SiO_2$ interface. — In: Insulating Films on Semiconductors, Proc. 2nd. Int. Conf., Ed. M. SCHULZ, G. PENSL, Springer Series in Electrophysics, v. 7, Berlin—Heidelberg—New York, Springer, 1981, p. 19—25.

[231] HÜBNER, K.: Chemical bond and related properties of SiO_2. VII. Structure and electronic properties of the SiO_x region of $Si—SiO_2$ interfaces. — Phys. Stat. Sol., 1980, v. A61, p. 665—673; Structure and properties of the $Si—SiO_2$ interregion. — In: Defect Complexes in Semiconductor Structures. Ed. J. GIBER, F. BELEZNAY, I. C. SZÉP, J. LÁSZLÓ, Lectures Notes in Physics, v. 175, Berlin—Heidelberg—New York, Springer, 1983, p. 221—229.

[232] HÜBNER, K.: Valence-alternation-pair model for interface states, fixed oxide charges, radiation defects, and impurities of the $Si—SiO_2$ interface. — J. Phys. C: Solid State Phys., 1984, v. 17, p. 6553—6559. VAP-Modell für Defekteigenschaften des SiO_2 — Eine konsistente Interpretation von Grenzflächenzuständen, Oxidladungen und Strahlendefekten. — Physik der Halbleiteroberfläche, 1983, Bd. 14, S. 153—163.

[233] HÜBNER, K.: Isolatorphysik des SiO_2, Berlin, Akademie-Verlag, 1984.

Literatur zu Kapitel 2

[1] Мазель, Е. М., Пресс, Ф. П.: Планарная технология кремниевых полупроводниковых приборов. М., Энергия, 1974.

[2] Щеглова, В. В., Мякиненков, В. И.: О новых диэлектрических материалах в производстве полупроводниковых приборов и интегральных схем. — Обзоры по электронной технике. Сер. Полупроводниковые приборы, 1971.

[3] Constantin, C.: Le nitride de silicium: application aux dispositic semiconducteurs. — L'Onde Electrique, 1968, v. 48, p. 327—340.

[4] Gregor, L. B.: Silicon Nitride: Deposition and Applications. — IBM Techn. Rept. 22.067.17, 1969, p. 447—489.

[5] Brown, D. M., Gray, P. V., Heumann, F. K., Philipp, H. R., Taft, E. A.: Properties of $Si_xO_yN_z$ films on Si. — J. Electrochem. Soc., 1968, v. 115, No. 2, p. 311—318.

[6] Been, K. E., Gleim, P. S., Yeakly, R. L., Runyan, W. R.: Some properties of vapour deposited Si_3N_4 films using the $SiH_4—NH_3—H_2$ system. — J. Electrochem. Soc., 1967, v. 114, No. 4, p. 733—738.

[7] Arizumi, T., Nishinaga, T., Ogawa, H.: Thermodynamical analysis and experiments for the preparation of silicon nitride. — Japan. J. Appl. Phys., 1968, v. 7, No. 9, p. 1021—1026.

[8] Mellottee, H., Delbourgo, R.: Depot de films de nitrure de silicium par pyrolyse de melanges silane-ammoniac. — Bull. Soc. Ceram., 1974, No. 102, p. 65—73.

[9] Cochet, G., Mellottee, H., Delbourgo, R.: Experimental investigation of the gas phase in a chemical vapour deposition reaction. Application to the silane-ammonia reaction leading to silicon nitride deposits. — Proc. of 5th Intern. Conf. on Chemical Vapour Deposition, 1975, Princeton, p. 43—55.

[10] Репинский, С. М., Миронова, Л. В.: Кинетический анализ процесса синтеза нитрида кремния при взаимодействии силана с аммиаком. — Изв. СО АН СССР. Сер. хим. наук, 1975, № 1, с. 44—57.

[11] Mellottee, H., Cochet, G.: Calcul des domaines de depot en phase gazeuse dans le systeme Si—N—H. — Rev. Int. Htes. Temp. Refract., 1976, v. 13, p. 31—36.

[12] Mellottee, H., Cochet, G., Delbourgo, R.: Dépôt de films de nitrure de silicium par pyrolyse de melanges silane-ammoniac. Structure et proprietes du depot. — Rev. Chem. Minerals, 1976, v. 13, No. 4, p. 373—383.

[13] Эдельман, Ф. Л., Воскобойников, В. В., Смирнов, В. В., Попов, Б. В.: Пленки поликристаллического кремния, полученные пиролизом силана. — Микроэлектроника, 1974, т. 3, № 6, с. 554—556.

[14] Eversteijn, F. C.: Gas-phase decomposition of silane in a horizontal epitaxial reactor. — Philips Res. Repts., 1971, v. 26, No. 2, p. 134—144.

[15] Billy, M.: System Si—N—H. — C. R. Acad. Sci. Paris, 1956, v. 242, p. 137—151.

[16] Смирнова, Т. П., Белый, В. И., Ковалевская, Т. И., Тимофеев, В. С.: Состав и превращения слоев, полученных аммонолизом моносилана, по данным ИК-спектроскопии МНПВО. — Микроэлектроника, 1975, т. 4, № 3, с. 263—268.

[17] Coleman, M. V., Thomas, D. I. D.: The structure of amorphous silicon nitride films. — Phys. Stat. Sol., 1968, v. 25, No. 1, p. 241—252.

[18] Набитович, И. Д., Стецив, Я. И., Волощук, Я. В.: Определение когерентной интенсивности и интенсивности фона по экспериментальной кривой рассеяния электронов. — Кристаллография, 1967, т. 12, № 4, с. 584—590.

[19] Вайнштейн, Б. К.: К теории метода радиального распределения. — Кристаллография, 1957, т. 2, № 1, с. 29—37.

[20] HECKINGBOTTOM, R.: A LEED investigation of the nitridation of the Si (111) surface. — Structure Chem. Solid Surf., Proc. 4th Intern. Mater. Sympos., N.Y., Wiley, 1969, p. 78-1—78-8.

[21] Генкина, А. Н., Павлов, П. В., Шитова, Э. В., Крузе, Т. А., Зорин, Е. И.: Влияние высокотемпературного отжига на структуру и состав пленок нитрида кремния. — Изв. АН СССР. Неорганические материалы, 1975, т. 11, № 11, с. 1988—1991.

[22] Точицкий, Э. И., Обухов, В. Е., Калошкин, Э. П., Кучинский, В. А.: Влияние температуры осаждения на структуру и физические свойства пленок нитрида кремния. — Физ. и хим. обработки материалов, 1974, № 4, с. 42 до 44.

[23] WYCKOFF, R.: Crystal structures. v. 2. N.Y., Interscience Publishers, 1964. RUDDLESDEN, S. N., POPPER, P.: On the crystal structures of the nitrides of silicon and germanium. — Acta Cryst., 1958, v. 11, p. 465—468.

[24] Волгин, Ю. Н., Борисов, О. П., Уханов, Ю. И., Суханова, Н. И.: Дисперсия коэффициента преломления пиролитических пленок нитрида кремния. — Прикладн. спектр., 1976, т. 24, с. 164—167.

[25] NACKMANSON, R. S., DOBROVOLSKII, P. P.: Investigation of MIS structures inhomogeneities using a scanning mercury probe. — Phys. Stat. Sol., 1973, v. A19, No. 1, p. 225—241.

[26] Доув, Д. Б.: Электронно-дифракционный анализ локального атомного упорядочения в аморфных пленках. — Физика тонких пленок, 1977, т. 7, с. 7—52.

[27] Александров, Л. Н.: Кинетика образования и структуры твердых слоев. Новосибирск, Наука, 1972.

[28] MARCHAND, P. R., LAURENT, Y., LANG, J.: Structure du nitrure de silicium α. — Acta Cryst., 1969, v. B25, p. 2157—2160.

[29] Павлов, П. В., Белов, Н. В.: Механизм перехода α- в β-Si_3N_4 при отжиге. — Докл. АН СССР, 1978, т. 241, № 4, с. 825—827.

[30] TANABASHI, K., KOBAYASHI, K.: Properties of vapour deposited silicon nitride films, with varying excess Si content. — Japan. J. Appl. Phys., 1973, v. 12, No. 5, p. 641—646.

[31] VOSKOBOYNIKOV, V. V., GRITSENKO, V. A., DIKOVSKAYA, N. D., ZAITSEV, B. N., MOGILNICOV, K. P., OSADCHII, V. M., SINITSA, S. P., EDELMAN, F. L.: Structural, optical and electrical properties of silicon-rich silicon nitride films. — Thin Solid Films 1976, v. 32, p. 339—342.

[32] BAUER, J.: Optical properties, band gap and surface roughness of Si_3N_4. — Phys. Stat. Sol., 1977, v. A39, No. 2, p. 411—418.

[33] ANDERSON, D. A., SPEAR, W. E.: Electrical and optical properties of amorphous SiC, Si_3N_4 and GeC prepared by the glow discharge technique. — Phil. Mag., 1977, v. 35, p. 1—26.

[34] PHILIPP, H. R.: Optical properties of silicon nitride. — J. Electrochem. Soc., 1973, v. 120, No. 2, p. 295—300.

[35] DALTON, J. Y., DROBEK, J.: Structure and sodium migration in silicon nitride films. — J. Electrochem. Soc., 1968, v. 115, No. 8, p. 865—868.

[36] Кузнецова, С. К., Золотарев, Э. М., Смирнова, Н. Б., Годунова, Э. А., Булатова, Т. Г.: Определение коэффициентов диффузии цинка в SiO_2, Si_3N_4, и Al_2O_3. — Электронная техника. Сер. 2. Полупроводниковые приборы, 1976, № 4, с. 81—85.

[37] Эдельман, Ф. Л., Зайцев, Б. Н., Кольцова, Н. Г.: О структуре и свойствах системы кремний — оксинитрид кремния. — Электронная техника. Сер. 6. Материалы, 1977, № 2, с. 69—74.

[38] RAND, M. J., ROBERTS, J. F.: Silicon oxynitride films from the $NO-NH_3-SiH_4$ reaction. — J. Electrochem. Soc., 1973, v. 120, No. 3, p. 446—453.

[39] WYCKOFF, R.: Crystal Structures. v. 1. N.Y., Interscience Publishers, 1963.

[40] IDRESTEDT, I., BROSSET, C.: Structure of Si_2N_2O. — Acta Chem. Scand., 1964, v. 18, No. 8, p. 1879—1886.

[41] Волгин, Ю. Н., Уханов, Ю. И.: Колебательные спектры нитрида кремния. — Оптика и спектроскопия, 1975, т. 38, № 4, с. 727—730.

[42] Брохин, И. С., Функе, В. Ф.: Получение и исследование некоторых свойств керамики из нитрида кремния. — Огнеупоры, 1957, т. 22, с. 562—568.

[43] FRÄNZ, J., LANGHEINRICH, W.: Conversion of Si_3N_4 into SiO_2 through the influence of O_2. — Solid State Electron., 1971, v. 14, p. 499—505.

[44] TRIPP, W. C., GRAHAM, H. O.: Oxidation of Si_3N_4 at 1300—1500°C. — J. Amer. Ceram. Soc., 1976, v. 59, p. 399—403.

[45] JOHANNESSEN, J. S., SPICER, W. E., STRAUSSER, Y. E.: A study of the chemical composition of MOS and MNOS structures by Auger electron spectroscopy. — Thin Solid Films, 1976, v. 32, p. 311—314.

[46] SINGHAL, S. C.: Effect of water vapour on the oxidation of hot-pressed Si_3N_4 and SiC. — J. Amer. Ceram. Soc., 1976, v. 59, p. 81—83.

[47] RAIDER, S. I., FLITSCH, R., ABOAF, J. A., PLISKIN, W. A.: Surface oxidation of silicon nitride films. — J. Electrochem. Soc., 1976, v. 123, No. 4, p. 560—565.

[48] Эдельман, Ф. Л., Латута, В. З., Новиков, В. В., Волков, А. Ф.: Дефекты структуры в стеклах, легированных сурьмой и мышьяком. — Эелктронная техника. Сер. 6. Материалы, 1975, № 3, с. 102—106.

[49] Александров, Л. Н., Эдельман, Ф. Л.: О некоторых особенностях кристаллизации диэлектрических пленок на кремнии. — Изв. АН СССР. Сер. физическая, 1977, т. 41, № 11, с. 2310—2314.

[50] Эдельман, Ф. Л., Латута, В. З.: Кристаллические фазы в пленках Si_3N_4 на кремнии. — Изв. АН СССР. Неорганические материалы, 1975, т. 9 № 12, с. 2124—2126.

[51] Эдельман, Ф. Л., Дадаян, К. А., Савченко, В. И.: Оже-спектры от поверхности (100) кремния в процессе ее окисления и азотирования. — В кн.: Труды Симпозиума по электронным процессам на поверхности полупроводников. Новосибирск, 1974, с. 252—257.

[52] Эдельман, Ф. Л.: Частицы ионообменной смолы на поверхности кремния. — Микроэлектроника, 1974, т. 3, № 4, с. 365—369.

[53] UBELLOHDE, A. R., LEWIS, F. A.: Graphite and its Crystal Compounds. Oxford, University Press, 1960.

[54] Камбалин, С. А., Михайловский, И. П., Эдельман, Ф. Л.: О влиянии структурных дефектов нитрида на электрическую прочность сыстемы кремний — нитрид кремния — алюминий. — Изв. вузов. Физика, 1977, № 12, с. 115—117.

[55] ENOMOTO, T., ANDO, R., MORITA, H., NAKAYAMA, H.: Thermal oxidation rate of a Si_3N_4 film and its masking effect against oxidation of silicon. — Japan. J. Appl. Phys., 1978, v. 17, No. 6, p. 1049—1058.

[56] JENNINGS, H. M., EDWARDS, J. O., RICHMAN, M. H.: Molecular structure, microstructure, macrostructure and properties of silicon nitride. — Inorg. Chim. Acta, 1976, v. 20, No. 2, p. 167—182.

[57] Самсонов, Г. В.: Неметаллические нитриды. М., Металлургия, 1969.

[58] SRINIVASA, S. R., CARTZ, L., JORGENSEN, J. D., WORLTON, T. G., BEYERLEIN, R. A., BILLY, M.: High-pressure neutron diffraction study of Si_2N_2O. — J. Appl. Cryst., 1977, v. 10, p. 167—171.

[59] Михайловский, И. П., Камбалин, С. А.: Особенности электрического старения диэлектрических пленок в МДП-структурах. — Изв. вузов. Физика, 1976, № 7, с. 116—118.

[60] EDELMAN, F. L., LATUTA, V. Z., ZAITSEV, B. N., KHOROMENKO, A. A.: The structure of silicon nitride. I. Stoichiometric silicon nitride. — Phys. Stat. Sol., 1978, v. A50, No. 2, p. 573—578.

[61] EDELMAN, F. L., ZAITSEV, B. N., LATUTA, V. S., KHOROMENKO, A. A.: The structure of silicon nitride. II. Non-stoichiometric nitride. — Phys. Stat. Sol., 1979, v. A51, No. 1, p. 49—56.

[62] EDELMAN, F. L.: The structure of silicon nitride. III. Oxidation of silicon nitride-defects. — Phys. Stat. Sol., 1979, v. A51, No. 2, p. 375—381.

[63] Городецкий, А. Е., Качурин, Г. А., Смирнов, Л. С.: Кинетика образования новой фазы при ионной бомбардировке. — Физ. техн. полупр., 1968, т. 2, № 7, с. 927—931.

[64] Городецкий, А. Е., Качурин, Г. А., Придачин, Н. Б., Смирнов, Л. С.: О возможности получения тонких слоев полупроводниковых соединений методом ионной бомбардировки. — Физ. техн. полупр., 1968, т. 2, № 1, с. 136—137.

[65] BORDERS, J. A., PICRAUX, S. T., BEEZHOLD, W.: Formation of SiC in silicon by ion implantation. — Appl. Phys. Letters, 1971, v. 18, No. 11, p. 509—511.

[66] Баранова, Е. К., Демаков, К. Д., Старинин, К. В., Стрельцов, Л. Н., Хайбуллин, И. Б.: Исследование монокристаллических пленок SiC, полученных при бомбардировке ионами C^+ монокристаллов углерода. — Докл. АН СССР, 1971, т. 200, № 4—6, с. 869—870.

[67] Герасименко, Н. Н., Кузнецов, О. Н., Лежейко, Л. В., Любопытова, Е. В., Смирнов, Л. С., Эдельман, Ф. Л.: Некоторые свойства пленок SiC, полученных ионным внедрением, в структуре алюминий — карбид кремния — кремний. — Микроэлектроника, 1974, т. 3, № 5, с. 467—468.

[68] Кузнецов, О. Н., Лежейко, Л. В., Любопытова, Е. В., Смирнов, Л. С., Эдельман, Ф. Л.: Ориентированные слои β-карбида кремния на кремнии,

полученные ионной бомбардировкой и отжигом. — В кн.: Рост и легирование полупроводниковых кристаллов и пленок. Ч. II. Новосибирск, Наука, 1977, с. 129—131.

[69] Кузнецов, О. Н., Лежейко, Л. В., Любопытова, Е. В., Смирнов, Л. С., Шмарцев, Ю. В., Эдельман, Ф. Л.: Пленки нитрида алюминия на кремнии и германии. — Физ. техн. полупр., 1976, т. 10, № 11, с. 2123—2126.

[70] Edelmann, F. L., Kuznetsov, O. N., Lezheiko, L. V., Lubopytova, E. V.: Formation of SiC and Si_3N_4 in silicon by ion implantation. — Rad. Effects, 1976, v. 29, No. 1, p. 13—15.

[71] Kijima, K., Shirasaki, S.: Nitrogen self-diffusion in silicon nitride. — J. Chem. Phys., 1976, v. 65, No. 7, p. 2668—2671.

[72] Kreissig, U., Skorupa, W., Hensel, E.: The formation of buried Si_3N_4 layers in silicon by high dose nitrogen ion implantation. — Thin Solid Films, 1983, v. 100, p. L25—L28.

Literatur zu Kapitel 3

[1] Sarace, J. C., Kerwin, R. E., Klein, D. L., Edwards, R.: Metal-nitride-oxide-silicon field-effect transistors with self-aligned gates. — Solid State Electron., 1968, v. 11, No. 7, p. 653—660.

[2] Faggin, F., Klein, T.: Silicon — gate technology. — Solid State Electron., 1970, v. 13, No. 8, p. 1125—1144.

[3] Vadasz, L., Grove, A., Rowe, T., Moore, J.: Silicon-gate technology. — IEEE, Spectrum, 1969, v. 6, p. 28—31.

[4] Бридуэл, В.: Три способа создания МОП-схем с низкими пороговыми напряжениями. — Электроника, 1970, т. 43, № 8, с. 25—32.

[5] Hogness, T. R., Wilson, T. L., Johnson, W. C.: The thermal decomposition of silane. — J. Amer. Chem. Soc., 1936, v. 58, No. 1, p. 108—112.

[6] Девятых, Г. Г., Кедяркин, В. М., Зорин, А. Д.: Кинетика термического разложения моносилана, арсина и моносилана с примесью арсина. — Ж. неорг. химии, 1965, т. 10, № 7, с. 1528—1533.

[7] Kamins, T. I.: Chemically vapour-deposited polycrystalline silicon films. — IEEE Trans. Parts, Hybrids, Packag., 1974, v. 10, No. 4, p. 221—229.

[8] Репинский, С. М., Миронова, Л. В.: Кинетический анализ процесса синтеза нитрида кремния при взаимодействии силана с аммониаком. — Изв. СО АН СССР, 1975, № 2 (242). Серия хим. наук, вып. 1, с. 44—57.

[9] Эдельман, Ф. Л., Воскобойников, В. В., Смирнов, В. В., Попов, Б. В.: Пленки поликристаллического кремния, полученные пиролизом силана. — Микроэлектроника, 1974, т. 3, № 6, с. 554—556.

[10] Joyce, B. A., Bradly, R. R.: Epitaxial growth of silicon from the pyrolisis of monosilane on silicon substrates. — J. Electrochem. Soc., 1963, v. 110, No. 12, p. 1235—1240.

[11] Eversteijn, F. C.: Gas-phase decomposition of silane in a horizontal epitaxial reactor. — Philips Res. Repts, 1971, v. 26, No. 2, p. 134—144.

[12] Эдельман, Ф. Л., Воскобойников, В. В., Латута, В. З.: Рост пленок поликристаллического кремния в реакторе пониженного давления из силана. — Микроэлектроника, 1974, т. 3, вып. 5, с. 418—423.

[13] Seto, J.: Deposition of poly-Si by pyrolisis of SiH_4 in Ar. — J. Electrochem. Soc., 1975, v. 122, No. 5, p. 701—705.

[14] DeLuca, R. D.: Structure of Si-films pyrolytically grown on covered SiO_2 substrates. — Semiconductor Silicon, 1969, v. 299, p. 178—197.

[15] Белый, В. И., Воскобойников, В. В., Гиновкер, А. С., Криворотов, Е. А., Синица, С. П.: Влияние избыточного кремния на границе раздела оксид — нитрид на характеристики МНОП-структур. — Микроэлектроника, 1972, т. 1, вып. 2, с. 182—185.

[16] Sedgewick, T. O., Cowner, M. E., Chang, I., Hanlon, I. O.: Poly-Si films. — J. Electron., 1973, v. 2, No. 2, p. 309—312.

[17] Александрова, Л. Н.: О кинетике образования твердой фазы в двухкомпонентных системах. — В кн.: Процессы синтеза и роста полупроводниковых материалов. Новосибирск. Наука, 1971, с. 175—182.

[18] Эдельман, Ф. Л., Воскобойников, В. В., Латута, В. З.: Структура пленок поликристаллического кремния. — В кн.: Процессы роста и синтеза полупроводниковых кристаллов и пленок. Новосибирск, Наука, 1975, с. 268—278.

[19] Гегузин, Я. Е.: Диффузия по реальной кристаллической поверхности. — В кн.: Поверхностная диффузия и растекание. М., Наука, 1969, с. 11—77.

[20] Aleksandrov, L. N., Edelman, F. L., Voskoboinikov, V. V.: Formation of structure in poly-Si films. — Thin Solid Films, 1976, v. 32, No. 1, p. 241—245.

[21] Joseph, J. D., Kamins, T. I.: Resistivity of chemically deposited polycrystalline-silicon films. — Solid State Electron., 1972, v. 15, No. 3, p. 355—358.

[22] Manasevit, H. M., Simpson, W. I., Erdman, F. M.: Trimethylstibine as a source of Sb for doping epitaxial Si layers. — J. Electrochem. Soc., 1974, v. 121, No. 7, p. 967—968.

[23] Farrow, R. F.: Kinetics of silicon deposition on silicon by pyrolisis of silane. — J. Electrochem. Soc., 1974, v. 121, No. 7, p. 899—906.

[24] Cowner, M. E., Sedgewick, T. O.: Chemical vapour deposited polycrystalline Si. — J. Electrochem. Soc., 1972, v. 119, No. 11, p. 1565—1569.

[25] Эдельман, Ф. Л.: Структура легированных бором пленок поликристаллического кремния. — Электронная техника. Сер. 6. Материалы, 1974, № 8, с. 102—104.

[26] Horiuchi, S.: Electrical characteristics of boron diffused polycrystalline Si layers. — Solid State Electron., 1975, v. 18, No. 7/8, p. 659—665.

[27] Kamins, T. I., Manoliu, J., Tucker, R. N.: Diffusion of impurities in polycrystalline silicon. — J. Appl. Phys. 1972, v. 43, No. 1, p. 83—91.

[28] Beckmann, K. H.: Investigation of the chemical properties of stain films on silicon by means of infrared spectroscopy. — Surf. Sc., 1965, v. 3, No. 4, p. 314—332.

[29] Yang, M. G., Koliward, K. M., McGuire, G. E.: Auger electron spectroscopy of cleanup-related contamination on silicon surfaces. — J. Electrochem. Soc., 1975, v. 122, No. 5, p. 675—678.

[30] King, F. D., Shewchun, J., Thompson, D. A., Barber, H. D., Pieczonka, W. A.: Poly-Si resistors for IC. — Solid State Electron., 1973, v. 16, No. 6, p. 701—708.

[31] Manoliu, J., Kamins, T. I.: *p-n* junctions in polycrystalline-silicon films. — Solid State Electron., 1972, v. 15, No. 10, p. 1103—1106.

[32] Fa, C. H., Jew, T. T.: The poly-silicon insulated-gate field effect transistor. — IEEE Trans. Electron. Dev., 1966, v. 13, No. 2, p. 290—291.

[33] Kamins, T. I.: Hall mobility in chemically deposited polycrystalline silicon. — J. Appl. Phys., 1971, v. 42, No. 11, p. 4357—4365.

[34] Greene, R. F.: Transport and scattering on the crystal surface. — In: Solid State Surface Science, v. 1. Ed. M. Green, N. Y., Dekker, 1969.

[35] Kamins, T. I.: Field-effects in polycrystalline-silicon films. — Solid State Electron., 1972, v. 15, No. 7, p. 789—799.

[36] McWilliames, B., Fa, C., Larchian, G., Maxwell, O.: New method of isolation in MOS-BIC. — J. Electrochem. Soc., 1964, v. 111, No. 7, p. 153.

[37] Maxwell, D. A., Beeson, R. H., Allison, D. F.: The minimization of parasitics in integral circuits by dielectric isolation. — IEEE Trans. Electron. Dev., 1965, v. ED-12, No. 1, p. 20—24.

[38] Watanabe, Y., Arita, Y., Yokoyama, T., Igarashi, Y.: Formation and properties of porous silicon and its application. — J. Electrochem. Soc., 1975, v. 122, No. 10, p. 1351—1355.

[39] Zeto, R. J., Thornton, C. G., Hryckowian, E., Bosco, C. D.: Low temperature thermal oxidation of silicon by dry oxygen pressure above 1 atm. — J. Electrochem. Soc., 1975. v. 122, No. 10, p. 1409—1410.

[40] Marshall, S., Zeto, R. J., Thornton, C. G.: Dry pressure local oxidation of silicon for IC-isolation. — J. Electrochem. Soc., 1975, v. 122, No. 10, p. 1411—1412.

[41] Kobayashi, I.: A new technology for high-power IC. — IEEE Trans. Electron. Dev., 1971, v. ED-18, No. 1, p. 45—49.

[42] Kobayashi, I.: Technology for monolithic high-power integrated circuits using polycrystalline Si for collector and isolation walls. — IEEE Trans. Electron. Dev., 1973, v. ED-20, No. 4, p. 399—404.

[43] Kahng, D., Sundburg, W. L., Boulin, D. M., Ligenza, J. R.: Interfacial dopants for dual-dielectric, charge-storage cells. — Bell Syst. Tech. J., 1974, v. 53, No. 9, p. 1723—1739.

[44] Thornber, K. K., Kahng, D., Neppell, C. T.: Bias-temperature-stress studies of charge retention in dual-dielectric, charge-storage cells. — Bell Syst. Tech. J., 1974, v. 53, No. 9, p. 1741—1770.

[45] Fang, P. H., Ephrath, L., Nowak, W. B.: Poly-Si films on Al sheets for solar cell application. — Appl. Phys. Letters, 1974, v. 25, No. 10, p. 583—584.

[46] Meinel, A., Meinel, M.: Physics looks at solar energy. — Physics Today, 1973, v. 26, No. 2, p. 44—50.

[47] Onuma, Y., Sekiya, K.: Piezoresistive properties of poly-Si thin films. — Japan. J. Appl. Phys., 1972, v. 11, No. 1, p. 20—23.

[48] Jaffe, I.: Monolitic polycrystalline-Si pressure transducer. — Electron. Letters, 1974, v. 10, No. 20, p. 420—421.

[49] Dutoit, D., Sollberger, F.: Lateral polysilicon *p-n* diodes. — J. Electrochem. Soc., 1978, v. 125, No. 10, p. 1648—1651.

[50] Эдельман, Ф. Л.: Пленки поликристаллического кремния. — В кн.: Полупроводниковые пленки для микроэлектроники. Новосибирск, Наука, 1977, с. 218—246.

[51] Borreson, R. W., Yaws, C. L., Hsu, G., Lutwack, R.: Physical and thermodynamic properties of SiH_4. — Solid State Technol., 1978, v. 21, No. 1, p. 43—45.

[52] Aleksandrov, L. N., Edelman, F. L., Voskoboinikov, V. V.: Polysilicon. — In: Vacuum and Thin Films Technology. Oxford, Pergamon Press, 1976, p. 347—354 (Proceedings International Symposium, Univ. Uppsala, Uppsala, Sweden, 1976).

[53] Aleksandrov, L. N., Edelman, F. L.: Polysiliziumfilme fördern die Integration. — Elektronikpraxis, 1977, No. 1/2, S. 7—10.

[54] Савченко, А. М., Иванова, А. С.: Современное состояние и перспективы развития полупроводниковых запоминающих устройств. — Зарубежная электронная техника, 1978, № 21, с. 3—22.

[55] Rosler, R. S.: Low pressure CVD production processes for poly-Si, nitride and oxide. — Solid State Technol., 1977, v. 20, No. 4, p. 63—70.

[56] Орион, Б. В., Скворцов, И. М.: Осаждение пленок поликристаллического кремния. — Электронная промышленность, 1977, № 5 (59), с. 20—22.

[57] Aleksandrov, L. N., Edelman, F. L., Voskoboinikov, V. V.: Silicon films growth in vacuum by pyrolysis of silane. — Vacuum, 1977, v. 27, No. 3, p. 145—150.

[58] Любимов, Е. С., Любушкин, Е. Н., Милючихина, Н. С., Павилайнен, В. С.: Свойства тонких поликристаллических пленок кремния, полученных пиролизом силана. — Электронная техника. Сер. 3. Микроэлектроника, 1972, № 2, с. 36—40.

[59] Kamins, T. I., Cass, T. R.: Structure of chemically deposited polysilicon films. — Thin Solid Films, 1973, v. 16, No. 2, p. 147—165.

[60] Васильев, Б. И., Дариевич, Ю. С., Чугаев, В. Н.: Особенности осаждения и структура пленок поликристаллического кремния, полученных термическим разложением силана. — Электронная техника. Сер. 3. Микроэлектроника, 1976, № 6, с. 70—77.

[61] Коробов, И. В., Павлов, С. П., Приходько, Е. Л., Соколов, Е. М., Дьячков, В. М.: Зависимость структуры пленок поликристаллического кремния от их толщины и температуры осаждения. — Электронная техника. Серия 6. Материалы, 1977, № 1, с. 68—72.

[62] Ковалевский, А. А., Колешко, В. М., Милехина, Л. А., Некарюкин, И. В.: Исследование процесса формирования мелкозернистых пленок поликристаллического кремния. — Электронная техника. Сер. 3. Микроэлектроника, 1977, № 2, с. 74—79.

[63] Колешко, В. М., Ковалевский, А. А., Калошкин, Э. П., Рыжикова, Н. Е.: Кинетика роста и свойства тонких высоколегированных пленок поликристаллического кремния. — Изв. АН СССР. Неорганические материалы, 1977, т. 13, № 6, с. 941—945.

[64] Александров, Л. Н., Павлов, С. П., Плотников, А. Е., Эдельман, Ф. Л.:

Электронно-микроскопическое исследование начальной стадии роста пленок поликристаллического кремния. — Изв. АН СССР. Сер. физическая, 1977, т. 41, № 11, с. 2351—2354.

[65] Чистяков, Ю. Д., Коробов, И. В., Филипенко, В. О., Папков, В. С., Приходько, Е. Л., Хашимов, Ф. Р., Михайлова, Ю. А.: Кинетика роста поликристаллического кремния на различных диэлектрических поверхностях. — Электронная техника. Сер. 6. Материалы 1975, № 9, с. 38—47.

[66] Эдельман, Ф. Л., Гиновкер, А. С., Плотников, А. Е., Хороменко, А. А.: Рекристаллизация пленок поликристаллического кремния. — В кн.: Тезисы докл. 5-го симпозиума по процессам роста и синтеза полупроводниковых кристаллов и пленок. Новосибирск, 1978, с. 72.

[67] Anderson, R. M.: Microstructural analysis of evaporated and pyrolytic silicon thin films. — J. Electrochem. Soc., 1973, v. 120, No. 11, p. 1540—1546.

[68] Boxall, B. A.: A change of etch rate associated with the amorphous to crystalline transition in CVD layers of silicon. — Solid State Electron., 1977, v. 20, No. 10, p. 873—874.

[69] Nagasima, N., Kubota, N.: Structures of Si films chemically vapour-deposited on amorphous SiO_2 substrates. — Japan. J. Appl. Phys., 1975, v. 14, No. 8, p. 1105—1113.

[70] Kamins, T. I., Mandurach, M. M., Saraswat, K. C.: Structure and stability of low pressure CVD silicon films. — J. Electrochem. Soc., 1978, v. 125, No. 6, p. 927 to 931.

[71] Blum, N. A., Feldman, C.: The crystallization of amorphous Si films. — J. Non-Cryst. Solids. 1972, v. 11, No. 3, p. 242—246.

[72] Абру, У. Р., Гулидов, Д. Н., Чистяков, Ю. Д.: Рекристаллизация пленок поликристаллического кремния. — Электронная техника. Сер. 3. Микроэлектроника, 1977, № 3, с. 75—80.

[73] Гордеева, Г. В., Горелик, С. С., Сагалова, Т. Б., Жураблева, А. Г.: Изучение процесса рекристаллизации пленок поликристаллического кремния. — Электронная техника. Сер. 6. Материалы, 1977, № 7, с. 106—109.

[74] Mott, N. F., Davis, E. A.: Electronic Processes in Non-Crystalline Materials. Oxford, Clarendon Press, 1971.

[75] Di Maria, D. J., Kerr, D. R.: Interface effects and high conductivity in oxides grown from polycrystalline silicon. — Appl. Phys. Letters, 1975, v. 27, No. 9, p. 505—507.

[76] Anderson, R. M., Kerr, D. R.: Evidence for surface asperity mechanism of conductivity in oxide grown on polycrystalline silicon. — J. Appl. Phys., 1977, v. 48, No. 11, p. 4834—4836.

[77] Ouwens, C. D., Heijligers, H.: Recrystallization processes in polycrystalline silicon. — Appl. Phys. Letters, 1975, v. 26, No. 10, p. 569—570.

[78] Carlson, D. E., Pankove, J. I., Wronki, C. R., Zanzucchi, P. J.: Hydrogenated amorphous silicon — a solar cell material. — Thin Solid Films, 1977, v. 45, No. 1, p. 43—46.

[79] Revesz, A. G.: The so-called amorphous silicon — a SiH_x polymer film. — Thin Solid Films, 1978, v. 50, L29—L33.

[80] Fritzsche, H., Tsai, C. C., Persans, P.: Amorphous semiconducting Si—H alloys. — Solid State Technol., 1978, v. 21, No. 1, p. 55—60.

[81] Spear, W. E., Le Comber, P. G., Snell, A. J.: An investigation of the amorphous-silicon barrier and *p-n* junction. — Phil. Mag., 1978, v. B38, No. 3, p. 303 to 317.

[82] Müller, G., Kalbitzer, S.: Doping of amorphous silicon in the hopping transport regime. — Phil. Mag., 1978, v. B38, No. 3, p. 241—254.

[83] Сафронов, Л. Н., Смирнов, Л. С.: Излучательная рекомбинация на молекулах силанов в кремнии. — Физ. техн. полупроводн., 1978, т. 12, № 11, с. 2181—2185.

[84] Edelman, F. L.: Hillocks. The 4th International Thin Films Congress, Loughborough Univ., 11—15 Sept., 1978, 4A5, p. 97.

[85] Sunami, H.: Thermal oxidation of *P*-doped polysilicon in wet oxygen. — J. Electrochem. Soc., 1978, v. 125, No. 6, p. 892—897.

[86] Соколов, Е. М., Приходько, Е. Л., Павлов, С. П., Коробов, И. В.: Исследование влияния условий получения и обработки на поверхностное сопротивление слоев легированных пленок поликристаллического кремния. — Электронная техника. Сер. 6. Материалы, 1977, № 1, с. 63—67.

[87] Лесникова, В. П.: Структурные особенности тонких пленок поликристаллического кремния. — Докл. АН БССР, 1978, т. 22, № 4, с. 336—339.

[88] Wagner, R. S., Ellis, W. C., Jackson, K. A., Arnold, S. M.: Study of the filamentary growth of silicon crystals from the vapour. — J. Appl. Phys., 1964, v. 35, No. 6, p. 2993—3000.

[89] Гиваргизов, Е. И.: Рост нитевидных и пластинчатых кристаллов из пара. М., Наука, 1977.

[90] Вагин, В. А., Скворцов, И. М.: Газовое промотирование гетерогенной реакции термического разложения моносилана. — В кн.: Тезисы докл. 5-го симпозиума по процессам роста и синтеза полупроводниковых кристаллов и пленок. Новосибирск, 1978, с. 6.

[91] Hamasaki, M., Adachi, T., Wakayama, S., Kikuchi, M.: Electronic properties of semi-insulating polycrystalline silicon (SIPOS) doped with oxygen atoms. — Solid State Commun., 1977, v. 21, No. 6, p. 591—594.

[92] Lee, Hak-Sheng.: A new approach for the floating-gate MOS nonvolatile memory. — Appl. Phys. Letters, 1974, v. 31, No. 7, p. 475—476.

[93] Tarng, M. L.: Carrier transport in oxygen-rich polycrystalline-silicon films. — J. Appl. Phys., 1978, v. 49, No. 7, p. 4069—4076.

[94] Widmer, A. E., Hitchman, M. L.: Oxygen determination in SIPOS using a differential thickness measurement. — J. Electrochem. Soc., 1978, v. 125, No. 10, p. 1723—1725.

[95] Hamasaki, M., Adachi, T., Wakayama, S., Kikuchi, M.: Crystallographic study of semi-insulating polycrystalline silicon (SIPOS) doped with oxygen atoms. — J. Appl. Phys. 1978, v. 49, No. 7, p. 3987—3992.

[96] Eckhardt, D., Hadamovsky, H.-F., Junghans, B., Schneider, H. G.: Mikroelektronik — Stand und Entwicklung. — Berlin, Akademie-Verlag, 1981.

[97] Schade, K.: Halbleitertechnologie, Bd. 1, Mechanische und chemische Kristallbearbeitung, Schichtherstellung. — Berlin, Verlag Technik, 1981.

[98] Di Maria, D. J., De Meyer, K. M., Serrano, C. M., Dong, D. W.: Electrically-alterable read-only-memory using Si-rich SiO_2 injectors and a floating polycrystalline silicon storage layer. — J. Appl. Phys., 1981, v. 52, No. 7, p. 4825—4842.
Di Maria, D. J.: Charge injection into wide energy band-gap insulators. — In: Insulating Films on Semiconductors, Proc. 2nd Int. Conf., Ed. M. Schulz, G. Pensl, Springer Series in Electrophysics, v. 7, Berlin—Heidelberg—New York, Springer, 1981, p. 88—103.

[99] Hübner, K., Shendrik, A. V., Paulish, A. M.: Decomposition of SiO_x films due to internal stress. — Phys. Stat. Sol., 1983, v. B 118, p. 239—244.

Literatur zu Kapitel 4

[1] Гивельберг, Г. Е., Муравский, Б. М., Эдельман, Ф. Л.: Простой метод приготовления препаратов для просвечивающей электронной микроскопии. — Заводская лаборатория, 1966, т. 32, № 2, с. 318—319.

[2] Гусаров, Г. Ф.: Приготовление тонких пленок полупроводниковых кристаллов для электронно-микроскопического исследования на просвет. — Заводская лаборатория, 1971, т. 37, № 5, с. 566—567.

[3] Батавин, В. В.: Контроль параметров полупроводниковых материалов и эпитаксиальных слоев. М., Сов. радио, 1976.

[4] Травление полупроводников, М., Мир, 1967.

[5] Эдельман, Ф. Л.: Полупроводниковые материалы. Ч. 1. Структура полупроводников, Новосибирск, НГУ, 1975.

[6] Guinier, A.: Theorie et technique de la radiocristallographie. Paris, Dunod, 1956.

[7] Amelinckx, S.: The direct observation of dislocations. — In: Solid State Physics, Suppl. 6, New York—London, Academic Press, 1964.

[8] Вайнштейн, Б. К.: Структурная электронография. М., Изд-во АН СССР, 1956.

[9] Дворянкин, В. Ф., Митягин, А. Ю.: Дифракция медленных электронов — метод исследования атомной структуры поверхностей. — Кристаллография, 1967, т. 12, № 6, с. 1112—1134.

[10] Несовершенства в кристаллах полупроводников. М., Металлургия, 1964.

[11] Постников, В. С.: Внутреннее трение в металлах. М., Металлургия, 1969.

[12] Heidenreich, R. D.: Fundamentals of Transmission Electron Microscopy. N.Y., Interscience Publishers, 1964.

[13] Hirsch, P. B., et al.: Electron Microscopy of Thin Crystals. London, Butterworth, 1965.

[14] Andrews, K. W., Dyson, D. J., Keown, S. R.: Interpretation of Electron Diffraction Patterns. N.Y., Wiley, 1968.

[15] Шульман, А. Р., Фридрихов, С. А.: Вторично-эмиссионные методы исследования твердого тела. М., Наука, 1977.

[16] Концевой, Ю. А., Кудин, В. Д.: Методы контроля технологии производства полупроводниковых приборов. М., Энергия, 1973.
[17] Петров, Н. Н., Аброян, И. А.: Диагностика поверхности с помощью ионных пучков. Л., ЛГУ, 1977.
[18] Васичев, Б. Н.: Электронно-зондовый микроанализ тонких пленок. М., Металлургия, 1977.
[19] Practical Scanning Electron Microscopy. Ed. J. I. GOLDSTEIN, H. YAKOWITZ, New York—London, Plenum Press, 1975.
[20] Резников, Р. С., Сельдяков, Ю. П.: Промышленные полупроводниковые детекторы. М., Атомиздат, 1975.
[21] Сысоев, А. А., Чупахин, М. С.: Введение в масс-спектроскопию. М., Атомиздат, 1977.

Sachverzeichnis